ー金沢大学人間社会研究叢書ー

近代中国の食糧事情

食糧の生産・流通・消費と農村経済

弁納 才一 著

丸善出版

まえがき

　筆者が中国の食糧事情について最初に関心を持つようになったのは、今から約40年前の1980年8月、第二外国語として中国語を履修した大学1年生の夏休みに初めて中国を訪問した時のことだった。天津語言学院における短期中国語研修に参加し、参加者全員で週末に北京市内を参観した。ところが、その際に、天安門前広場で皆とはぐれてしまい、北海公園内のレストランで昼食として予定されていた「満漢全席」を食べ損ねてしまった。そこで、同広場の近くの露店でパンを買おうとしたが、その当時は、「糧票」（食糧配給切符）がなければ、パン1個でさえ買うことができなかった。外国人は、一般の中国人が立ち入ることが許されていなかった「友誼商店」でパスポートを提示して買い物をするか、高級レストランや大学の留学生食堂で食事をするのが一般的だった。

　そして、大学院に進学した1980年代後半からは、文献資料調査のために南京大学図書館や第二歴史档案館などがある南京を訪問するようになった。上海と南京の間を頻繁に往復するうちに、北京の料理に比べて上海・蘇州・無錫・常州などの江南の料理は日本人の口に合うことを実感させられたばかりでなく、主食となる穀物の種類も大きく異なっていることを知るようになった。すなわち、食糧の米に関しては、北方ではインディカ種米が一般的だったのに対して、江南では日本と同じジャポニカ種米を食べるのが一般的だった。ただし、南京の米はジャポニカ種でありながら、どんなにお腹が空いていても茶碗に1杯以上は食べる気にはなれないほど、不味かった。また、小麦粉を原料とする主食として、北方人が餃子を食べるのに対して、江南人は雲呑を食べるなど、食に関しても地域差が大きいことを知った。そして、このような地域差は農村経済の展開とも大きく関わっているのではないだろうかと考えるようになった。

　ところで、1989年9月から約1年間、南京大学に高級進修生として留学した頃には、「糧票」がなくても食糧品を買うことができた。だが、「糧票」を利用すれば、市価よりも安く買うことができた。しかも、その頃は、南京市の都市民

iii

の間では「糧票」はやや余り気味だったのではないだろうかと思われる場面にも何度か遭遇した。例えば、筆者が、南京大学の近くのデパートでパンケーキを購入しようとしたところ、順番待ちのために後ろに並んでいた人から「糧票」をいただき、定価よりも安く買うことができた。また、南京市街地の路上で鶏卵を売っている「農民」から都市民が現金ではなく「糧票」のみで鶏卵を買っているのを見たこともあった。これは、自ら食糧を生産して自給していることになっていた「農民」（農民戸籍を持つ人）に対しては「糧票」が配給されていなかったが、実際には食糧を購入せざるをえない「農民」がいたことを意味している。中国には、日本の「農家」（農業従事者）という分類とは明らかに異なる「農民」がいることを知った。

　以上のように、筆者が中国における制度上の建前と現実のギャップに気付くことができたのは、中国社会の特質を深く理解したいと考えながら留学生活を送っていたからである。こうして、南京の城壁の外すなわち「農村」にも強い関心を持つようになり、週末には自転車で南京の城壁の外の「農村」へ出かけて行った。

　本書の刊行は、単著としては、『近代中国農村経済史の研究―1930 年代における農村経済の危機的状況と復興への胎動』金沢大学経済学部研究叢書 12（金沢大学経済学部、2003 年）と『華中農村経済と近代化―近代中国農村経済史像の再構築への試み』（汲古書院、2004 年）に次ぐ 3 冊目となる。実に、15 年ぶりの単著の刊行である。そもそも、本書の刊行に関わる研究の出発点は、科学研究費・基盤研究（C）（一般）2005～2008 年度「20 世紀前半中国の食糧事情と農村経済の動向」（研究代表者：弁納才一）の採択だった。だが、当該科学研究費による研究期間が終了してからすでに 10 年が経過してしまった。改めて自らの遅鈍さに恥じ入るとともに、ようやく本書を刊行する機会に恵まれたことは望外の喜びとするところである。

　2019 年 8 月

弁 納 才 一

目次

序 ……………………………………………………………………… 1

　1．先行研究……3
　　⑴民国期における分析─同時代的考察／⑵戦後の研究

　2．資料・調査報告書について……7
　　⑴南満州鉄道株式会社／⑵興亜院／⑶大東亜省／⑷華北綜合調査研究所／⑸華北食糧平衡倉庫／⑹華北交通株式会社／⑺軍糧城精穀株式会社調査部／⑻東亜研究所／⑼その他

　3．問題の所在……16

　4．研究の視角と手法……20

　5．本書の構成および初出一覧……21

第Ⅰ部　平時：民国前期（1912〜37年） ……………………………27

第1章　民国前期中国における農産物生産の概要 ………………………29

　はじめに……29

　1．主要農産物の総生産……30
　　⑴主要農産物の栽培面積／⑵主要農産物の生産量

　2．主要農産物別の生産……33
　　⑴米／⑵小麦／⑶高粱・粟／⑷玉蜀黍／⑸甘薯

　3．主要農産物の流通……44
　　⑴米／⑵小麦

　おわりに……51

第2章　中国インディカ種米栽培地域における米事情 …………………53

　はじめに……53

v

１．中国うるち米の品種と等級……54

　　⑴うるち米の品種／⑵うるち米の等級

　２．インディカ種米の主要な生産・供給地……56

　　⑴四川省／⑵湖南省／⑶湖北省／⑷江西省／⑸安徽省・蘇北

　おわりに……68

第３章　江蘇省・浙江省における米事情 …………………………………………73

　はじめに……73

　１．江蘇省……73

　　⑴米の生産／⑵耕作体系／⑶農産物の流通

　２．浙江省……85

　　⑴米の生産／⑵米の流通

　おわりに……90

第４章　山東省における食糧事情 ………………………………………………95

　はじめに……95

　１．食糧の消費と移入……96

　　⑴食糧の消費と需給／⑵食糧の流動

　２．食用農産物の生産……105

　　⑴概略／⑵小麦／⑶高粱・粟・玉蜀黍／⑷甘藷／⑸大豆

　おわりに……113

第５章　河北省における食糧事情 ………………………………………………119

　はじめに……119

　１．平漢線西部沿線地域……120

　　⑴北京・保定間の平漢線西部沿線地域／⑵望都・石家荘間の平漢線沿線地域

　２．大清河・牙子河流域……125

　　⑴大清河・牙子河流域北部の非棉産地／⑵大清河・牙子河流域北部の主要棉作地／⑶
　　河北省中部南部望都県以南

　３．冀東（河北省東部）地区……135

　おわりに……139

目次

第Ⅱ部　戦時：民国後期（1937〜49年）······143

第1章　華中における食糧事情······145

はじめに……145

1．興亜院からみた華中の米事情……145

　⑴米の生産と流通／⑵米の出回状況

2．汪精衛政権下の食糧事情……150

　⑴米／⑵小麦

おわりに……160

第2章　山東省における食糧事情······165

はじめに……165

1．小麦を中心とする食糧事情……166

　⑴膠済線沿線における小麦の争奪状況／⑵済南・済寧の小麦「背後地圏」（「聚貨圏」・「蒐貨圏」）／⑶小麦の作況と雑穀事情

2．各農村単位から見た食糧事情……172

　⑴省中部——益都・灘県／⑵省西部——恵民県・済寧県・泰安県／⑶省東部——青島・高密県

おわりに……180

第3章　河北省における食糧事情······185

はじめに……185

1．北京地区・天津地区……186

　⑴北京地区概況／⑵天津地区概況／⑶北京地区個別農村事例

2．石門地区……190

　⑴概況／⑵獲鹿県東蕉村／⑶正定県柳辛荘／⑷晋県／⑸小結

3．保定地区……195

　⑴概況／⑵完県／⑶その他／

4．その他……198

　⑴冀東地区／⑵邯鄲地区

おわりに……199

vii

第4章　河南省・山西省における食糧事情 …………………………………… 205

　はじめに……205

　1．河南省……206

　　⑴新郷地区／⑵開封地区／⑶帰徳地区／⑷彰徳県／⑸小結

　2．山西省……212

　　⑴食糧事情／⑵農村経済状況と食糧事情／⑶小結

　おわりに……220

結 ………………………………………………………………………………… 225

あとがき……231

索引……233

1930〜40年代の中国東部

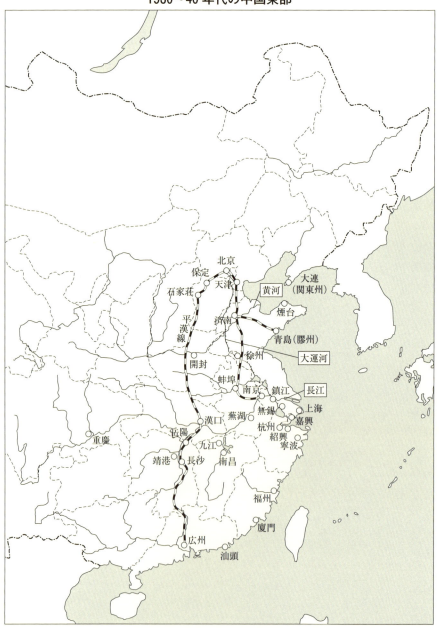

序

　近代中国社会に対する日本側の同時代的な認識は、中国は農業社会であるというものだった。そのため、20世紀前半に日本が中国に侵略する過程において日本側から、工業国日本と農業国中国の分業的日中経済提携論が提唱されたことがあった。また、中国共産党によって主導された1949年の中国革命（中華人民共和国成立）はプロレタリア革命ではなく、農民革命であるとされている。そして、近代中国に関する概説書では中国人の6〜8割が農民であると言われてきた。このように、近現代中国における農業・農村・農民に関する問題はきわめて重要だったと考えられてきたし、現在、中国政府によって三農（農業・農村・農民）問題の解決が重要な政策課題として提起され続けている。

　もとより中国でも古くから食糧となる農作物の安定的な生産と供給については重大な関心が寄せられ、社会全体の安定とりわけ飢饉対策として食糧備蓄を行う社会システムである社倉や義倉に関する研究が数多くみられる[1]。また、近現代においては国防上の観点からも食糧問題ないし食糧政策が論じられてきた。そして、1995年に刊行されたレスター・R・ブラウン『だれが中国を養うのか？』[2]は多方面で衝撃的な問題提起として受け止められた。このように、これまでの食糧問題に関する研究は食糧の需給関係に主要な関心を寄せるものだった。

　1912〜49年の中華民国（以下、民国と略称）期中国の農村では、最下層の貧困層が米や小麦を日常的にはほとんど食べることができず、粟・高粱・玉蜀黍などの雑穀や芋類、さらには本来は家畜の飼料となっていた麦の殻である「麦麩」までも食べていたことから、近代中国農村は非常に貧しく、農民は貧しい食生活に甘んじており、また、農業経済を含む農村経済も全体として遅れていたとみなされてきた。

　だが、実際には近代中国はすでに農業国とは言えない状況にあった。すなわち、16世紀以降、江南を中心に脱農化・手工業化が進行し、その結果として食糧農産物の生産地であるはずの農村においても食糧が不足し、農民が自家消費用

図1 中華民国期の中国全国図

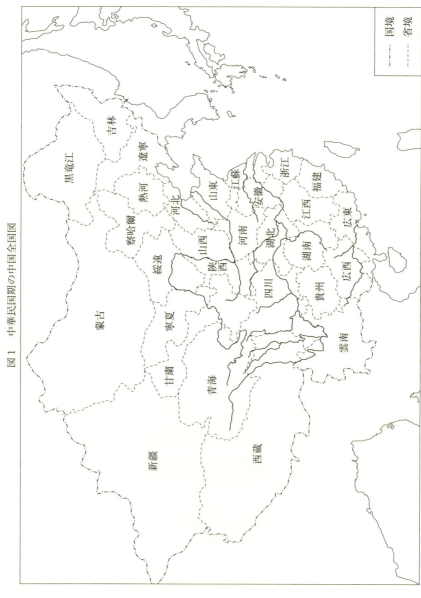

典拠）張其昀主編『中華民国地図集』第五冊、中華民国総図（国防研究院、1962年）甲一・甲二より作成。

国境 ----
省境 ----

の食糧農作物を購入するところもあった。

　民国期には農民の多くは必ずしも穀物生産に専念するのではなく、むしろ棉花などの工業原料となる商品作物の栽培に特化する農家も多くいた。すなわち、近代工業化・脱農化（農家の家計に占める農業依存度の低下）の進行に伴って農村においても食糧自給率は低下していった。これを商品経済が展開する農村側からみると、食糧となる穀物よりも工業原料である棉花などの商品作物の生産・販売が穀物生産の場合よりも、よりいっそう多くの収入を獲得することにつながった。さらに、近代中国では農業外就労機会が拡大していった。

　よって、近代中国では農業経済と農業に加えて商業・手工業・運輸業・雑業などを含む農村経済の発展とは必ずしも一致せず、農村経済の発展水準は一般農民の食生活の水準とも必ずしも一致していなかった。この点から、近代中国の食糧事情（詳細は後述）に関して分析するに際しては、農業経済と農村経済とは一定程度区別して考察する必要がある。

　なお、民国期中国は、東北部に黒竜江・吉林・遼寧・察哈爾・熱河5省、華北に河北・河南・山東・山西4省、西北に甘粛・陝西・新疆・青海・綏遠・寧夏6省と蒙古・西蔵2地方、華中に江蘇・浙江・安徽・江西・湖北・湖南・四川7省、華南に福建・広東・雲南・貴州・広西5省が含まれている（図1を参照）。ただし、食糧事情を分析するうえで利用しうる文献資料が限定されている関係から、本書で主に取り上げるのは華中の数省および華東の江蘇・浙江2省と華北の河北・河南・山東・山西4省である。

1．先行研究

　民国期中国の米事情に関する文献資料について見てみると、日本では1910～20年代には現状分析的な文献資料がやや多かったが、その後、日本の植民地だった朝鮮・台湾から日本への米の供給体制が安定化していったためであろうか、1920年代後半～30年代前半には食糧事情に関わる文献資料は少なくなっていった。

　一方、中国では1930年代に数多くの農村調査が行われ、また、1939年から日本で米不足が深刻となり、中国の日本軍占領地では現地自活主義の方針から食用米を現地調達する必要性に迫られた。こうして、日本は中国の米事情について再び注目するようになり、中国側が行った農村調査報告書類を邦訳するとともに、

みずからも数多くの中国農村実態調査を行った。

そこで、まず民国期中国における食糧事情に関わる同時代的観察・分析について整理することから始め、次いで各時期における食糧事情に関する研究を整理することによって、改めて本書の研究課題を明示することにしたい。

(1) 民国期における分析——同時代的考察

1918 年に日本で米不足が深刻化したことから米騒動が起こり、米不足を緩和・解消するために中国米の輸出解禁について論じる中で、1919 年から 1920 年代初頭における中国の米事情に言及する研究がいくつか発表されている。

柏田忠一（1919 年、1920 年）は、「日本ノ要求スル支那米ハ殆ント江蘇米ニ限ラ」れ、江蘇米は日本の「二等米以上ニ匹敵」する「常熟米、無錫米及ヒ松江米ノ三種ノ総称」で、「品質粗悪ナル安徽蕪湖米ヨリモ価格ニ於テ低廉」だったと説明し、江西・湖南・江蘇 3 省における米の移輸出について紹介している[3]。また、吉田虎雄（1919 年）も、「支那ハ世界有数ノ米産国デアツテ、其産米中ニハ日本米ト同品質ノモノガ少クナ」く、「朝鮮米ノ内地ヘノ移出ガ増加シテカラ、其産地価格大イニ騰貴シ、満州及青島方面ヘノ輸出ガ困難トナツタ為メ、関東州及青島ニ於テハ続々上海カラ江蘇米ヲ移入」したと説明している[4]。さらに、瀬川政雄（1921 年）は、主要な産米地の江蘇省では米の「省外移出ノ禁止セラレシ以来、農民ハ自家消費ノ外ニ多額ノ生産ヲ為スヲ好マズ、寧ロ近年ハ外国輸出ノ自由ナル棉花、大豆等ノ栽培ヲ為シ、殊ニ上海通州付近ニ於テハ、米作ヲ廃シテ棉花ヲ栽培スルモノ益増加」し、「江南一帯ノ地域ハ、粳米即チ丸粒米ヲ産シ、江北地方ハ籼米即チ長粒米ヲ産スル」と説明している[5]。

そして、日本では 1937 年に日中全面戦争が勃発し、さらに日米開戦（太平洋戦争）へと突入して戦線を拡大していく中で、食糧問題に対する関心は再び高まっていった。

山名正孝（1941 年）は、中国では平時の食糧不足が戦時体制下で深刻化したのは、「資本主義的未発達の点より来る所のもので」、「甚だしき小規模経営による食糧自給目標の主穀農業」が「本をなし」、食糧農産物の「飢餓的」商品化が進行したとみなしている[6]。また、天野元之助（1941 年）は、中国側の米市・米業に関する資料を可能な限り網羅的に利用して、中国における米の流通機構について論じている[7]。日本米穀協会『食糧経済』には、藤岡保夫（1941 年）が広東

4

省における蓬莱米の試作状況を報告し[8]、あるいは、宮坂悟朗（1942年）が海南島における「蕃薯─甘藷は米と併行乃至それ以上に主要食糧と」なっていて甘藷を食用として所有する米を販売する農家も多かったとしている[9]。

　一方、中国では、民国期中国の食糧について同時代に論じたものは枚挙にいとまがない[10]。そして、それらの多くは調査資料として利用しうるものになっている。ただし、1940年に中国経済研究所『経済研究』が中国の食糧問題に関する特集を組み、第4章「江蘇米産供需情形」、第5章「無錫的米市」、第6章「揚子江各埠的米市」、第7章「青島済南一帯糧食的産銷」、第9章「上海的米市和米価的研究」などを掲載しているが、まったく典拠などが示されていない[11]。このように、中国における論考・研究論文には典拠の示されていないものも多い。

　以上、日本における戦前の中国研究は、日本の食糧不足を補うために、中国からどれだけ食糧を調達することができるかという点に関心があり、一方、中国における研究は、調査報告書類などと同様に、主要な食糧穀物の流通と価格（「米業」と「米市」）に関心があった。

(2)　戦後の研究

　民国前期中国の食糧事情に関しては、数多くの研究があるが、とりわけ湖南省の米騒動（「搶米」）に関する研究の中で言及されることが多かった。例えば、嶋本信子（1969年）は、1918年に米騒動を引き起こした日本における米不足・米価暴騰を解決するため、粟などの雑穀を中国東北部から朝鮮に運んで米の代わりに食べさせ、朝鮮から大量の米を日本へ運んだことによって、朝鮮米の騰貴をもたらし、中国への移入量を減少させ、その上、日本が中国に防穀令（米移輸出禁止令）の弛緩ないし撤廃を迫って大量の中国米を買い付けたことが中国に深刻な米不足と米価高騰をもたらしたが、日本が中国で買い付けたのは日本の二等米に相当する江蘇米で、その代替米としてそれより劣る湖南米が江蘇省へ移出された[12]。

　一方、上述した以外の研究は、日本帝国主義史・日本植民地史の視点による研究、国家の枠を超えた「アジア交易論」の視点による研究、中国地域史の視点による研究、の3つに分類することができる。

　例えば、日本植民地史の視点からの研究では、大豆生田稔（1993年）は、中国へ輸出された朝鮮米は「満州」向けが多かったが、「満州」では1930年代に産

米量が急増し、1935年には日本から、そして、1936年以降は朝鮮からの米穀輸入量が激減したことを明らかにしている[13]。また、山田あつし（1995年、2003年）は、日本植民地時代の台湾に日本からジャポニカ種米（1925年に蓬莱米と命名）が持ち込まれ、農民が在来米より高価な蓬莱米をすべて販売して在来インディカ種米を消費したために在来米も残っており、1918年の米騒動によって日本の米価が高騰すると、在来米をも日本へ販売すべく、よりいっそう安価な中国からの米穀輸入が増加したとしている[14]。

　また、「アジア交易論」の視点からの研究では、杉原薫（1984年）は、1913年頃に形成されたアジアの米市場は、ビルマ、タイ、仏領インドシナがアジアの穀倉として蘭領東インド、マラヤ、インド、中国、日本などアジアの主要貿易地域に基本食糧を供給するという構造を形成し、特に中国の東南アジアからの米輸入はこの時期にかなりはっきりした増加の趨勢を示しているとしている[15]。このように、アジア交易論の視点からの研究では、中国は朝鮮や台湾さらに東南アジアからも米を輸入することによって米不足を補っていたことから、日本が台湾や朝鮮を植民地化して米を大量に買い付けたことによって中国の米不足が深刻化し、とりわけ1910年代末に日本で米騒動が発生した後に食用米の不足問題は顕在化したと言える。

　さらに、中国地域史の視点からの研究では、蔡志祥（1987年）は産米地の湖北省では不足米を甘薯や玉蜀黍などの雑糧で補い、特に山間地や僻地では雑糧が米に代わる日常食だったとし[16]、中林広一（2012年）も華中・華南では米が常食であるというイメージは実態と乖離しているとし、清末民国期「湖北省の日常食は富裕・貧困という経済的な階層性、都市・農村という生活環境の差異、そして農民の合理性を例とするような食事をとる主体の心性などの要素が絡み合って構築された」とまとめている[17]。

　以上のように、民国前期中国の食糧事情について言及した研究は国内外において数多くあるが、すでに述べたように、1930年代の食糧事情に関する調査資料が比較的豊富であるにもかかわらず、南京国民政府期における食糧事情について本格的に扱った研究は皆無に近い。

　高橋泰隆（1978年）は、華北の日本軍占領地では「農業が棉花、小麦、豆などを中心として、自給自足的な農家経済から商品生産農業に移行しつつあ」るが、「市場の未発達と商業高利貸（牙行、雑貨舗、その経営者は地主や豪紳）の

介在とによって、農民は「飢餓的」な商品経済化にさらされ」、「貧農は食糧生産物の自給部分までも販売せざるをえなくな」り、「本来自家消費をめざした食糧自給的小農業が衰退し、農村の内部においても食糧自給が困難化し」、また、「日中戦争の長期化により、農業にも影響があらわれ、農業生産力の破壊、食糧の買占め・売惜しみ、食糧価格の騰貴、消費都市における食糧不足、抗日戦の一翼としての食糧戦争等により」いっそう深刻化したと分析している[18]。また、浅田喬二（1978 年、1979 年）は、日本軍の中国占領地では「日本帝国主義による農産物の強権的買付と、その買収価格の極端な低廉性によって、中国民衆の経済生活が破壊され」、中国占領地の「民心把握」のための絶対的条件とされていた占領地民衆への食糧供給ができず、「飢餓状態に追い込」んでいたと分析している[19]。さらに、大豆生田稔（2002 年）は、日中戦争が勃発すると、「華中・華南および中国国外から華北にいたる米の輸移入経路が封鎖され」て「従来の米穀流通が撹乱され」、「華北―華中―華南間の円滑な穀物移動が停滞」し、これを補うために華北への朝鮮米の輸出が急増したとしている[20]。

重慶国民政府時期の食糧政策について、笹川裕史（2002 年）が、四川省を中心に田賦の実物徴収や糧食の強制買い上げ（後には借り上げ）によって重慶国民政府が糧食を徴発したことに言及し[21]、また、天野祐子（2004 年）が、国民政府の重慶への遷都に伴って四川省の人口が増加したうえに、沿海部からの食糧供給困難による米不足によって米価が高騰し、1940 年春には成都で米騒動が発生するなど、四川省が食糧危機に陥ったことなどに言及している[22]。だが、笹川と天野の研究はともに包括的な食糧事情を分析したものではない。

華中の日本軍占領（後の汪精衛政権）地域については、古厩忠夫（1994 年、2000 年）が 1943 年 10 月 1 日に成立した米糧統制委員会について言及している[23]。また、斉春風・姜洪峰（2003 年）が国民政府実効支配地域と日本軍占領地域との間における食糧の密輸について論じている[24]。

以上、民国後期中国食糧事情の実態に関する研究の蓄積は、中国農村社会経済の実態を明らかにするという点から見てみると、依然として不十分である。

2．資料・調査報告書について

20 世紀前半に日本が中国への侵略を進める中で中国農村社会を理解するために、満鉄調査部をはじめとして数多くの機関が中国農村実態調査を実施してその

報告書を刊行したことは周知のとおりである。そして、1937 年からの日中全面戦争時期には日本軍による中国占領地行政のために、華北綜合調査研究所が食糧の現地調達を目指して華北緊急食糧調査を実施してその報告書を刊行した。これらの調査報告書は本書で戦時期（民国後期）の華北における食糧事情を分析するうえできわめて重要な資料となった。そこで、以下に民国期中国食糧事情に関わると思われる資料を具体的に列挙しておきたい。

(1) 南満州鉄道株式会社

１）北支事務局調査部

 ①北支事務局調査班編『京津一帯ニ於ケル米穀生産状況』北支調資第 38 号（1937 年）。

 ②北支事務局調査部編『北支に於ける米穀需給に関する一考察』（1939 年）。

２）北支経済調査所

 ①『北支製粉業立地調査—山西』（1940 年）。

 ②『北支製粉業立地調査—済南・済寧』（1940 年）。

 ③『北支製粉工業立地調査—天津』（1940 年）。

 ④『北支製粉工業立地調査—青島』（1940 年）。

 ⑤『北支ニ於ケル主要食糧ノ需給ニ関スル調査報告』（1940 年）。

 ⑥『北支ノ米穀ニ関スル調査報告』（1940 年）。

 ⑦『北支大豆ニ関スル調査報告』（1940 年）。

 ⑧『民国 29 年ヲ中心トセル済南糧桟調査報告書（其ノ一）』（1942 年）。

 ⑨『食糧自給自足ニ関スル一考察（山東省ヲ一例トシテ）』（1942 年）。

 ⑩『山東省ニ於ケル主要農産物（棉花、小麦、雑穀）ノ生産並出廻事情』（1942 年）。

 ⑪『商邱地区物資流通事情調査報告書—商邱県城及駅前糧桟概況調査』（1942 年）。

 ⑫『北支食糧問題の現状—北支に於ける食糧市場の概況、天津を衷心とする北支穀物市場—米荘に関する調査報告書、斗店に関する調査報告書、察南涿鹿に於ける斗牙行事情（上）（下）』（刊行年不詳）。

３）天津事務所調査課

 ①『河北省農業調査報告（一）（平漢線「北京—保定」沿線及其西部地帯）』北

支経済資料第 25 輯（1936 年）。

②『河北省農業調査報告（二）（平漢線「望都―石家荘」沿線及其西部地帯)』北支経済資料第 26 輯（1936 年）。

③『河北省農業調査報告（三）（大清河及子牙河流域地帯)』北支経済資料第 30 輯（1936 年）。

④『河北省農業調査報告（四）（大清河及子牙河流域地帯)』北支経済資料第輯 31 号（1937 年）。

4）上海事務所調査室

①『食糧問題ヨリ見タル日本ト支那米ノ品質ノ相違ニ就テ（附　小麦ノ問題)』（1939 年）。

②上海満鉄調査資料第 25 編『米―無錫米市場を中心として』支那商品叢書第 10 輯（1939 年）。

③上海満鉄調査資料第 38 編『米―安徽の米』支那商品叢書第 15 輯（1940 年）。

④上海満鉄調査資料第 39 編『米―上海米市場調査』支那商品叢書第 16 輯（1940 年）。

⑤上海満鉄調査資料第 46 編『小麦及び小麦粉』支那商品叢書第 18 輯（1940 年）。

⑥高橋保一『無錫ニ於ケル米市場概況及米行』（1941 年）。

⑦笠原仲二『無錫米市ノ慣行概況―主トシテ米行ヲ中心ニ観タ』（1941 年）。

⑧笠原仲二『嘉興米市慣行概況―米行ヲ中心トシテ』（1942 年）。

⑨笠原仲二『硤石米市慣行概況―特ニ米行及経售業ヲ中心トシテ』（1942 年）。

⑩『中支食糧問題ノ分析』（1942 年）。

5）地方部

①地方課『南満州米作概況』産業資料其一（1915 年）。

②地方課『南満州米作概況』産業資料其十（1918 年）。

③勧業課『満州の水田』産業資料其十四（1921 年）。

④地方部農務課『満州の水田』産業資料其十四（1932 年）。

6）農事試験場

①『南満州鉄道株式会社農事試験場要覧』（1922 年）。

②『満州の高粱（栽培の巻)』農事試験場彙報第 27 号（1928 年）。

③『満州の粟』農事試験場彙報第 31 号（1930 年）。

7）庶務部調査課

① 『小麦及麦粉の需給上より見たる日本と満州』満鉄調査資料第 25 編（1923 年）。

② 『満州粟に関する調査』調査報告書第 21 巻（1925 年）。

③ 『満州高粱に関する調査』調査報告書第 26 巻（1925 年）。

④ 『満州包米に関する調査』パンフレット第 32 号（1927 年）。

⑤ 『満州粟の鮮内事情』満鉄調査資料第 83 編（1928 年）。

(2) 興亜院

1）華北連絡部

① 『華北ニ於ケル米穀調査』調査資料第 25 号（1940 年）。

② 『北支に於ける雑穀調査』調査資料第 29 号（1940 年）。

③ 『河南省豫東地区雑穀ニ関スル調査』調査資料第 39 号（1940 年）。

④ 『華北各地ニ於ケル糧穀取引機構ノ調査』調査資料第 65 号（政務局調査所、1940 年）。

⑤ 『華北に於ける米の調査（其の一）』調査資料第 75 号（政務局調査所、1940 年）。

⑥ 『華北に於ける米の調査（其の二）』調査資料第 166 号（1941 年）。

⑦ 『北支ニ於ケル小麦需給関係調査』調査資料第 185 号（1941 年）。

⑧ 『山西省に於ける雑穀調査』調査資料第 186 号（経済第 57 号）（1941 年）。

⑨青島出張所編『青島特別市ニ於ケル主要食糧作物耕種事情ニ関スル調査』興青調査資料第 50 号（1941 年）。

⑩ 『華北ニ於ケル米穀需給調査（昭和 16 年度)』調査資料第 202 号（1942 年）。

⑪青島出張所編『山東省に於ける甘藷の栽培並に需給に関する調査報告』興青調査資料第 82 号（1942 年）。

2）中支建設資料整備委員会（上海・興亜院華中連絡部内）

① 『江蘇省句容県人口農業調査報告』第 13 編（1940 年）第 4 章「食糧生産消費概況」。

② 『浙江省産業事情』第 25 編（1940 年）。

③『中国戦時経済論』第 27 編（1940 年）第 3 編「中国の戦時糧食」。

④『支那糧食問題と対外貿易』第 31 編（1940 年）。

⑤『南京糧食調査』第 33 編（1940 年）。

⑥『浙江省米価変動の研究』第 54 編（1941 年）。

⑦『京滬・滬杭沿線に於ける米穀・糸繭・棉花の販売費調査』第 58 編（1941 年）。

3）支那経済資料

①社会経済調査所編『江西糧食調査』 7 （1940 年）。

②江西省農芸部農業経済科編『江西米穀運銷調査』 8 （1940 年）。

③交通大学研究所社会経済班編『小麦及び麺粉』 9 （1940 年）。

④社会経済調査所編『蕪湖米市調査』10 （1940 年）。

⑤社会経済調査所編『鎮江米市調査』11 （1940 年）。

⑥社会経済調査所編『無錫米市調査』12 （1940 年）。

⑦社会経済調査所編『上海米市調査』13 （1940 年）。

⑧張人价編『湖南の米穀』14 （1940 年）。

4）その他

①文化部第一課『北支ニ於ケル主要食糧問題ニ関スル資料（麦粉、米、雑穀ノ生産及需給数量)』（1939 年？）。

②興亜院文化部『北支食糧問題ニ関スル対策』華北農政経済対策資料第 1 号（1940 年）。

③『北支五省に於ける食糧問題』興技調査資料第 35 号（1940 年）。

④政務部第三課『支那農産物ノ生産需給ニ関スル資料』（1941 年）。

⑤広東派遣員事務所『広東食糧問題』（1942 年）。

⑶ **大東亜省**

①「華北に於ける配給機構の現状」（大東亜省総務局調査課『調査月報』第 1 巻第 12 号、1943 年）。

②「河北省大興県に於ける棉作と食糧作との関係」（『調査月報』第 1 巻第 7 号、1943 年）。

③大東亜省総務局総務課『支那の食糧問題』大東亜資料第 7 号（1944 年）。

⑷　**華北綜合調査研究所**

1 ）緊急食糧対策調査委員会事務局『緊急食糧対策調査報告書』（1943 年）。

　①「北京地区」、②「天津地区」、③「保定地区」、④「石門地区」、⑤「開封地区」、⑥「帰徳地区」、⑦「新郷地区」、⑧「潞安地区」、⑨「運城地区」、⑩「青島地区」、⑪「徳県地区」、⑫「益都地区」、⑬「済寧地区」、⑭「蘇淮地区」。

2 ）緊急食糧対策調査委員会事務局『華北食糧情報』（1943〜44 年）

3 ）緊急食糧対策調査委員会事務局

ⅰ）緊急食糧調査

　①『北京地区食糧対策調査報告「蒐貨機構、供給関係、蒐貨量及価格関係」』（1943 年）。

　②『天津地区食糧対策調査委員会中間報告』（1943 年）。

　③『青島地区緊急食糧対策調査委員会調査報告書（未定稿)』（1943 年）。

　④『済南地区食糧対策調査委員会報告書（済南地区ニ於ケル食糧事情並ニ蒐貨対策)』（1943 年）。

　⑤『済南地区食糧対策調査委員会中間報告』（1943 年）。

ⅱ）生産蒐荷機構調査

　①『河北省に於ける農産物の生産蒐荷機構の組織運営に関する調査』生産蒐荷機構調査⑴（1944 年）。

　②『蘇淮地区ニ於ケル食糧農産物蒐荷機構ノ組織運営ニ関スル調査』生産蒐荷機構調査⑵（1944 年）。

ⅲ）その他

　①『華北各地区食糧収買事情（地区委員会幹事長会議報告要旨)』（1943 年）。

　②『北京地区食糧業現況報告』（1943 年）。

　③『北京特別市ニ於ケル食糧事情（特ニ統制機構外取引ノ問題)』（1943 年）。

　④『第三次華北農産物収穫高予想調査概況報告』（1943 年）。

　⑤『満州ニ於ケル食糧蒐荷機構と蒐荷対策—満、北支食糧事情ノ比較研究ノ為ニ』（1943 年）。

　⑥『関東州及満州ニ於ケル最近ノ食糧事情』（1943 年 10 月）。

　⑦『華北小麦収穫高予想調査重点県一覧—民国 33 年度第一次（3 月 1 日現在)』（刊行年不詳）。

　⑧華北綜合調査研究所緊急食糧対策委員会幹事『華北食糧に関する意見』

序

（1944年）。

⑨ 『河南省に於ける小麦・雑穀の蒐荷に就て』生産蒐荷機構調査(3)（1944年）。

⑩ 『［昭和19年度第一次（3月1日現在)］華北及淮海小麦収穫高予想調査報告（概要)』（1944年）。

⑪ 『［昭和19年度第二次（5月15日現在)］華北及淮海小麦及大麦収穫高予想調査報告（其ノ一　概要)』（1944年）。

⑫ 『［昭和19年度第二次（5月15日現在)］華北及淮海小麦及大麦収穫高予想調査報告（其ノ二　県別作付面積及予想収穫高)』（1944年）。

⑬ 『小麦収買開始前ノ地方情勢—食糧公社ノ設立ト之ニ伴フ諸問題』（1944年6月1日）。

⑭ 『魯西地区農村ニ於ケル食糧偏在ノ実情トコレガ食糧政策ニアタヘル暗示ニ就テ—魯西地区農村ニ於ケル食糧供出可能条件調査報告書ソノ一』（1944年）。

⑮ 『蘇淮地区食糧行政収買に於ける諸問題の検討』（1944年）。

⑯ 『食糧行政収買に関する諸問題』（1944年）。

⑰ 『省道県別小麦作付面積及収穫高予想調査表』（1944年）。

4）経済局

① 『民国33年度第一次華北主要夏作物収穫高予想調査報告（8月15日現在)』（1944年）

② 『河南特別区ニ於ケル小麦収買ニ関スル調査』（1944年）。

③ 『民国34年5月15日現在　小麦収穫高予想調査報告—（其ノ二）県別調査—』（刊行年不詳）。

④ 『治安上より見たる食糧収買工作の実状と対策(第4中間報告)』（1944年）。

⑤ 『山西省ニ於ケル食糧収買概況』（1944年）。

⑥ 『中共ノ対敵経済闘争ト蒐荷妨害工作ノ内容』（1944年）。

⑦ 『華北食糧経済ト中国共産党（文献資料)』（1944年）。

⑧ 『統制収買前に於ける済寧糧穀市場概況』（1944年）。

⑨ 『河南特別区糧行概況』（1945年）。

⑩ 『小麦収穫高予想調査報告—（其ノ二）概括—』（1945年）。

⑪ 『民国34年度小麦田賦実徴見込量、収買可能量ノ想定—県別数字（其ノ二）

13

―』（1945 年）。

⑫『物価昂騰の特性と収買方式との関聯に就いて―特に淮海地区を検討の対象
として―』（1945 年）。

⑬『淮海地区に於ける収買方式の行詰とその打開方向』（1945 年）。

⑭『緊急非常事態に於ける北京市食糧自給対策』（1945 年）。

⑮『緊急非常事態に於ける天津市食糧自給対策』（1945 年）。

⑯『淄川炭鉱に於ける華人食糧の問題』食糧需給ト炭鉱生産力トノ関係ニ関ス
ル調書（一）（1943 年）。

⑰『中興炭鉱に於ける労働力再生産と食糧消費』食糧需給ト炭鉱生産力トノ関
係ニ関スル調書（二）（1944 年）。

⑱『井陘炭鉱に於ける労働力と食糧に関する問題』食糧需給ト炭鉱生産力トノ
関係ニ関スル調書（三）（1944 年）。

5）文化局

①『重慶食糧政策ノ概要』（1943 年）。

②『食糧問題ト中国共産党』（1943 年）。

⑸　**華北食糧平衡倉庫**

①『蒙疆に於ける糧穀流通機構』資料第 21 号（1941 年）。

②『天津穀物自由取引市場に於ける出廻調査（満鉄北支経済所天津支所調)』
（1943 年）。

③『満・北支食糧蒐荷機構並ニ蒐荷対策ノ比較研究』資料第 5 輯（1943 年）。

④企画部『中国に於ける糧食輸入之変遷』（1943 年）。

⑤企画部『華北に於ける民食分布概況』参考資料第 3 号（刊行年不詳）。

⑹　**華北交通株式会社**

①資業局業務課『最近ニ於ケル北支食糧問題管見』（1939 年）。

②資業局業務課農務係『華北鉄路愛護村地帯主要農産物作付状況一覧表』
（1939 年）。

③『北支農産物収穫高予想―民国 29 年度第 1 次　7 月 1 日現在』（1940 年）。

④太原鉄路局総務処資業科『山西省ニ於ケル主要農作物作付状況並ニ灌漑状
況』（1940 年）。

序

⑤太原鉄路局総務処資業科『山西省ニ於ケル主要農作物ノ分布状況ト農業概要』（1940 年）。

⑥愛路局『甘藷増産参考資料』第一輯（1940 年）。

⑦『主要農産物生産費調査報告書（昭和 16 年度）』（1942 年）。

⑧『華北食糧増産対策上ノ参考資料』第 1 号（1942 年）。

⑨『主要農産物生産費調査報告書（昭和 17 年度）』（1943 年）。

⑩『果実、蔬菜の貯蔵に就て』社員食糧対業務参考資料第二輯（1943 年）。

⑪計画局食糧物価班『昭和 19 年度小麦蒐荷収運事情調査報告』（1944 年）。

(7) **軍糧城精穀株式会社調査部**

①『華北及蒙疆ニ於ケル米穀生産並取引機構調査概況　附　一、地場産米邦人食糧トシテノ適否　二、本年輸入配給種子ノ生育状況』軍穀調資第 8 輯（1940 年）。

②『政務局調査所調査　華北ニ於ケル米穀調査』軍穀調資第 9 輯（1940 年）。

③『華北米穀生産流動概況調査報告』軍穀調資第 11 輯（1940 年）。

④『蒙疆米穀生産流動概況調査報告』軍穀調資第 12 輯（1940 年）。

⑤『中支ニ於ケル米穀事情視察報告』軍穀調資第 14 輯（1941 年）。

⑥『昭和 16 年度華北蒙疆米穀生産並出廻概況調査』軍穀調資第 15 輯（1941 年）。

⑦『天津地区米穀生産費調査（事変前及昭和 14 ― 16 年に至る生産費）』軍穀調資第 16 輯（1941 年）。

⑧『昭和 17 年度華北蒙疆米穀生産出廻概況調査』軍穀調資第 17 輯（1942 年）。

⑨『米穀多収穫競作報告書（昭和 17 年第 1 回）』軍穀調資第 18 輯（1942 年）。

(8) **東亜研究所**

①木村増太郎・池田静夫『山東省の食糧問題（一）―膠済鉄道圏 45 県の食糧調査』資料丙第 125 号 D（1940 年）。

②木村増太郎・池田静夫『黄淮地帯の農作物調査』資料丙第 150 号 D（1940 年）。

③『抗戦支那の食糧問題（翻訳）』資料丙第 258 号 D・支那奥地資料彙報第 7

15

輯（1942 年）。

④『支那稲作農家経済の基調—支那稲作の根本問題』資料丙第 262 号 C（1942
年）。

(9) その他

①台湾総督府民政部殖産局『支那ノ米需給状況』殖産局出版第 104 号（1915
年）。

②台湾総督府民政部殖産局『支那、南洋及露領ニ於ケル米一班』殖産局出版第
120 号（1915 年）。

③農商務省『支那ノ米ニ関スル調査』（1917 年）。

④上海商業儲蓄銀行調査部編『米』商品調査叢刊第 1 編（1931 年）。

⑤北支那開発株式会社物資調整部雑品課『北支主要食糧事情調査報告』昭和
16 年度物資調整部職員参考資料第 4 輯（1941 年）。

⑥東亜経済懇談会『支那の食糧事情』調査資料第 6 輯（1942 年）。

⑦華北合作事業総会『河北省正定県食糧供求情形調査報告書（中文)』調査科
調査資料甲第 8 輯（1943 年）。

⑧華北合作事業総会『華北食糧需給状況調査報告書』（1943 年）。

⑨甲集団参謀部『重慶政権田賦実徴ノ実績及其ノ効果』参二調資第 5 号（1944
年）。

⑩華北麦粉製造協会『済南磨坊業調査報告—その実態及び食糧問題との関連』
（1944 年）。

⑪在北京大日本帝国大使館『天津地区米穀生産費調査』調査所調査資料第 277
号・経済第 114 号（1942 年）。

⑫在上海日本大使館特別調査班編『第三戦区糧食管理情況　附．戦後浙江省関
係資料雑輯』特調資料輯編第 6 篇（1943 年）。

⑬在上海日本帝国大使館事務所『浙江省食糧運銷論』編訳彙報第 96 編（1944
年）。

3．問題の所在

　本書で提起する食糧事情とは、穀物類や芋類などを含む食糧農産物の生産・流
通・消費の各過程に関わる網羅的かつ総合的な経済状況ないし経済構造の動態を

反映したもので、それぞれ農業・商業・文化・嗜好性などと密接に関わっている。また、食糧に関わる経済構造とは、生産・流通・消費の各過程や農業・手工業・商業・運輸業などの各産業間における複合的な関係性のことを表している。そして、食糧事情に関して分析・考察することは、近現代中国農村社会経済の構造的特質を明らかにし、また、中華民国期中国農村経済の発展水準を窺い知ることができるばかりではなく、さらには、近現代中国農村経済史像を再構築するためにも有効であると考えている。

実は、このような筆者の考え方にやや近い捉え方は、すでに戦前の日本側による中国農村社会実態調査報告書の中にも看取することができる。例えば、「従来の調査は、往々にして、農業、商業或ひは鉱工業と云ふ様に、夫々の部門のみの調査に極限される傾向があり、それら相互の結合関係を必ずしも充分に究明し得ない感があつた」ので、「食糧の生産、販売及び消費」のそれぞれの機構と「相互の関聯を綜合的に把握する」必要があるとしている[25]。

民国期中国の農村経済については、これまで主に日本と中国において多くの実証研究が発表されてきた[26]。だが、農村経済のうち農業経済とりわけ農業経営に関する分析が中心となっていた。また、その研究の視角や分析の枠組は、日本で1970年代後半に提起された南京国民政府（1927～37年）見直し論の研究水準を必ずしも超えるものにはなっていなかった[27]。

一方、近現代農村経済に関する統計資料について言えば、欧米や日本に比すると、中国ではいわゆる国民国家の形成時期が相対的に遅れたことから、全国的な統計調査およびその集計作業が不十分となり、その統計資料の内実がきわめて不備が多いことは周知のとおりである。しかも、この点については、食糧事情に関わる統計資料に限定すると、よりいっそう際立っている。そして、本書の各章における分析・考察の深化とその密度の程度にみられる較差は、基本的には以上のような統計資料の質と量の程度に左右されている。ただし、すでに見たように、民国期中国の農村社会に関する実態調査は、日本側によるものを含めると、厖大な数に上っている[28]。

本書で利用した戦前の日本側による中国農村社会実態調査報告書類の多くは、総合的な観点から中国農村社会を把握しようとしている点で非常に優れているが、日本農業経済の発展を基準（農業生産力の高さや農産物の生産性の高さを重視）として中国農業経済を分析・評価している点に限界性がみられる。

以上のことを踏まえて、本書では、民国期中国食糧事情を考察することによって、農村経済の構造的特質を明らかにしたいと考えている。すなわち、本書を刊行する主要な目的は、民国期中国食糧事情の分析を通して同時期における中国農村経済構造の特質を解明することにあり、食糧穀物の需給関係に主軸を据えた食糧問題すなわち農業政策や食糧政策などの政治的な課題を考察することではない。

　このように、食糧事情という分析の枠組を設定することによって、従来のような細分化された分析の枠組を超克し、また、単に近現代中国の各産業史に関する研究蓄積を寄せ集めて近現代中国経済史として捉えて、その枠組の中に産業史の一分野としての農業経済史を組み入れようとする研究の方向性[29]に対して根本的に修正を迫りたい。

　ところで、民国期中国農村社会経済の展開に対する認識については、2019年現在においても一般的に否定的に捉えられており、本書が取り上げて参照した戦前の現状分析や研究書などの認識とそれほど大きく異なるものとはなっていない。それは、農村経済発展の指標が依然として従来の西洋経済史や日本経済史の観点ないし枠組に基づいていることに最大の原因があるように思われる。

　例えば、渡辺兵力（1942年）は、「従来、吾々の常識は華北否中国農業の一般的後進性を認め」[30]、「中国農業の「おくれ」の究明」に研究の主眼が置かれることになったとしている。そして、それ以降の研究でも民国期「中国農業の一般的後進性を認め」る見方は通説的理解となっていったと考えられる。

　これに対して、戦後、民国期中国の農業経済にブルジョア的農民層分解と資本主義的農業経営の萌芽の発展を見出そうとした中西功から吉田浤一までの一連の研究があるが[31]、西欧ないし日本における農村経済発展を基準に据えていたために、中国農村経済発展の特質を明らかにすることができなかった。

　こうして、21世紀には民国期中国農村社会経済に関する研究はきわめて停滞していた。こうした研究状況の中で、近年、筆者がこれまでの研究でほとんど取り上げたことのなかった中国東北部（「満州」）の農村社会経済を取り上げた菅野智博による一連の研究は注目に値する[32]。すなわち、「従来の中国農村史研究は、華北地方や江南地方などいわゆる「中国本土」を中心に展開してきており、満州を対象とする詳細な実証分析は依然として不十分な段階に留まっている」と指摘したうえで[33]、満州国国務院実業部臨時産業調査局による満州農村調査などの資

18

料について丁寧に紹介し[34]、北満州と南満州の農村社会の特質と雇農に着目しながら農家経営について分析している。

さて、本書ではさしあたり、民国時期のうち平時としての前期（1912～37年）と、戦時としての後期（1937～49年）に大別した。だが、両時期の内実はやや複雑であって、例えば、平時と設定した民国前期のうち北京政府期（1913～28年）は中国各地に軍閥が割拠して内戦状態にあり、また、1930年代前半に長江中流域で中国国民党と中国共産党の両党軍による囲剿・反囲剿戦が展開して内戦状態にあった。あるいは、民国前期のうち1931年の満州事変以降は準戦時とも言うべき状況にあった。一方、戦時と設定した民国後期のうち1945年の抗日戦争終結から1946年の第二次国共内戦勃発までは平時と言うべき状況にあった。

以上のことから、主に経済的側面に限定して見ても平時と戦時に厳格かつ明確に区分することは難しいと言わざるを得ない。だが、本書では、1937年に勃発した日中全面戦争が中国農村経済の動向に与えた影響が大きかったとみなし、さしあたり南京臨時政府期（1912～13年）・北京政府期（1913～28年）・南京国民政府期からなる平時の民国前期と抗日戦争期（1937～45年）・第二次国共内戦期（1946～49年）からなる戦時の民国後期とに大別することにした。

一般的に言えば、農村では、平時には商品作物の栽培が拡大して食糧作物の生産が低下したのに対して、戦時には食糧の自給を最優先して商品作物の栽培が抑制される傾向にあった。民国期の食糧不足は、民国前期には資本主義化・工業化の進展に伴って商品作物の生産が拡大（穀物生産からの転作）した結果で、また、民国後期には日本による食糧の収奪に加えて侵略戦争によって食糧穀物の生産と流通の両面にわたって破壊された結果だった。

このように、民国期中国の食糧事情について一貫した1つの連続性や必然性を見出すことは難しいが、食糧事情の分析を主軸に据えた農村社会経済の実態・動態の分析を通して民国期がいかなる時代だったのかを総括するには、平時と戦時の特徴を踏まえたうえで、あえてそこに通底していた方向性すなわち経済史としての逆流を含めた流れを探ることが必要である。そして、食糧問題の基礎をなす食糧事情は、食糧穀物の生産量と消費量という需給関係のみならず、社会経済構造全体に関わっており、その分析は、食糧作物の生産・流通・消費の状況を包括する経済構造全体に関する総合的なものでなければならないと考えられる。

そもそも、中国における食糧穀物の生産状況を概観してみると、淮河以北は麦

作地（江蘇省北部・安徽省には水稲作地が多く、華北の一部地域にも水稲作地が
ある）だったのに対して、淮河以南は水稲作地（華中の二毛作地域の裏作は主に
小麦である）だった。そして、淮河以南のうち華中の西部・中部ではインディカ
種米と冬小麦の二毛作が行われ、華中の東部とりわけ江南ではジャポニカ種米と
冬小麦の二毛作あるいはインディカ種米とジャポニカ種米の二期間作（裏作は小
麦ではなく緑肥用のウマゴヤシ・レンゲ草や豆類）が行われていた[35]。さらに、
華南ではインディカ種米の二期作が行われているが、商品作物栽培への転作が進
展して食用米が不足していた。

　本書では、従来の個別事例を分析するという枠組を超えて民国期中国食糧事情
の全貌を明らかにすることによって、近現代中国農村経済の構造的特質を明らか
にし、新たな近現代中国農村経済史像を構築する第一歩としたい。

　なお、本書では、主に煩雑さを避けるために、原則として、史料・資料などか
らの引用部分をも含めて常用漢字と算用数字を用いるとともに、敬称も省略する
ことにした。また、文献資料からの引用部分に「事変」とあるのは 1937 年 7 月
の日中全面戦争の勃発を意味している。

4．研究の視角と手法

　本書では、以下のようないくつかの研究の視角に留意しながら、分析・考察を
進めていきたい。

　従来、近代中国農業経済史の研究では欧米ないし日本の農業経済史を基準とす
る見方が一般的だった。例えば、農業経営規模や単位面積当たりの米の収穫量を
比較して、近代においては日本が中国より上回っていたことから、農業経済にお
いては日本が中国を上回っていたとされている。そして、これまでの中国経済史
研究から見出すことができる一般的な見方に従えば、近現代における農業の主要
な役割は大量かつ安価な食糧穀物を生産し、副次的ないし並行的に高品質の棉花
などの工業原料を大量に生産して安価に提供することである。そして、その生産
に従事するのが農民であり、また、それを生産する場所が農村である。あるい
は、農村経済は農作物を生産する農業経済が中心であると考えられてきた。その
ため、従来の研究では、農業経済が分析の枠組ないし対象となっていた。

　だが、本書では、分析視角の主軸を農業経済から農村経済へ、また、分析手法
の主軸を数量的な分析から構造的な分析へと移行させ、欧米ないし日本を基準と

する見方から脱却することを目指している[36]。

　すなわち、分析の枠組を農業経済から農業のみならず手工業（綿業・蚕糸業などの他、酒・酢・春雨などの食品加工業を含む）・商業・運輸業・サービス業・鉱山業などをも含む農村経済全般へ可能な限り拡大することによって、農業生産が農村経済全体の中で占める位置と意義を再検討してみたい。

　よって、すでに述べたように、本書では食糧事情に関する分析を通して民国期中国農村社会経済構造の変動とその特質を探ることを主目的としている。

　そもそも、歴史学的アプローチの不人気と社会学や文化人類学的なアプローチの隆盛によって、広義の社会史学的アプローチが注目されるようになってから久しい。また、とりわけ経済史学は歴史学と経済学によって挟撃されて萎縮・矮小化しているように見える。数値化できない広義の社会経済的な側面も含めて分析すると、狭義の社会科学としての経済学的には不明瞭な研究として捉えられ、一方、狭義の人文科学としての歴史学からすると、筆者のように経済史的視点に主軸を据える分析は「経済決定論」的である（歴史は経済的要因ばかりではなく、経済外的なさまざまな要因によって構築されてきたことを無視ないし軽視している）という誹りを受けることが多かったように思われる。

　筆者は、経済史研究に関する近年の経済発展類型論的な見方には基本的には同意しない。とりわけ、自然環境や地理的状況に大きく左右される農業経済の発展が多様性を有することはもとより当然のことであるが、その多様性を認めながらもむしろあえて共通する方向性を追求するべきであると考えている。

　近現代中国農村社会経済史に看取しうる特徴は、商品経済（商業的農業）の広範な展開であり、その発展の方向は農村における兼業化（さらに第一種兼業農家から第二種兼業農家への移行）・工業（ないし手工業）化・脱農化・都市化の進行である。

5．本書の構成および初出一覧

　本書は、第Ⅰ部では民国前期にあたる平時の南京臨時政府期・北京政府期・南京国民政府期における食糧事情について分析し、また、第Ⅱ部では民国後期にあたる戦時の日中戦争期・第二次国共内戦期における食糧事情について分析している。

　まず、第Ⅰ部のうち、第1章では民国前期中国における主要な農産物の生産状

況について定量分析を行って中国全体の状況を鳥瞰し、第2章では主にインディ
カ種米を生産していた地域における米の生産事情をやや微視的に分析し、第3章
ではジャポニカ種米を多く生産する江蘇省・浙江省における米の生産事情を微視
的に分析し、第4章では山東省の食糧事情を分析し、第5章では同じく華北の沿
海部に位置する河北省の食糧事情について比較検討する。

　また、第Ⅱ部では、すでに第Ⅰ部における分析によって明らかになった食糧事
情および農村経済構造が、戦時下・日本軍占領下においていかに変容したのかに
ついて探る。よって、第Ⅱ部における分析対象地域は日本軍占領地域が中心と
なっており、第1章では汪精衛政権の支配下にあった華中の東部地域における食
糧（米・小麦）事情について概観し、第2章では山東省における食糧事情の変容
を分析し、第3章と第4章では同じ華北に位置する河北省と河南省・山西省の食
糧事情を比較検討した。

　ところで、本書は、新たに書き下ろした部分（第Ⅰ部第5章、第Ⅱ部第3章、
結）、拙稿を全面的に書き直した部分（第Ⅰ部第2章・第3章、第Ⅱ部第4章）、
拙稿を加筆・修正した部分（序、第Ⅰ部第1章・第4章、第Ⅱ部第1章・第2
章）から構成されている。また、拙稿を参照ないし加筆・修正した部分の初出一
覧は以下のとおりである。

序　　　「中華民国期中国の食糧事情に関する調査と研究について」（東洋文庫近
　　　　代中国研究班『近代中国研究彙報』第28号、2006年3月）。
　　　　「華北綜合調査研究所の刊行物について」（『近代中国研究彙報』第34
　　　　号、201年3月）。
第Ⅰ部
第1章　「民国期中国における農産物生産の概要」（『金沢大学経済論集』第33巻
　　　　第2号、2013年3月）。
第2章　「中華民国前期中国における米事情の概略」（鹿児島国際大学附置地域総
　　　　合研究所『地域総合研究』第34巻第1号、2006年9月）。
　　　　「抗日戦争前における浙江省の稲麦改良事業について」（広島史学研究会
　　　　『史学研究』第214号、1996年10月）。
　　　　「災害から見た近代中国の農業構造の特質について― 1934年における華
　　　　中東部の大干害を例として」（東洋文庫近代中国研究班『近代中国研究

彙報』第 19 号、1997 年 3 月）。

第 3 章 「20 世紀前半における米生産をめぐる蘇北と蘇南の経済関係」（『東洋史研究』第 63 巻第 4 号、2005 年 3 月）。

第 4 章 「中華民国前期山東省における食糧事情の構造的把握」（『金沢大学経済論集』第 31 巻第 2 号、2011 年 3 月）。

第 II 部

第 1 章 「興亜院から見た華中の米事情」（本庄比佐子・内山雅生・久保亨編『興亜院と戦時中国調査』岩波書店、2002 年）。

「なぜ食べるものがないのか―汪精衛政権下中国における食糧事情」（弁納才一・鶴園裕編『東アジア共生の歴史的基礎―日本・中国・南北コリアの対話』御茶の水書房、2008 年）。

第 2 章 「日中戦争期山東省における食糧事情と農村社会経済構造の変容」（『東洋学報』第 92 巻第 2 号、2010 年 9 月）。

第 4 章 「山西省の農村経済構造と食糧事情―臨汾市近郊農村高河店村の占める位置―」（三谷孝編『中国内陸における農村変革と地域社会』御茶の水書房、2011 年）2・3。

　なお、本書で引用ないし利用した史料・資料の中の単位（メートル法への換算）については、中国の各地域において必ずしも統一されてはいなかったが、簡単に説明しておきたい。

〔面積〕1 畝＝6.05 アール、1 市畝＝約 6.667 アール

〔重量〕1 担＝1 石＝60 kg、1 市担＝50 kg、1 公担＝100 kg

　　　　1 斤＝約 600 g、1 市斤＝500 g、1 瓲＝1 kg、1 瓲＝1 トン

　　　　1 両＝37 g、1 市両＝約 50 g、1 公両＝100 g

〔距離〕1 里・1 支里・1 華里＝0.6543 km、1 市里＝0.5 km、1 公里＝1 km

注

(1) 戦前の代表的なものとして、農林省米穀部『支那ニ於ケル義倉及社倉四民生活耕地制度穀物ノ名称ノ研究』米穀資料第 19 号、大日本農会（1933 年）がある。

(2) レスター・R・ブラウン著（今村奈良臣訳）『だれが中国を養うのか？―迫りくる食糧危機の時代―』ダイヤモンド社（1995 年）。なお、原典は、Lester R. Brown, "WHO WILL FEED CHINA?: wake-up call for small planet", W. W. Norton & Conpany, New York, 1995.

⑶ 柏田忠一「支那米輸出解禁問題ノ将来・（下）」（『東亜経済研究』第3巻第4号・第4巻第2号、1919年11月・1920年4月）。

⑷ 吉田虎雄「支那米輸出解禁問題」（『東亜経済研究』第3巻第3号、1919年7月）。

⑸ 瀬川政雄「江蘇省ニ於ケル稲作ニ就テ」（『東亜経済研究』第5巻第3号、1921年7月）。なお、瀬川政雄『支那の米』（1921年3月）と嘉治隆一『支那の米問題』（1920年12月）は入手することができず、未見である。

⑹ 山名正孝『支那に於ける食糧問題』教育図書（1941年）9～54頁。

⑺ 天野元之助「支那に於ける米の流通機構と其の流通費用―支那農業経済論の一齣」（京都帝国大学経済学部内『東亜経済論叢』第1巻第1号、1941年2月）。

⑻ 藤岡保夫「広東の水稲」（『食糧経済』第7巻第10号、1941年10月）。別刷として東亜研究所第五調査委員会編・東亜食糧問題叢刊1（1941年）がある。

⑼ 宮坂悟朗「海南島食糧の自給形態確定―漢人及び原住民地帯の生産＝消費の規模と構造」（『食糧経済』（第8巻第2号・第3号、1942年2月・3月）。別刷として東亜研究所第五調査委員会編・東亜食糧問題叢刊5（1942年）がある。

⑽ 例えば、『工商半月刊』には「天津糧食市場概況」（第1巻第15号、1929年8月1日）、「上海米業調査」（第2巻第1号、1930年1月1日）、「浙江省食米産銷状況」（第2巻第2号、1930年1月15日）、「常熟之米業調査」（第2巻第14号、1930年7月15日）、「無錫之米業調査」（第2巻第15号、1930年8月1日）、「上海之米業調査」（第2巻第19号、1930年10月1日）、「興化県米産調査」（第3巻第3号、1931年2月1日）、「東台県米産調査」（第3巻第5号、1931年3月1日）、「杭州湖墅之米市」（第3巻第6号、1931年3月15日）、「泰県之米産与米碼頭調査」（第3巻第10号、1931年5月15日）、「蕪湖米市概況」（第6巻第3号、1934年2月1日）などが掲載されている。また、『国際貿易導報』にも曹受光「沙市雑糧概況」（第6巻第8号、1934年8月10日）、馬広文「1年来之雑糧業」（第9巻第1号、1937年1月15日）、張之毅「浙江食糧産銷改進的商榷」（第9巻第4号、1937年4月15日）などを掲載するとともに、第8巻第6号（1936年6月15日）では食糧問題専号として特集を組み、劉厚・周捨禄「湘粤両省稲米産銷調査」、孫暁村「江西・安徽・江蘇三省米穀運銷之研究」「海南島之農産食糧調査」「最近4年食糧問題文献索引」などを掲載している。

⑾ 銭承緒主編「中国糧食問題的総検討（上）」（『経済研究』中国経済研究所出版、第1巻第5期、1940年1月1日）。

⑿ 嶋本信子「五四運動の継承形態―湖南の駆張運動を中心に」（『歴史学研究』第355号、1969年12月）。

⒀ 大豆生田稔『近代日本の食糧政策』ミネルヴァ書房（1993年）。

⒁ 山田あつし「日本植民地時代台湾の米穀生産と流通―インディカ系在来米を中心として」（名古屋市立大学大学院人間文化研究科『人間文化研究』創刊号、2003年1月）。

⒂ 杉原薫「東南アジア第一次産品輸出経済の構造―世界資本主義論的視点からの一接近」（『東洋文化』第64号、1984年3月）。

⒃ 蔡志祥「二十世紀初期米糧貿易対農村経済的影響―湖南省個案研究（上）（『食貨』第16巻第9期・10期、1987年12月）。

⑰ 中林広一『中国日常食史の研究』汲古書院（2012 年）。ただし、惜しむべきは「日常食」の「複雑で多様な性格」の具体的内容とその要因が考察されていない。

⑱ 高橋泰隆「『大東亜共栄圏』の食糧問題―「日満支ブロック」を中心として」（早稲田大学社会科学研究所ファシズム研究部会編『日本のファシズムⅢ』早稲田大学出版会、1978 年）。

⑲ 浅田喬二「日本帝国主義による中国農業資源の収奪過程（1937～1941 年）」（『駒沢大学経済学部研究紀要』第 36 号、1978 年 3 月）、同「日本帝国主義による中国農業資源の収奪過程（1942～1945 年）（上）（下）」（『駒澤大学経済学論集』第 10 巻第 2 号・第 3 号、1978 年 2 月・12 月）。これらは、浅田喬二編『日本帝国主義下の中国―中国占領地経済の研究』楽游書房（1981 年）に再録されている。なお、浅田喬二「日本帝国主義下の中国食糧問題―太平洋戦争期」（湯沢誠編『農業問題の市場論的研究』御茶の水書房、1979 年）も同じ視点に立っている。

⑳ 大豆生田稔「日本の戦時食糧問題と東アジア穀物貿易―日中戦争勃発前後の米・小麦」（『農業史研究』第 36 号、2002 年 2 月）。

㉑ 笹川裕史「重慶政府統治下における糧食と兵士の調達―総力戦と農村の社会統合」（財団法人東方学会『日中戦争時期の重慶国民政府』第 47 回国際東方学者会議、2002 年 5 月 17 日）。

㉒ 天野祐子「日中戦争期における国民政府の食糧徴発―四川省の田賦実物徴収を中心に」（『社会経済史学』第 70 巻第 1 号、2004 年 5 月）。

㉓ 古厩忠夫「対華新政策と汪精衛政権―軍配組合から商統総会へ」（中村政則・高橋直助・小林英夫編著『戦時華中の物資動員と軍票』多賀出版、1994 年）・「日中戦争末期の上海社会と地域エリート」（上海市研究会編『上海―重層するネットワーク』汲古書院、2000 年）。

㉔ 斉春風・姜洪峰「抗戦時期国統区与淪陥区間的糧食走私活動」（『中国農史』第 22 巻第 4 期、2003 年 4 月）。

㉕ 満鉄北支経済調査所・相良典夫『食糧生産地帯農村に於ける農業生産関係並に農産物商品化―河北省石門地区農村実態調査報告』満鉄調査研究資料第 87 編・北支調査資料第 46 輯、満鉄調査局（1944 年）1 頁・3 頁。

㉖ 農村経済史に関する研究については、拙稿「民国期中国の農村経済史」（『近きに在りて』第 59 号、2011 年 5 月）・同「農村経済史」（久保亨編『中国経済史入門』東京大学出版会、2012 年）を参照されたい。

㉗ 拙稿「農業史」（野沢豊編『日本における中華民国史』汲古書院、1995 年）。ただし、同稿は拙稿「中華民国期農業に関する日本の研究動向― 1980 年代以降の研究を中心として」（『近きに在りて』第 24 号、1993 年 11 月）に加筆・修正したものである。

㉘ 拙稿「中華民国期中国の食糧事情に関する調査と研究について」（東洋文庫近代中国研究班『近代中国研究彙報』第 28 号、2006 年 3 月）・同「日中戦争期中国における食糧事情に関する資料調査の報告」（『金沢大学経済学部論集』第 28 巻第 1 号、2007 年 12 月）・同「北京大学農学院中国農村経済研究所刊行物」（本庄比佐子編『戦前期華北実態調査の目録と解題』財団法人東洋文庫近代中国研究班、2009 年）・同「華北総合調査研究所の刊行物について」（『近代中国研究彙報』第 34 号、2012 年 3 月）などを参照されたい。

⑵⁹ 久保亨編『中国経済史入門』東京大学出版会（2012 年）。

⑶⁰ 渡辺兵力『山東省膠済沿線地方農村の一研究―益都県杜家荘及小田家荘調査』研究資料第 9 号、国立北京大学附設農村経済研究所（1942 年）1 ～ 2 頁。

⑶¹ 注⑵⁷を参照されたい。

⑶² 菅野智博の近代「満州」農村社会に関する研究としては、①「北満州における雇農と村落社会―満州国期の農村実態調査資料に即して―」（『史学』第 81 巻第 3 号、2012 年 7 月）、②「近代南満州における農業労働力雇用―労働市場と農村社会との関係を中心に―」（『史学雑誌』第 124 編第 10 号、2015 年 10 月）、③「近代南満州における農業外就業と農家経営―遼陽県前三塊石屯の事例を中心に―」（『東洋学報』第 98 巻第 3 号、2016 年 12 月）、④「分家からみる近代北満州の農家経営―綏化県蔡家窩堡の蒼氏を中心に―」（『社会経済史学』第 83 巻第 2 号、2017 年 8 月）などがある。

⑶³ 菅野智博、前掲論文「分家からみる近代北満州の農家経営―綏化県蔡家窩堡の蒼氏を中心に―」73 頁。

⑶⁴ 菅野智博、前掲論文「北満州における雇農と村落社会―満州国期の農村実態調査資料に即して―」117～118 頁。

⑶⁵ 双季稲の「二期間作法」については、拙稿「抗日戦争前における浙江省の稲麦改良事業について」（広島史学研究会『史学研究』第 214 号、1996 年 10 月）25 頁を参照されたい。

⑶⁶ 詳細は、拙稿「巻頭言―近現代中国農村研究の行方」（『近きに在りて』第 55 号、2009 年 5 月）・同「巻頭言―東洋史学の甦生」（早稲田大学東洋史懇話会『史滴』第 31 号、2009 年 12 月）などを参照されたい。

第Ⅰ部
平時：民国前期（1912〜37 年）

第1章　民国前期中国における
農産物生産の概要

はじめに

　民国期中国における主要な農産物には、主食とされた穀物・芋類や副食品とされた蔬菜・根菜類・豆類あるいは果樹類の他に、非食料品で商品作物とされる棉花・麻・桑・茶・葉煙草などもあった。だが、主に栽培面積から見てみると、穀物類がその大部分を占めていた。また、中国の穀倉地帯は水稲作地の華中で、冬小麦の生産地としても重要な地位を占めていた。

　民国前期中国における農業生産の実態について総合的に論じる際に、常に参照されてきたのがジョン・ロッシング・バック『中国の土地利用』であり、同書は、1930年代前半中国の農耕地帯を北部の小麦作地帯と南部の水稲作地帯とに二分する「区画線は東部海岸より起点し北進して江都の阜寧、淮陰を過ぎ、洪沢湖の北を通つて西南に屈し大体に於て淮河の両岸に添うて走り、この間時々北岸に及ぶ部分もあるが信陽の北を過ぎて河南省と湖北省の境に至る」としたうえで、それより北部の小麦作地を春麦区・冬麦「小米」（粟）区・冬麦高粱区に細分化し、また、それより南部の水稲作地を四川水稲区・「揚子」（長江中下流域）水稲小麦区・西南水稲区・水稲茶区・水稲「両獲」（二期作）区に細分化している（図1を参照）[1]。

　以上のように、同書では、淮河を境として、その以北は小麦作地で、一方、その以南は水稲作地だったと認識されており、その上で、同書は地理的ないし気候的な条件すなわち農学的観点から中国の各地域においていかなる農作物が作付けされているのかを明らかにしたものである。

　本章では、民国前期のうち統計資料が相対的に整っている1914～37年において主要な食糧農作物だった、うるち米・小麦・玉蜀黍・燕麦・高粱・粟・甘薯などの生産動向について概観し、また、商品化率が比較的高かった米と小麦の流動状況についても言及しておきたい。

29

第Ⅰ部　平時：民国前期（1912〜37年）

図1　1930年代前半における中国の農業区

典拠）ロッシング・バック編（岩田孝三訳）『支那土地利用地図集成』東学社（1938年）22頁「第九図　支那の農業区」より作成。

1．主要農産物の総生産

　本章で利用する統計資料の原典は、1914〜16年が農商部総務庁統計科編『農商統計表』、1918年が『第1回中国年鑑』商務印書館発行、1924〜29年が国民政府主計処統計局編『統計月報』で、1915〜18年の四川省・雲南省、1918年の湖南省、1918年以前の寧夏省・綏遠省、1916年・1918年の広東省・貴州省、1918〜37年の広西省、1924〜29年の広東省、1918年以前の寧夏省・綏遠省、1934年以前の青海省の統計が欠落しているうえに、各数値の不正確さも目立つ。これは、1913〜28年の北京政府時期が内戦状態だったためである。一方、

30

1931〜37年の数値は相対的に精度が高いが、満州事変が勃発した1931年以降の黒竜江・吉林・遼寧・熱河・新疆・察哈爾6省と1931〜34年の江西省内17県の数値が欠落している。このように、1931〜37年の数値にも不備があり、やや精確さを欠いていると指摘されている[2]。

　よって、本章で用いる、これらの統計資料から看取しうるのは、あくまでも傾向性であると言わざるをえない。

(1)　主要農産物の栽培面積

　表1-1を見てみると、1914〜37年のうち、1914〜16年の粟、1914〜18年の甘薯、1931〜32年の燕麦に関する数値が欠落しており、単純には比較できない。だが、各農作物の総栽培面積では、小麦が最も広く、これにその8割余りのうる

表1-1　主要農作物別総栽培面積　　　　　　　　　（単位：万市畝）

年度	うるち米	小麦	玉蜀黍	燕麦	高粱	粟	甘薯
1914	49,033?	25,471?	4,769	2,950	11,105	—	—
1915	22,132	24,517?	4,009?	1,731	10,000	—	—
1916	13,615?	48,684?	4,278?	2,597?	9,825?	—	—
1918	13,301	48,938?	5,363?	2,579?	22,050?	16,488?	—
1924〜29	26,144	31,365	8,485	2,169	14,068	13,839	2,451
1931	24,375	29,228	6,845	—	7,789	7,691	2,928
1932	24,620	30,398	7,191	—	7,733	7,827	3,093
1933	25,024	29,045	6,424	1,211	7,363	7,955	3,476
1934	23,576	29,074	6,267	1,380	7,433	7,829	3,235
1935	25,064	30,995	7,035	1,429	6,766	7,613	3,318
1936	24,524	30,371	6,951	1,364	6,988	7,359	3,550
1937	23,557	27,111	7,113	1,258	7,231	7,617	3,753

典拠）許道夫編『中国近代農業生産及貿易統計資料』上海人民出版社（1983年）12〜88頁より作成。ただし、表中の「—」はデータが欠落していることを、また、「？」はデータの不備・誤記の疑いがあることを表している（以下、同様）。なお、データが欠落していたのは、うるち米では1914〜18年の黒竜江省、小麦では1915年の山西省、玉蜀黍では1916年の察哈爾省、1918年の湖南・広西・察哈爾3省、1924〜32年の福建省、燕麦では1915年の山西・山東2省、1916年の山東省、1924〜29年の江蘇・浙江・安徽・湖北・福建5省、1933〜37年の浙江・湖南・江西・福建・広東・雲南・貴州7省、粟では1918年の福建・広東2省である。

31

第 I 部　平時：民国前期（1912～37 年）

ち米が次ぎ、また、これにその約 3 分の 1 ないし約 4 分の 1 の玉蜀黍・高粱・粟
が次ぎ、さらに、これに次ぐ甘薯がそれらの雑穀の半分以下となっており、総栽
培面積が最も少なかった燕麦は甘薯の約半分だった。しかも、以上の各農作物の
栽培面積については、統計数値の精度が相対的に高い 1930 年代に限定してみて
も、各農作物の総栽培面積については明確な増減傾向を見出すことはできない。

表 1-2　主要農作物別総生産量と 1 市畝当たりの生産量　　　（単位：万市担・市担）

年度	うるち米	小麦	玉蜀黍	燕麦	高粱	粟	甘薯
1914	231,481 ? (3.2)	39,878 ? (1.4)	6,765 ? (1.4)	3,173 ? (1.0)	17,342 (1.5)	—	—
1915	204,524 ? (3.0)	17,207 (1.0)	5,665 ? (1.1)	3,257 (1.8)	15,477 ? (1.5)	—	—
1916	35,566 ? (3.2)	53,666 ? (1.4)	5,935 (1.3)	2,256 ? (0.9)	14,742 ? (1.4)	—	—
1918	28,277 ? (2.1)	57,571 ? (1.3)	8,873 ? (1.6)	2,209 ? (1.4)	42,620 ? (1.5)	27,373 ? (1.6)	—
1924～29	103,779 (3.9)	50,779 (1.6)	17,639 (2.0)	2,720 (1.2)	27,889 (1.9)	25,929 (1.6)	31,749 (12.9)
1931	81,748 (3.3)	42,850 (1.4)	12,774 (1.8)	—	12,819 (1.6)	12,485 (1.8)	31,653 (10.8)
1932	94,043 (3.8)	45,114 (1.4)	13,949 (1.9)		14,393 (1.8)	12,812 (1.6)	36,069 (11.6)
1933	87,901 (3.5)	44,912 (1.5)	11,453 (1.7)	1,316 (1.0)	13,373 (1.8)	12,874 (1.6)	36,804 (10.5)
1934	69,685 (2.9)	44,680 (1.5)	11,062 (1.7)	1,654 (1.1)	12,719 (1.7)	13,169 (1.6)	32,063 (9.9)
1935	87,053 (3.4)	42,379 (1.3)	13,658 (1.9)	1,483 (1.0)	13,006 (1.9)	12,851 (1.6)	37,155 (11.1)
1936	87,066 (3.5)	55,917 (1.8)	12,208 (1.7)	1,517 (1.1)	14,662 (2.0)	13,071 (1.7)	30,208 (8.5)
1937	83,817 (3.5)	31,969 (1.1)	12,722 (1.7)	1,323 (1.0)	13,271 (1.8)	11,401 (1.4)	42,189 (11.2)

典拠）表 1-1 に同じ。また、うるち米は 1931～32 年の山西・山東・甘粛・寧夏 4 省と
1933 年の寧夏省、玉蜀黍は 1914～15 年の察哈爾省と 1918 年の遼寧省、粟は 1931 年の江
蘇省でも数値が欠落している。なお、小数点 2 位以下を切り捨てた。

32

第1章　民国前期中国における農産物生産の概要

(2)　主要農産物の生産量

　表1-2を見てみると、1914～37年のうち1914～16年の粟と1914～18年の甘藷に関する数値が欠落しており、単純には比較できないが、総生産量はうるち米が最多で、これにその約半分の小麦と甘藷さらにその約3分の1の高粱・玉蜀黍・粟が次ぎ、燕麦は高粱の1割余りにすぎず、しかも、数値の精度が相対的に高い1930年代でも各農産物の総生産量に明確な増減傾向はみられない。また、1市畝当たりの生産量は、甘藷が最多で、これに次ぐうるち米が甘藷の約3分の1にすぎず、さらに、甘藷の5分の1以下の高粱・玉蜀黍と甘藷の約7分の1の粟・小麦が次ぎ、最下位の燕麦は甘藷の約10分の1にすぎなかったが、いずれの農産物でも1市畝当たりの生産量では明確な増減傾向がみられなかった。

　このように、1市畝当たりの生産量では、甘藷が際立って高く、小麦や雑穀が極めて低かったが、いずれの農産物にも明確な増減傾向がみられなかった。

2．主要農産物別の生産

(1)　米

　『支那ノ米需給状況』（1915年）によれば、民国初期中国の産米地として華東（広義の華中の東部）および華中の江蘇・浙江・安徽・江西・湖北・湖南・四川7省があげられ、これに華南の福建・広東・広西3省が次ぎ、また、「余剰米多

表2-1　主要各省におけるうるち米の栽培面積　　　　　　（単位：万市畝）

年度	華　　　　中							華　　　南			西　　　南	
	四川省	湖南省	湖北省	江西省	安徽省	浙江省	江蘇省	福建省	広東省	広西省	雲南省	貴州省
1914	9,351?	19,522?	5,987	2,833	1,113	1,773	1,827	765	2,911	617	504	293
1915	—	4,305	2,447	2,865	1,500	1,793	1,894	768	3,760	1,195	—	293
1916	—	393?	3,003	2,917	1,531	1,836	1,944	777	—	1,211	—	—
1918	—	—	2,483?	2,920	1,541	1,850	2,311	774	—	—	—	—
1924～29	3,827	2,283	2,059	2,642	1,911	2,165	2,389	1,372	4,545	—	1,040	841
1931	4,000	2,430	2,549	1,698	1,475	2,355	1,805	1,043	4,700	—	1,144	754
1932	4,078	2,481	2,637	1,708	1,371	2,365	1,877	1,000	4,724	—	1,155	798
1933	3,884	2,585	2,216	2,046	1,490	2,332	2,407	1,076	4,677	—	1,060	788
1934	3,929	2,516	2,277	1,687	1,453	2,315	2,221	1,177	5,000	—	974	720
1935	3,834	2,509	2,232	2,076	1,569	2,376	2,455	1,217	4,639	—	951	773
1936	3,599	2,470	2,142	2,301	1,507	2,312	2,584	1,239	4,186	—	944	712
1937	2,767	2,549	2,109	2,268	1,540	2,312	2,526	1,302	4,106	—	893	664

典拠）表1-1に同じ。

第Ⅰ部　平時：民国前期（1912～37 年）

キハ安徽省ヲ最トシ湖南、江蘇、江西之ニ次」ぐとされていた[3]。そして、江蘇・浙江・安徽・江西4省の産米量が全国の約4割を占めていた[4]。

　まず、表2-1と表2-2を見てみると、1914～37年にうるち米の栽培面積が最も広かったのは二期作地の広東省で、これに次ぐ四川・湖南・湖北・江西・江蘇・浙江6省のうち水稲から棉花や桑へ転作した江蘇・浙江2省では1930年代に水稲作への再転換が進行し、うるち米の栽培面積は拡大する傾向にあった[5]。また、うるち米の生産量は常に米不足だった広東省が最多で、これに四川省が次ぎ、四川・湖南・湖北・江西4省のうるち米の年間生産量は安徽・浙江・江蘇3省よりも多かったが、前者の4省が減少傾向にあったのに対して、後者の3省は2倍強～4倍弱増加している。こうして、1930年代には長江下流域の江蘇省と浙江省におけるうるち米の生産量は長江中流域の湖南・湖北・江西3省とほぼ同

表2-2　主要各省におけるうるち米の生産量と1市畝当たりの生産量（単位：万市担・市担）

年度	華　　中							華　　南			西　　南	
	四川省	湖南省	湖北省	江西省	安徽省	浙江省	江蘇省	福建省	広東省	広西省	雲南省	貴州省
1914	9,541？ (94？)	22,053？ (104？)	12,436 (192)	8,458 (275)	1,352 (112)	3,231 (168)	2,695 (136)	2,130 (257)	165,923？ (―)	1,199 (179)	807 (147)	712 (224)
1915	―	18,942 (408)	4,638 (175)	8,789 (283)	5,241 (361)	3,586 (184)	2,921 (142)	2,077 (249)	153,125？ (375)	3,631 (―)	―	748 (235)
1916	―	1,794？ (420？)	5,960 (183)	8,595 (269)	2,786 (168)	4,886 (245)	3,074 (146)	2,109 (250)	―	4,986 (379)	―	―
1918	―	―	5,496？ (204？)	8,553 (270)	2,996 (179)	3,956 (197)	3,825 (153)	2,151 (256)	―	―	―	―
1924～29	15,809 (413)	12,134 (530)	9,143 (444)	9,990 (378)	7,023 (367)	8,593 (397)	8,588 (360)	5,347 (390)	16,899 (372)	―	3,800 (365)	3,771 (448)
1931	16,043 (401)	8,505 (350)	6,755 (265)	5,877 (346)	4,235 (287)	7,868 (334)	5,181 (287)	4,028 (386)	16,265 (346)	―	3,629 (317)	2,414 (320)
1932	18,353 (450)	11,391 (459)	8,889 (337)	6,237 (365)	4,567 (333)	9,081 (384)	7,886 (420)	3,712 (371)	16,819 (356)	―	3,963 (343)	2,306 (289)
1933	15,343 (395)	9,435 (365)	7,669 (346)	7,183 (351)	4,889 (328)	7,557 (324)	9,364 (389)	3,572 (332)	16,184 (346)	―	3,265 (308)	2,350 (298)
1934	14,655 (373)	6,568 (261)	4,919 (216)	2,952 (175)	2,267 (156)	4,770 (206)	6,376 (287)	4,310 (366)	16,851 (337)	―	3,175 (326)	1,765 (245)
1935	15,612 (407)	10,223 (407)	6,312 (283)	7,294 (351)	3,224 (205)	8,470 (357)	9,441 (357)	4,547 (374)	15,963 (344)	―	2,950 (310)	2,212 (286)
1936	11,940 (332)	11,430 (463)	7,190 (336)	8,447 (367)	5,500 (322)	8,723 (377)	10,612 (411)	4,624 (373)	12,337 (295)	―	3,097 (328)	1,899 (267)
1937	7,866 (284)	10,507 (412)	7,350 (348)	7,700 (339)	5,507 (357)	8,203 (355)	10,069 (399)	5,249 (403)	15,300 (373)	―	2,470 (276)	2,148 (324)

典拠）表1-1に同じ。

34

第1章　民国前期中国における農産物生産の概要

じだった。さらに、1市畝当たりの生産量は、四川省や湖南省が他省よりも高く、これに江蘇省が次ぎ、おおむね1930年代は1920年代よりも増加し、特に安徽・江蘇・浙江3省は2倍強〜3倍強増加しているが、いずれの省でも明確な増減傾向はみられなかった。

　ところで、華中の産米量は1931年の長江の氾濫よりも1934年の大干害によって大幅に減少し[6]、1930年代にはそれ以前よりもうるち米の生産量は増加傾向にあったが、1930年代前半に第一次国共内戦の主要な舞台となった江西省で産米量が低下するなど[7]、平時の民国前期にも大規模な災害や内戦によって農業生産が打撃を受けていた。

　以上、うるち米については、作付面積と生産量がともに最も多かったのは華南の広東省で、これに華中の四川・湖南・湖北・江西4省や華東の江蘇・浙江2省などが次いでいた。だが、本章で後述するように、広東省や江蘇・浙江2省には大量の食用米が移入されており、食糧が不足する状況にあった。

(2)　小　麦

　米の主要な生産地が華南の広東省を除くと、水稲作地の多い華中や華東だった

表3-1　主要各省における小麦の栽培面積の動向　　　　　（単位：万市畝）

年度	華　　北				華　　中					西　　北	
	河北省	山東省	山西省	河南省	四川省	湖北省	安徽省	浙江省	江蘇省	陝西省	甘粛省
1914	1,740	3,891	1,261	857	9,307 ?	945	719	340	1,796	1,434	788
1915	1,846	3,161	―	857	―	962	777	372	1,756	1,542	1,402
1916	1,893	4,386	1,345	17,301 ?	―	1,840	838	369	1,781	1,542	1,240
1918	1,753	3,334	1,185	36,402 ?	―	1,632	910	359	2,229	1,368	1,265
1924〜29	2,888	4,581	1,521	7,419	1,699	1,728	1,963	829	3,884	1,367	798
1931	3,205	5,167	1,712	8,177	1,531	1,453	2,091	819	3,371	1,091	629
1932	3,693	5,418	1,775	8,814	1,516	1,450	1,992	791	3,465	1,154	692
1933	3,484	5,017	1,769	9,672	1,486	1,453	1,973	694	3,150	1,268	623
1934	3,339	5,285	1,752	8,109	1,406	1,472	1,879	706	3,263	1,392	664
1935	3,722	5,448	1,799	7,898	1,532	1,539	2,018	785	3,415	1,488	726
1936	2,973	5,173	1,839	10,541	1,622	1,707	1,982	748	3,210	1,459	741
1937	2,130	4,339	1,598	3,744	1,782	1,512	1,856	745	3,224	1,365	824

典拠）表1-1に同じ。

第Ⅰ部　平時：民国前期（1912〜37年）

ことはすでに見たとおりである。これに対して、小麦の主要な生産地は畑作地の多い華北であるというイメージが強いが、民国期における実態はやや異なっている。

表3-1と表3-2を見てみると、1914〜37年に小麦の栽培面積は華北の河南省が最も広く、これに華北の山東省と河北省、さらに華中の江蘇省が次ぎ、その栽培面積は山西省や陝西省の約2倍だった。しかも、同じく華中の安徽省も山西省より広く、また、四川省や湖北省は山西省をやや下回るものの、陝西省を上回っていた。このことから、華中では水稲作の裏作として冬小麦が広く栽培されてい

表3-2　主要各省における小麦の生産量および1畝当たりの生産量　（単位：万市担・市担）

年度	華　北				華　中					西　北	
	河北省	山東省	山西省	河南省	四川省	湖北省	安徽省	浙江省	江蘇省	陝西省	甘粛省
1914	1,252 (72)	7,787 (184)	1,511 (110)	417 (45)	18,170 ? (180)	1,968 (192)	1,029 (132)	553 (150)	2,092 (136)	1,306 (75)	723 (81)
1915	1,174 (64)	4,605 (134)	—	418 (45)	—	2,040 (195)	637 (76)	534 (132)	2,947 (155)	1,455 (87)	619 (41)
1916	1,342 (71)	2,422 (51)	3,657 (251)	29,555 ? (158)	—	3,823 (192)	1,086 (119)	1,281 (319)	2,329 (121)	1,129 (68)	746 (55)
1918	1,398 (80)	312 ? (53)	1,157 (90)	36,718 ? (93)	—	2,876 (162)	888 (90)	633 (163)	3,038 (126)	1,780 (120)	796 (58)
1924〜29	3,656 (127)	7,293 (159)	2,061 (135)	7,419 (135)	3,158 (186)	3,426 (198)	3,170 (161)	1,401 (170)	6,626 (171)	2,238 (164)	1,489 (187)
1931	3,846 (120)	7,699 (149)	1,318 (77)	8,177 (137)	3,628 (237)	2,630 (181)	2,844 (136)	1,212 (148)	6,506 (193)	1,189 (109)	617 (98)
1932	4,210 (114)	7,965 (147)	1,668 (94)	8,814 (137)	4,033 (266)	2,741 (189)	2,770 (139)	1,218 (154)	6,446 (186)	854 (74)	574 (83)
1933	4,912 (141)	7,576 (151)	1,839 (104)	9,672 (164)	3,612 (243)	2,775 (191)	2,920 (148)	978 (141)	5,608 (178)	1,091 (86)	579 (93)
1934	3,873 (116)	7,347 (139)	2,102 (120)	8,109 (142)	3,700 (263)	2,356 (160)	3,213 (171)	1,010 (143)	6,135 (188)	2,353 (169)	976 (147)
1935	3,776 (101)	6,729 (124)	1,726 (96)	7,898 (135)	3,706 (242)	2,480 (161)	2,681 (133)	884 (113)	5,743 (168)	2,412 (162)	891 (123)
1936	3,065 (103)	7,102 (137)	1,915 (104)	10,541 (172)	3,839 (237)	3,012 (176)	3,372 (170)	995 (133)	5,475 (171)	1,775 (122)	788 (106)
1937	1,877 (88)	5,773 (133)	1,283 (80)	3,744 (76)	2,860 (161)	2,122 (140)	2,011 (108)	1,146 (154)	5,360 (166)	942 (60)	832 (101)

典拠）表1-1に同じ。

たことがわかる。また、小麦の生産量は河南省が最も多く、これに山東省が次ぎ、さらにこれに次ぐ江蘇省は 1920〜30 年代には増加傾向にあり、河北省の 2 倍近く、また、山西省の約 3 〜 4 倍となっていた。しかも、四川・湖北・安徽 3 省も山西・陝西 2 省を上回っていた。いずれにせよ、華北の中でも山西省の小麦生産量の少なさは際立っていた。このように、華中における小麦の生産量は華北と肩を並べるほどだった。さらに、 1 市畝当たりの生産量は四川省が最多で、これに湖北省と江蘇省が次ぎ、華北の中では山東省と河南省が河北省や山西省より多かったが、いずれの省でも明確な増減傾向はみられなかった。

　以上、小麦は栽培面積では山西省を除く華北 3 省が他地域を凌駕しているが、生産量では華中が華北と肩を並べるか、あるいは凌駕し、主な産米地の華中は華北とともに小麦の主産地で、華北の中で河南省は小麦の栽培面積では第 2 位の山東省の 2 倍近くに達したが、生産量では山東省と大差はなかった。

(3)　高粱・粟

　民国期の華北における一般民衆の主食は、小麦よりも安価な高粱や粟だった。

表 4-1　主要各省における高粱の栽培面積の動向　　　（単位：万市畝）

年度	華　　　　　北				華　　　　　中		
	河北省	山東省	山西省	河南省	四川省	安徽省	江蘇省
1914	1,685	2,835	526	765	52	210	503
1915	1,768	2,082	237	765	511	437	470
1916	1,094	2,015	570	747	354	307	569
1918	1,651	1,886	1,402	12,249 ?	363	309	568
1924〜29	1,997	2,050	904	1,423	427	465	621
1931	1,324	2,133	789	1,348	447	400	521
1932	1,392	1,856	881	1,340	480	491	475
1933	1,365	1,785	710	1,314	483	413	540
1934	1,387	1,763	705	1,356	567	399	579
1935	1,157	1,601	604	1,175	457	412	582
1936	1,245	1,670	564	1,234	448	481	564
1937	1,262	1,760	627	1,413	492	471	561

典拠）表 1-1 に同じ。

第Ⅰ部　平時：民国前期（1912～37年）

だが、貧困層にとっては高粱や粟でさえも高級な食糧穀物とみなされており[8]、主食とすることができなかった。

表4-1と表4-2を見てみると、高粱については1914～37年には栽培面積と生産量がともに華北が多かった。すなわち、高粱の栽培面積は山東省が最も広く、これに河北省と河南省が次ぎ、小麦の栽培面積では下位だった山西省でさえも華中の諸省を上回っていた。また、高粱の生産量は山東省が最も多く、これに河南

表4-2　主要各省における高粱の生産量の動向　　（単位：万市担、市斤）

年度	華　　北				華　　中		
	河北省	山東省	山西省	河南省	四川省	安徽省	江蘇省
1914	1,560 (93)	7,340 (239)	456 (80)	900 (109)	61 (109)	326 (143)	624 (114)
1915	1,541 (87)	5,241 (225)	286 (111)	643 (78)	—	193 (41)	1,684 (328)
1916	1,874 (171)	2,230 (102)	1,293 (195)	414 (51)	—	461 (138)	801 (130)
1918	1,527 (92)	2,696 (127)	2,193 (144)	28,829？ (217？)	—	416 (124)	902 (164)
1924～29	3,043 (152)	4,344 (212)	1,483 (164)	2,347 (165)	975 (191)	820 (176)	1,090 (176)
1931	2,105 (159)	4,459 (209)	907 (115)	1,875 (139)	961 (271)	429 (107)	709 (136)
1932	2,325 (167)	4,159 (224)	1,304 (148)	2,306 (172)	1,129 (311)	742 (151)	827 (174)
1933	2,020 (148)	3,677 (206)	931 (131)	2,326 (177)	1,124 (263)	847 (205)	1,031 (191)
1934	1,845 (133)	3,473 (197)	951 (135)	2,374 (175)	1,247 (279)	603 (151)	1,059 (183)
1935	1,732 (150)	3,486 (218)	794 (131)	2,302 (196)	1,338 (278)	772 (187)	1,357 (233)
1936	2,427 (196)	4,251 (255)	825 (146)	2,250 (183)	1,117 (231)	1,074 (223)	1,374 (249)
1937	1,585 (126)	3,539 (201)	913 (146)	2,527 (179)	1,461 (258)	871 (185)	1,228 (219)

典拠）表1-1に同じ。カッコ内は1市畝当たりの生産量。

38

省と河北省、さらに山西省が次いでいたものの、1930年代には四川省と江蘇省が山西省よりも多くなっていた。しかも、1市畝当たりの生産量は四川省が最も多く、これに山東省さらに華東の江蘇省や安徽省が次いでいたが、いずれの省でも明確な増減傾向はみられなかった。

以上、高粱は華北が主要な生産地だったが、華北で高粱の栽培面積と生産量は山東省が最も多く、逆に山西省が最少だった。このように、高粱も華中の四川・安徽・江蘇3省の生産量が河北省と肩を並べ、山西省を上回っていた。

次に、表5-1と表5-2を見てみると、1918～37年には粟の栽培面積は河北省が最も広く、これに山東省と河南省さらに山西省が次いでおり、華北が他地域を圧倒的に凌駕していた。また、粟の生産量も山東省が最も多く、これに河北省と河南省さらに山東省の半分以下の山西省が次いでおり、華北が圧倒的に多かった。だが、1市畝当たりの生産量は山東省に次いで江蘇省が多く、これに河北省や河南省と並んで湖北省が次ぎ、華北と華中がほぼ拮抗していたが、いずれの省でも明確な増減傾向はみられなかった。

このように、粟も華北が主要な生産地で、華北の中で生産量は山東省が最も多く、逆に、山西省が最も少なかった。また、華北4省のうち栽培面積で粟が高粱を上回ったのは山西省と河南省だったが、生産量では山東省を除く3省で粟が高粱を上回っていた。

表5-1　主要各省における粟の栽培面積の動向　（単位：万市畝）

年度	華　　　北				華　中	
	河北省	山東省	山西省	河南省	湖北省	江蘇省
1918	1,277	719	3,693	8,742	102	204
1924～29	2,243	1,950	1,699	1,772	209	145
1931	1,790	1,635	1,263	1,525	190	112
1932	1,844	1,624	1,241	1,566	197	122
1933	1,808	1,766	1,149	1,588	195	163
1934	1,823	1,721	1,146	1,581	201	174
1935	1,795	1,519	1,009	1,730	168	157
1936	1,777	1,599	1,128	1,340	230	120
1937	1,789	1,576	1,220	1,538	220	128

典拠）表1-1に同じ。

39

第Ⅰ部　平時：民国前期（1912～37年）

表5-2　主要各省における粟の生産量の動向（単位：万市担、市斤）

年度	華　北				華　中	
	河北省	山東省	山西省	河南省	湖北省	江蘇省
1918	1,178 （92）	1,451 （186）	6,643 （166）	16,166 （171）	211？ （191？）	363 （164）
1924～29	3,947 （176）	4,492 （230）	2,511 （148）	2,789 （157）	526 （251）	392 （270）
1931	3,258 （182）	3,761 （230）	1,542 （122）	2,196 （144）	146 （77）	—
1932	3,210 （174）	3,672 （226）	1,675 （135）	2,302 （147）	304 （154）	—
1933	2,803 （155）	3,726 （211）	1,551 （135）	2,335 （147）	342 （175）	236 （145）
1934	3,081 （169）	3,889 （226）	1,593 （139）	2,736 （173）	276 （137）	268 （154）
1935	3,009 （168）	3,563 （235）	1,366 （135）	2,937 （170）	263 （156）	345 （219）
1936	3,617 （203）	3,964 （247）	1,548 （137）	1,641 （123）	381 （166）	277 （231）
1937	2,464 （138）	3,205 （203）	1,508 （124）	2,099 （136）	263 （119）	278 （217）

典拠）表1-1に同じ。なお、カッコ内は1市畝当たりの生産量を表している。

　以上、華北4省のうち、栽培面積で高粱が粟を上回ったのは沿海部に位置する河北省と山東省で、逆に、内陸部の山西省と河南省は粟が高粱を上回っていた。また、生産量で高粱が粟を上回ったのは山東省で、逆に、粟が高粱を上回ったのは河北省と山西省で、河南省では高粱と粟が拮抗していた。さらに、1市畝当たりの生産量で高粱が粟を上回ったのは河南省のみで、逆に、粟が高粱を上回ったのは河北省と山東省で、山西省では高粱と粟が拮抗していた。一方、江蘇省は栽培面積・生産量・1市畝当たりの生産量のいずれでも高粱が粟を上回っていた。

⑷　玉蜀黍

　表6-1と表6-2を見てみると、1918～37年における玉蜀黍の栽培面積は河北省が最も広く、これに四川省さらに河南省と山東省が次ぎ、山西省は河南省の約

第 1 章　民国前期中国における農産物生産の概要

表 6-1　主要各省における玉蜀黍の栽培面積の動向　　（単位：万市畝）

年度	華　　北				華　　中			華南
	河北省	山東省	山西省	河南省	四川省	湖北省	江蘇省	広西省
1914	747	305	174	48	823	230	222	50
1915	904	223	143	50	—	292	240	308
1916	941	289	179	308	—	272	244	379
1918	795	28	141	1,971		127	411	—
1924〜29	1,429	551	374	795	1,175	602	362	—
1931	1,282	954	418	942	1,054	120	598	—
1932	1,295	1,098	411	1,042	1,082	131	627	—
1933	1,349	795	395	906	941	122	580	—
1934	1,373	754	392	910	918	113	530	—
1935	1,673	951	383	1,057	975	115	567	—
1936	1,572	820	396	976	995	192	605	—
1937	1,441	753	404	976	1,182	191	659	—

典拠）表 1-1 に同じ。

6 割にすぎなかった江蘇省よりもさらに下位にあった。また、玉蜀黍の生産量では四川省が最も多く、これに河北省さらに河南省や山東省や江蘇省が次ぎ、山西省はさらにその下位にあった。さらに、1 市畝当たりの生産量では四川省が最も多く、これに江蘇省や湖北省、さらに山東省や河北省が次いでいたが、いずれの省でも明確な増減傾向はみられなかった。

　以上、玉蜀黍は、省ごとの栽培面積では華北と華中がほぼ拮抗していたが、全省における生産総量および 1 市畝当たりの生産量では華中とりわけ四川省が最も多く、華北各省を凌駕していた。

⑸　甘　薯

　甘薯は、1 畝当たりの生産量が穀物より多く、カロリーも高いことから、一般的に貧困層の主食となっていた。

　表 7-1 と表 7-2 を見てみると、1924〜37 年における甘薯の栽培面積は四川省が最も広く、これにその約 3 分の 2 の河南省と四川省の約半分の山東省や広東省、さらに四川省の半分以下の江蘇省や河北省が次いでいる。また、甘薯の生産

41

第Ⅰ部　平時：民国前期（1912～37年）

表6-2　主要各省における玉蜀黍の生産量と1市畝当たりの生産量（単位：万市担、市斤）

年度	華北				華中			華南
	河北省	山東省	山西省	河南省	四川省	湖北省	江蘇省	広西省
1914	757 (101)	467 (141)	212 (112)	32 (62)	1,107 (124)	479 (192)	399 (165)	153 (280)
1915	775 (86)	202 (81)	174 (112)	34 (62)	—	641 (203)	359 (138)	473 (141)
1916	929 (99)	331 (105)	304 (157)	168 (50)	—	521 (177)	363 (137)	689 (168)
1918	751 (94)	47 (155)	190 (124)	4,309 (202)	—	330？ (239？)	717 (161)	—
1924～29	2,448 (171)	935 (170)	719 (192)	1,179 (148)	2,649 (225)	1,655 (275)	656 (181)	—
1931	2,282 (178)	1,852 (194)	490 (117)	1,121 (119)	3,003 (285)	83 (69)	1,328 (222)	—
1932	2,345 (181)	2,064 (188)	591 (144)	1,428 (137)	3,398 (314)	161 (123)	1,587 (253)	—
1933	2,186 (162)	1,360 (171)	569 (144)	1,214 (134)	2,569 (273)	207 (169)	999 (172)	—
1934	2,197 (160)	1,396 (185)	592 (151)	1,447 (159)	2,471 (269)	210 (186)	881 (166)	—
1935	2,821 (169)	1,903 (200)	589 (154)	1,588 (150)	2,700 (277)	208 (180)	1,419 (250)	—
1936	2,756 (175)	1,483 (181)	593 (150)	908 (93)	2,022 (203)	449 (234)	1,365 (225)	—
1937	1,951 (135)	1,147 (158)	521 (129)	1,360 (139)	3,171 (268)	258 (135)	1,491 (226)	—

典拠）表1-1に同じ。

量は四川省と山東省や河南省が最も多く、これに江蘇省と広東省が次いだ。さらに、甘薯の1市畝当たりの生産量は他の農産物よりも高く、そのうち江蘇省と山東省が最も多く、これに福建省や河北省が次いでいたが、いずれの省でも明確な増減傾向はみられなかった。

　以上、甘薯は栽培面積と生産量では四川省が首位を占めており、これに華北の河北省・山東省、華中の江蘇省、華南の広東省が次ぎ、また、1市畝当たりの生

表7-1　主要各省における甘薯の栽培面積　　　　　（単位：万市畝）

年度	華　南		華　中					華　北		
	福建省	広東省	四川省	湖南省	江西省	浙江省	江蘇省	河北省	山東省	河南省
1924〜29	139	178	549	208	135	86	320	100	189	201
1931	146	354	582	193	104	140	264	264	312	388
1932	155	355	533	211	105	136	303	274	285	369
1933	192	369	701	230	130	138	275	256	339	462
1934	167	364	606	251	98	126	251	254	339	425
1935	173	346	600	255	141	140	274	252	356	443
1936	183	327	656	267	194	142	267	241	379	466
1937	182	340	955	205	190	153	216	245	374	460

典拠）表1-1に同じ。

表7-2　主要各省における甘薯の生産量と1畝当たりの生産量　　　（単位：万市担・市斤）

年度	華　南		華　中					華　北		
	福建省	広東省	四川省	湖南省	江西省	浙江省	江蘇省	河北省	山東省	河南省
1924〜29	1,941 (1,392)	2,074 (1,161)	7,151 (1,301)	2,286 (1,096)	1,217 (896)	1,522 (1,751)	4,372 (1,366)	1,560 (1,546)	2,439 (1,286)	2,822 (1,430)
1931	1,992 (1,365)	3,941 (1,111)	5,021 (862)	1,897 (980)	991 (947)	1,614 (1,146)	3,446 (1,301)	3,363 (1,271)	4,308 (1,379)	3,034 (782)
1932	2,178 (1,400)	4,106 (1,156)	4,773 (895)	2,518 (1,192)	1,098 (1,044)	1,680 (1,235)	5,013 (1,652)	3,885 (1,414)	4,091 (1,434)	3,677 (995)
1933	2,050 (1,068)	3,884 (1,051)	4,477 (638)	2,290 (993)	1,275 (974)	1,549 (1,116)	4,044 (1,466)	2,665 (1,038)	5,060 (1,490)	6,241 (1,351)
1934	2,027 (1,208)	4,052 (1,111)	4,611 (761)	1,732 (688)	491 (501)	829 (655)	2,705 (1,074)	3,050 (1,199)	4,617 (1,363)	5,363 (1,262)
1935	2,409 (1,392)	3,993 (1,154)	4,143 (689)	3,247 (1,272)	1,581 (1,110)	2,058 (1,471)	4,290 (1,566)	2,892 (1,145)	4,503 (1,264)	5,139 (1,158)
1936	2,076 (1,133)	3,445 (1,053)	4,604 (702)	2,710 (1,013)	1,763 (907)	1,304 (930)	3,834 (1,432)	2,915 (1,208)	4,972 (1,311)	3,330 (714)
1937	2,949 (1,614)	4,193 (1,233)	8,527 (893)	2,505 (1,222)	2,116 (1,112)	2,282 (1,483)	3,874 (1,786)	2,618 (1,066)	4,180 (1,116)	5,227 (1,134)

典拠）表1-1に同じ。

第Ⅰ部　平時：民国前期（1912～37年）

産量では華中の江蘇省と華北の山東省が首位を占め、これに華南の福建省や華北の河北省が次ぎ、甘薯の生産では華北・華中・華南はほぼ拮抗していたということができる。

3．主要農産物の流通

　主要な農産物のうち、米と小麦については海関（税関）貿易統計資料から中国各地の流通量を知ることができるが、その流通量はあくまで海関（税関）を通関したものだけに限られているので、中国国内における農産物の流通状況を網羅してはいない。しかし、その傾向性を知ることは可能である。

⑴　米

　すでに民国期以前から九江・長沙・蕪湖・無錫が中国「四大米市」（米の集散市場）として知られているように、穀物の中でも米は流通量が最も多く、商品化率も高かったことがわかる。

　表8-1と表8-2を見てみると、1912～37年のうち米の輸出量は、1918年に日本で米騒動が発生した翌1919年に120万担を超えた以外に10万担以上の年は1920年・1933年・1936年・1937年の4年のみだったのに対して、米の移出量は、最も少なかった1932年でさえも180万担余り、逆に、最多の1919年には1,200万担余りに達した。なお、移出地は安徽省蕪湖が圧倒的に多く、これに江西省九江、湖北省漢口、湖南省長沙・岳州（岳陽）の長江中流域に次ぎ、米の移出における江蘇省が占める割合は相対的に低かった。一方、米の輸入量が1,000万担を超えたのは1916年・1921～33年で（1923年・1927年・1932年・1933年は2,000万担以上）、移入量が輸入量を超過したのは1919年・1936年・1937年の3年のみだった。また、1912～37年に米の移入地は全国に広がっているが、移入量は広州・汕頭・拱北・三水などの広東省沿海地域が圧倒的に多く、これに上海、天津、浙江省寧波、福建省福州・廈門、大連などが続いており、東部沿海地域にやや集中していた。

　ところで、1910年代、江蘇省では約100万石の余剰米があったが、浙江省産米は「全人口ノ需要ニ応スル能ハス」、大量の安徽米を移入し、また、湖北省漢口に集散する米は湖南米約100万石・四川米14万石・湖北米15万石で、江西省は約100万石の余剰米を広東・福建・湖北3省に移出し、四川省産米も「全人口

44

第 1 章　民国前期中国における農産物生産の概要

表8-1　米の移輸出量　　　　　　（単位：万担、1934 年から万公担）

年度	輸出量	移輸出量合計	主　要　移　出　地						
			天津	長沙	岳州	漢口	九江	蕪湖	上海
1912	3.7	641.5	0	102.3	55.7	0.6	2.7	456.2	17.8
1913	8.4	375.7	0.1	31.4	84.9	0	0	247.3	6.1
1914	2.7	312.8	0	60.0	6.4	0	0	227.1	14.5
1915	2.2	316.1	0	10.7	3.2	0	5.9	265.7	26.5
1916	2.2	469.6	0.2	18.6	7.3	46.7	36.6	335.0	21.1
1917	3.7	411.4	0	49.1	3.1	109.2	63.0	166.4	14.0
1918	3.3	387.8	2.6	0	0	2.8	46.3	319.0	12.1
1919	122.7	1,241.3	90.0	11.1	0	1.8	142.3	388.8	62.0
1920	31.1	947.6	3.9	227.9	6.3	5.1	210.1	471.5	14.5
1921	3.4	337.4	0	68.5	4.6	8.3	16.2	224.8	10.3
1922	4.5	211.2	0	61.5	7.5	8.0	26.3	82.9	10.3
1923	6.3	367.7	0	106.5	0	3.7	124.7	113.8	11.4
1924	4.1	798.4	0	231.1	0.3	5.2	244.7	298.5	9.7
1925	3.5	774.7	0	60.0	0	5.0	68.0	617.8	9.8
1926	2.9	204.7	0	2.8	0	7.0	6.7	157.7	9.1
1927	8.6	234.5	0	70.5	0	0.5	39.4	87.8	14.1
1928	2.9	602.7	3.0	167.2	1.1	0.5	139.6	248.3	29.5
1929	2.8	389.3	6.6	15.6	0	0	109.9	240.1	10.3
1930	2.7	245.5	4.9	15.8	0.1	0	34.4	169.8	12.6
1931	3.0	302.9	6.0	4.8	0	0	29.7	242.6	13.2
1932	3.6	182.5	0	17.6	0.1	1.5	12.8	130.4	11.6
1933	10.3	803.1	0	61.3	0.4	31.8	53.0	349.1	273.6
1934	6.8	440.3	0.5	65.9	0.2	41.3	4.4	121.8	147.2
1935	6.5	381.6	0	22.3	0.1	10.6	32.3	85.9	157.9
1936	26.8	723.2	0	81.0	0.5	42.0	183.7	161.9	177.1
1937	21.4	834.4	0.1	105.6	2.5	71.4	222.8	130.8	249.7

典拠）中国第二歴史档案館・中国海関総署辦公庁『中国旧海関史料(1859-1946)』京華出版社（2001 年）より作成。ただし、移輸出量合計は1933 年から移出量のみの合計であり、また、「0」は1,000 担未満ないし1,000 公担未満であることを示している。

45

表 8-2　米の移輸入量　　　　　　　　　　（単位：万担、1934 年から万公担）

年度	輸入量	移入量合計	主要移入地										
			天津	寧波	福州	廈門	汕頭	広州	九龍	上海	拱北	江門	三水
1912	270	270.0	2.5	0	0	34.5	16.5	5.7	134.9	0	37.4	3.7	0
1913	541	541.1	30.8	1.6	15.5	39.9	9.9	36.6	280.5	0	38.2	19.3	0
1914	681	682.9	39.0	0.3	1.3	25.4	4.6	15.7	430.3	0	78.1	9.1	0.3
1915	847	848.5	22.8	14.0	0	42.7	39.1	40.1	475.9	0.4	113.4	11.3	8.2
1916	1,128	1,128.9	17.2	0	0.2	61.6	30.6	84.8	541.1	0	153.0	91.3	37.2
1917	983	413.2	89.4	16.3	12.2	13.3	174.4	28.8	0	2.1	0	0	0
1918	698	360.0	25.3	12.0	3.8	4.5	210.0	1.1	0	0	0	0	0
1919	180	1,063.9	57.4	2.1	0	30.2	259.7	636.7	0	7.9	0	0	0
1920	115	115.2	6.3	0	0	5.8	0.6	7.5	50.5	1.7	6.6	11.0	0.1
1921	1,062	1,063.9	59.2	7.3	35.3	50.0	143.1	39.1	528.0	3.2	70.5	27.9	0.8
1922	1,915	1,942.1	111.6	92.7	1.2	69.5	207.3	316.4	555.7	163.4	112.4	69.8	61.9
1923	2,243	2,244.7	106.0	100.9	17.7	63.9	283.0	745.0	230.4	131.3	154.7	151.8	105.4
1924	1,319	1,319.4	44.3	0	0.7	59.2	123.5	274.0	373.2	1.7	168.9	109.0	95.9
1925	1,263	1,263.9	117.4	17.6	16.0	85.0	73.6	292.9	253.2	15.3	109.0	51.5	32.7
1926	1,870	214.5	3.4	3.7	1.0	0	3.6	3.7	0	26.2	0	0	0
1927	2,109	202.3	27.1	32.3	7.3	3.3	49.8	4.4	0	33.9	0	0	0
1928	1,265	619.9	89.0	109.7	2.9	6.4	138.8	68.4	0	110.1	0	0	0
1929	1,082	387.6	67.2	39.2	0.6	0	76.1	37.1	0	46.7	0	0	0
1930	1,989	198.5	42.7	6.8	3.7	3.9	50.4	19.7	0	22.5	0	0	0.1
1931	1,074	322.9	32.0	33.2	0.2	1.4	58.9	119.1	0	11.3	0	0	0
1932	2,138	150.6	15.8	0.9	2.7	0.1	28.4	49.4	0	14.8	0	0	0
1933	2,005	785.6	142.6	43.8	71.3	14.6	256.3	61.4	0	87.0	0	0	0
1934	648	418.0	51.8	23.1	33.6	10.5	99.0	7.4	0	134.9	0	0	0
1935	669	353.4	70.6	14.8	1.1	1.2	52.0	2.8	0	88.4	0	0	0
1936	186	701.5	118.4	7.9	2.5	10.7	131.4	93.0	0	221.2	0	0	0
1937	287	847.0	97.8	6.3	3.5	6.4	117.5	219.8	0	289.1	0	0	0

典拠）表 8-1 に同じ。ただし、輸入量は 1 万担未満ないし 1 万公担未満を切り捨てた。

ノ需要ニ応スル能ハサルモ同省ハ麦ノ産出多キヲ以テ住民ノ一部分ハ麦ヲ常食トシ外省ヨリ米ノ供給ヲ受クルコトナク寧ロ揚子江下流地方」に米を移出していた。一方、福建・広東・広西 3 省は安徽や湖南の米を移入するとともに、タイ米

やサイゴン米も輸入していた[9]。

そして、1930年代の米移輸出量は、江蘇省が300万石以上、安徽省が700万～1,000万石、江西省が500万～600万石だったが[10]、1935年の調査によれば、浙江省の「需要米穀は全く無錫の供給に仰」ぎ、しかも、安徽米が「平均して無錫米穀取引の半ばを占め」[11]、中国四大米市の1つの無錫米市にとって安徽省は最大の仕出地であり、浙江省は最大の仕向地だった。

次に、うるち米の主要な生産地・消費地だった華東地域に限定して、1930年代におけるうるち米の流通状況を見ておきたい。

まず、蕪湖米は年間400万～500万石の余剰があり、「無錫を中心とする江蘇省産米地帯及上海周辺の蘇州松江一帯からは又400―500万石の余剰米を出し」、一方、主な消費地は上海や南京で、上海は年間600万石を消費し、浙江省も「米不足の地で殊に酒の醸造と相俟つて杭州、寧波、紹興等へは年々200万石以上」が移入されたという[12]。

また、「蕪湖市場の背後地」は、安徽省内の太湖・懐寧・桐城・蕪湖・当塗・南陵・無為・盧江・巣・合肥・舒城・含山・和・貴池・宣城・郎渓・広徳・休寧18県で、「就中合肥県の三河、舒城県の桃鎮は毎年100万石以上の余剰米を有し首位を占め、更に合肥県上派河を中心とする背後地よりの集貨は年80万石に達した。その他各県よりの移輸出は総計約700―800万に達したと推定される。然も之等米穀生産余剰の移輸出が悉く蕪湖市場に集中的であつた。出廻数量の約70%が江北地帯各県よりのもので、残りの30%が江南背後地よりの出廻で」、また、安徽省「蚌埠の背後地」は正陽関・寿県・鳳台・穎州・穎上・霍邱・太和・蒙城・渦陽・懐遠・臨淮関・五河・肝貽の「淮河本支流一帯の地にして更に洪沢湖を通じて長江に出て南京、上海方面との連絡もあ」[13]ったという。

一方、江蘇省鎮江の米は江北の高郵・宝応・興化・寿州・東台・泥水・甘泉・江都8県産が大部分を占め、丹陽・常州・句容3県から鎮江への米の出廻量は約13万トンで、約2.6万トンが鎮江で消費された。また、無錫への米の出廻は金壇・溧陽・蕪湖・当塗・宜興・常熟6県と江北の泰州・泰興・東台・興化・如皋5県からのものが大部分を占め、米の年間集散量は、無錫県産を除くと約44～45万トンで、その約60%は「蕪湖並に当塗方面産」で、「残りの40%は無錫近隣の常熟方面産のものが大部分を占め」、江北産は約10%にすぎず、無錫県産は約10万トンで、「消費が13万瓲にして差引3万瓲の供給不足となっ」た[14]。

47

第 I 部　平時：民国前期（1912〜37 年）

　さらに、呉県産の「粳米」「年約 160 万石」は「殆ど県下及蘇州で消費され他県に出廻るものは少」なかったが、「呉県米が常熟に入り常熟米となつて上海に向ふこともあ」り、また、江南の産米地は上海・常熟・太倉・昆山・松江・青浦・金山 7 県と無錫・句容・溧陽・金壇・宜興・武進・江陰 8 県とに 2 分され、「蘇北一帯も無錫に集り」、「蕪湖米の浙江、江蘇省に搬出せらるゝものの定着地点で」、集散する米の半分以上は蕪湖米だった。さらに、揚州には「蘇北の産米地からは地場消費を差引き少くとも 50 万石の出廻可能量」があり[15]、杭州市湖墅に出廻る江蘇・安徽 2 省と浙江省湖州・嘉興の年産米量約 11 万トンのうち約 8.5 万トンが杭州で消費され、「残余の中約 16,000 䇃は拱震橋より銭塘江を越へ義橋、聞家堰、臨浦、新壩を通り内河により紹興堰橋に輸送され、其他は浙江省内各地に輸送され」た[16]という。

　以上、民国前期には大量の米が中国国内を流動し、主要な産米地の華中のうち湖南・江西・安徽 3 省が大量の余剰米を江蘇省を経由して主な産米地ながら米不足だった浙江省や大消費地の上海へ移出していた。また、産米量が首位にあった四川省は、省内の需要を充たすことができず、その不足分を米よりも安価な麦によって代替し、逆に、米を移出していた。このような状況は、同じく主要な産米地ながら米不足だった浙江省が大量の米を移入していたのと対照的で、このような差異は農村経済の発展水準の高さを反映していたと考えられる。また、四川省とともに産米量が首位にあった広東省における米の移輸入量は、輸送コストが上乗せされた米の販売価格に応じて変動していたと考えられるが、いずれにせよ、広東省も、浙江省と同様に、農村経済の発展水準が四川省より高かったと考えられる。

(2)　小　麦

　民国前期の中国においては、穀物のうち小麦は米に次いで商品化率が高い農作物だったと言える。

　表 9 を見てみると、1912〜37 年における小麦の輸出量は、1920 年がピークで 1922 年までとその後の 1928 年に 100 万担を超えた以外は麦粉を加えても減少していたのに対して、小麦の移出量は輸出量の 10〜20 倍以上だったが、その移入地にはいくつかの変化がみられる。すなわち、哈爾浜では移入が 1922 年からほぼ途絶し、また、上海では 1918 年がピークで 1915〜20 年・1925 年・1930 年に

48

第1章　民国前期中国における農産物生産の概要

表9　小麦の移輸出量　　　　　　　　　（単位：万担、1934年から万公担）

年度	輸出量	移出総量	主要移入地			主要移出地（仕出地）						
			哈爾浜	天津	上海	哈爾浜	大連	膠州	漢口	蕪湖	鎮江	上海
1912	137	212.7	46.4	3.3	49.3	14.7	1.1	0	40.7	0.3	1.1	5.3
1913	184	219.6	160.2	0.7	29.2	14.0	0.8	0	20.6	5.7	1.5	2.0
1914	196	248.6	40.7	0	37.6	23.9	3.0	0	2.2	2.3	0.3	1.1
1915	151	309.1	66.2	0	127.2	5.4	9.1	0.3	25.2	0	0	2.0
1916	116	293.0	55.8	0.9	174.8	0.7	8.5	0.5	151.4	0.3	0	0.1
1917	155	415.0	74.4	4.4	227.8	0.7	17.8	0	197.7	11.4	0	0.4
1918	181	487.4	170.1	0	275.6	0.6	43.7	36.8	234.3	10.1	1.6	0
1919	445	699.5	121.7	0.1	237.0	0	74.3	106.4	181.1	6.2	18.0	1.7
1920	843	1,168.4	426.3	57.5	149.8	0	663.9	12.0	105.6	10.9	38.3	5.4
1921	519	670.2	160.3	3.1	77.7	209.0	344.7	4.2	30.5	6.5	19.2	0.7
1922	115	169.5	0	5.0	41.2	104.6	14.8	0	34.7	0.3	0.6	0.3
1923	63	81.4	5.6	0.5	7.9	55.9	5.5	0	2.7	3.0	0	0
1924	14	171.5	0	43.3	98.2	11.3	1.6	0	95.2	10.5	16.9	22.2
1925	20	192.5	0	38.9	156.2	19.9	0	0	87.9	23.0	16.1	19.6
1926	0.4	61.2	0	1.0	50.5	0.6	0	0	18.0	10.5	3.4	1.0
1927	49	163.6	3.2	8.7	97.8	36.6	17.8	0	70.8	18.9	1.3	0
1928	180	324.2	1.7	102.2	34.4	92.1	90.3	0	57.5	43.6	4.4	11.3
1929	80	188.0	0	32.5	61.7	26.6	48.8	0	28.3	48.9	1.6	3.2
1930	1	107.8	0.5	0.1	104.2	1.2	1.5	0	52.4	7.2	4.6	0.2
1931	0.7	67.2	0.3	13.2	7.7	0	0.5	0	4.9	0.3	6.6	52.9
1932	41	33.2	膠州	0.2	5.4	41.6	南京	0	0.8	0.2	4.6	26.0
1933	3	83.9	0	8.3	31.9	寧波	8.8	0	2.5	15.0	16.8	35.4
1934	13	82.2	0	19.0	59.4	0.3	13.9	0	11.4	15.2	40.4	0.4
1935	9	70.4	0	22.2	34.2	0	4.9	0	32.6	4.6	20.9	7.0
1936	31	134.9	11.5	31.5	84.5	0.5	11.4	0	61.5	24.9	32.3	1.7
1937	7	135.9	19.5	25.5	71.2	3.8	16.4	0	24.9	48.1	25.6	5.3

典拠）表8-1に同じ。ただし、1934～37年の輸出量には各年6・0.3・9・1万公担の小麦粉が含まれている。

第Ⅰ部　平時：民国前期（1912〜37年）

100万担を超えたが、1823年・1930年・1931年には激減した。一方、哈爾浜や大連では1920年代の数年を除くと移入量は少なく、また、膠州では1918〜21年を除くとほぼ途絶し、さらに、漢口では1918年がピークで1916〜20年に100万担を超えたが、1914年・1923年・1931〜33年には激減した。

　以上のことから、民国前期に小麦の流動量は米のそれよりも少なかったものの、小麦もかなりの部分が商品として流動していたことがわかる。

　次いで、1920年代初頭、米5,000トンが安徽省蚌埠から山東省済寧へ移出され、江蘇省徐州から山東省済南への移出品は主に雑穀や小麦で、徐州から移出された小麦10万トンは蘇北の銅山・蕭・沛、邳・碭山・睢寧と安徽省鳳陽などから集まり、「天津済南行8分ニシテ鎮江無錫行2分」だった。一方、徐州へは蚌埠から雑穀、また、徐州と安徽省の明光・蚌埠からは米2,000トンが移出された[17]。

　そして、蘇北の大運河沿岸地域では、清江浦に移入される雑穀約1万トンのうち、小麦は蚌埠から移入され、また、清江浦では鎮江からの移入米を山東省台児庄へ移出していた。漣水からは大豆粕・小麦・大豆・胡麻・落花生油などを移出し、落花生油10万担が新浦と江南の常州・鎮江へ半分ずつ、大麦30万担と小麦50万〜60万担が新浦・清江浦へ、大豆20万担（漣水1石＝板浦3斗）が新浦・常州へ、大豆粕20万担が益林を経由して鎮江・新浦へ、豆油20万担が江蘇省の通州・常州へ（その他、湯溝地方産は新浦へ、また、高溝一帯産30万担は漣水を通過して益林に約7割、蘇北の塩城に約3割）移出し、逆に、米5万石を鎮江（約3万石）・常州・通州から移入した。蘇北の海州（東海県）の移出量は、大豆粕91.4万坦・小麦粉26万坦・大豆油10万坦の他に、沭陽・楊集（「大部分ニ小麦作付アリ黄豆高粱之ニ次ク」）・高溝・大伊山（農産物は小麦5分・大麦3分・雑穀2分で、大豆・緑豆はみな省外に移出）などに「散在スル搾油工場ノ製品ヲ計上スル」と、大豆粕247万坦・大豆油25万担以上に及び、海州へは沭陽・東海・灌雲・漣水一帯と時には淮安・宿遷さらに安徽省からも農産物が移入されたという[18]。

　さらに、「大運河及塩運河沿岸都邑」の「背後地」では、睢寧の主な移出品は胡麻約30票（1票＝1万斤）・胡麻油30票・金針菜30票・落花生50票（「往事盛ナル時2,000票」）・「瓜子」30票・大豆40票（大豆と胡麻を「輪作スルモノ多」く、大豆の作付が少ない時は胡麻の作付が多かった）・豆粕約200票（「中

50

餅」（15 斤）は上海・広東へ移出）・小麦 1.5 万石（1 石＝160 斤）・緑豆 5,000 石、玉蜀黍 5,000 石で、高作鎮付近の移出品は大豆（広東へ）・落花生（広東や外国へ）・胡麻（華南へ）・小麦・高粱・「豆餅（小油坊付近部落ニ 50 戸アリ）」で、雙溝の主な移出品は小麦 1 万票・胡麻 300 票・落花生 300 票・大豆 1 万票・香油（胡麻油は 8 斗で「10 個豆粕ト 20 余斤ノ油ヲ得」、小豆は 4 斗で「10 個豆粕ト 23 斤ノ油ヲ得」）50 票などだった[19]。

以上、米や小麦以外の農作物とその加工品も大量に流動していたが、それらの相当部分は米や小麦の移入に対する見返り品として移入されていたとみなすことができ、近代中国では農村経済が相当程度まで商品経済の中に組み込まれていたことを窺い知ることができる。

おわりに

従来、華中（華東を含む）・華南が水稲地帯であるのに対して、華北は小麦地帯であると認識されてきた。だが、たしかに米は栽培面積と生産量ともに華中・華南が多かったが、小麦は栽培面積では華北が多かったものの、生産量では華中が華北とほぼ同程度だった。また、高粱・粟・玉蜀黍の雑穀も栽培面積では華北が多かったが、生産量では華中が華北とほぼ同程度だった。さらに、甘藷は栽培面積では華中の四川省が最多で、これに華北の河北省・山東省、華中の江蘇省、華南の広東省などが次いでいたが、生産量では華中・華北・華南はほぼ拮抗していた。このことから、主要な農産物の 1 市畝当たりの生産量では華中が最も多かったと言えるが、いずれの農産物でも、また、いずれの省でも明確な増減傾向はみられなかった。よって、民国前期には農産物の生産性の明確な上昇はみられなかった。

一方、各種農産物の流通状況については、各地の移出量ないし移入量の変動は非常に激しかったが、農村物およびその加工品が大量に流動しており、民国期中国農村における商品経済の発展水準は米・小麦をはじめとする各種農産物が商品として大量に流通するほど、かなりの高さに達していたことを窺い知ることができる。

注

(1) ロッシング・バック編（岩田孝三訳）『支那土地利用地図集成』東学社（1938 年）21〜22

第Ⅰ部　平時：民国前期（1912〜37年）

頁。なお、原典は、Buck John Lossing, "Land Utilization in China: a study of 16,786 farms in 168 localities, and 38,256 farm families in twenty-two provinces in China, 1929-1933", University of Nanking, Sole agents in China, Commercial Press, 1937. であり、同地図集は全3巻のうちの第2巻（Vol. 2）を邦訳したものである。

⑵　曹幸穂「民国時期農業調査資料に関する評価と利用」・吉田浤一「牧野・羅・馬および曹論文へのコメント」（同上書『中華民国期の経済統計』）。なお、1931〜37年の数値については推計による修正が試みられている（牧野文夫・羅歓鎮・馬徳斌「中華民国期の農業生産」『中華民国期の経済統計：評価と推計　中国部会・第2回国際ワークショップ報告論文集』一橋大学経済研究所、2000年2月）。

⑶　台湾総督府殖産局『支那ノ米需給状況』殖産局出版第104号（1915年）1頁・3頁。

⑷　唐雄傑著・秋山洋造訳「安徽、江蘇、浙江、江西四省米穀運輸過程の検討」（『満鉄調査月報』第20巻第2号、1940年2月）。なお、原典は唐雄傑「皖蘇浙贛米穀運輸過程之検討」（『交通雑誌』第5巻第6〜7期）であるという。

⑸　拙稿「抗日戦争前における浙江省の稲麦改良事業について」（広島史学研究会『史学研究』第214号、1996年10月）。

⑹　詳細については、拙稿「災害から見た近代中国の農業構造の特質―1934年における華中東部の大干害を例として」（東洋文庫近代中国研究班『近代中国研究彙報』第19号、1997年3月）を参照されたい。

⑺　詳細については、拙著『近代中国農村経済史の研究―1930年代における農村経済の危機的状況と復興への胎動』金沢大学経済学部研究叢書12（金沢大学経済学部、2003年3月）を参照されたい。

⑻　前掲拙稿「日中戦争期山東省における食糧事情と農村経済構造の変容」・同「中華民国前期山東省における食糧事情の構造的把握」104〜108頁・同「山西省の農村経済構造と食糧事情―臨汾市近郊農村高河店の占める位置」57〜64頁を参照されたい。

⑼　前掲書『支那ノ米需給状況』4〜9頁。

⑽　前掲「安徽、江蘇、浙江、江西四省米穀運輸過程の検討」212頁。

⑾　社会経済調査所編『無錫米市調査』支那経済資料12（生活社、1940年）2〜17頁。

⑿　「中支那に於ける米の流動経路」（大東亜省『調査月報』第1巻第9号、1943年9月）3頁。

⒀　「中支に於ける物資移動経路及数量に関する調査報告」（興亜院『調査月報』第2巻第6号、1941年6月）126頁・132頁。

⒁　同上論文、141〜143頁。

⒂　前掲「中支に於ける米の流動経路」35頁・46頁・49頁・79頁。

⒃　前掲「中支に於ける物資移動経路及数量に関する調査報告」158頁。

⒄　青島守備軍民政部鉄道部『大運河及塩運河沿岸都邑経済事情』調査資料第27輯（1921年）88頁・104頁・110頁・114頁。

⒅　同上書、153〜154頁・159〜160頁・162頁・179頁。

⒆　同上書、184頁・186〜191頁・194〜196頁。

第2章　中国インディカ種米栽培地域における米事情

はじめに

　日本では、1918年に米騒動が発生してから、中国からも大量の米を買い付けたために、中国の米事情にも衝撃を与えた。また、中国の米事情については、日本では1910～20年代に関する文献資料がやや多いが、その後、朝鮮・台湾から日本への米の供給体制が安定化していったためであろうか、1920年代後半～30年代には少なくなった。一方、1930年代には中国でも数多くの調査が行われるようになり、また、日本国内では1940年代前半に米不足となり、日本軍が現地自活主義の方針下で中国の占領地で米を調達する必要性が生じたことから、中国の米事情に再び注目するようになり、中国側の調査報告書類の邦訳版を数多く刊行し、日本みずからも数多くの調査を行った。だが、戦後に行われた研究の多くは民国前期に集中しており、民国前期の米事情については依然として十分に明らかにされたとは言い難い[1]。

　すでに前章で民国前期中国の食糧農産物の生産と流通について概観し、華中と華南が主要な米産地だったことを確認した。ところで、うるち米はジャポニカ種米とインディカ種米とに大別され、日本ではジャポニカ種米のみが栽培されたが、中国ではジャポニカ種米（「粳米」）とインディカ種米（「籼米」）を並行栽培する江蘇省南部（蘇南）・浙江省とインディカ種米を栽培する華南はともに大量のインディカ種米を移入し、江蘇省北部（蘇北）と長江の上中流域のみがインディカ種米の供給地だった。ちなみに、「四大米市」とされる湖南省長沙・江西省九江・安徽省蕪湖・江蘇省無錫のうち、江蘇省無錫以外はすべてインディカ種米の主要な生産地・供給地だった。

　よって、本章では、まずインディカ種米生産地域における米事情について分析したい。なお、主要な文献資料として『通商公報』を利用したために、分析対象時期は1910～20年代が中心となった。

第 I 部　平時：民国前期（1912〜37 年）

1．中国うるち米の品種と等級

(1)　うるち米の品種

　中国のうるち米のうち、「籼米は炊けばボロボロとなつて粘り気なく食味も淡
泊であるが、長所として膨脹力は大きく「腹持ち」が永い」のに対して、「粳米」
は「炊けば軟くて比較的粘り気があり、味も濃厚であるが、短所として膨脹力は
小さく腹持ちが短」かった[2]。以上のことから、「籼稲」は「値段廉く膨張力大
にして腹持ちが長いことは、消費者として下層の筋肉労働者に歓ばれ、粳稲は味
よく腹にもたれぬ点に於て、上層の富者或は精神労働者を需要者としてゐる」と
言われていた[3]。

　ところで、当時、主要な産米国では、ジャポニカ種米かインディカ種米のどち
らか一方のみを栽培していた[4]。というのは、この両種が同一地域内で並行栽培
されて同時期に開花すると、雑種ができやすくなり、不稔性が高くなるからだっ
た[5]。ところが、江蘇省南部と浙江省北部ではこの両種を栽培していた[6]。この
両種が混植される事情については、地勢・土壌・気象などの自然的条件、端境期
の経済や害虫との関係などから、以下のように説明されている。すなわち、一般
的に、インディカ種米はジャポニカ種米に比して早熟種に属し、生育日数もかな
り短いために、灌漑需要量も少なくて済み、しかも、痩せ地にも耐えうる力が強
いので、灌漑水の供給が不十分で瘠せた土地ではインディカ種米が栽培されるこ
とになる。また、多くの農民は端境期に自家消費用食糧さえも不足し、食糧を購
入するために高率の貸借関係を結ばざるをえなかったが、借金の返済に要する現
金を 1 日も早く生産物の売却によって得るためには、早生種のインディカ種米を
栽培することになる。さらに、螟虫などの害虫は早稲よりも晩稲で被害率が高
かった[7]。

　しかも、水稲二期連作をするには雨水が不十分な浙江省東部では、インディカ
種米の早稲とジャポニカ種米の晩稲を時期を分けて隔行間作する水稲二期間作法
（雙季稲栽培）が行われていた[8]。そして、雙季稲の裏作には肥料を確保する必
要性から緑肥用のウマゴヤシ・レンゲ草・そら豆・豌豆などが栽培されたが、冬
小麦との輪作はほとんど行われなかった[9]。

(2) うるち米の等級

　1916 年の調査によれば、江蘇省産の「良好ナル」米は「日本米ノ 3 等位ニ相
当シ」、浙江省産米は江蘇省産米と酷似し、安徽省産米は「江蘇米ノ上等ヨリ遙
ニ下位ニ在リ西貢米其ノ他南方ノ米ノ代用トシテハ可」であり、江西省産米は
「安徽米ヨリ更ニ不良」で、湖北省産米は江西省産米と「伯仲ノ間ニ在リ」、湖南
省産「上等」米は「安徽米以上に位」置し、四川省産米は「品質良好ナルモノ少
ク安徽米又ハ湖南米ヨリ下位ニ在」るが、「一部地方ニハ湖南米以上ノモノ」も
あり、広東省産米は「粒小ニシテ細長ク蘭貢、西貢、暹羅等ノ米ト類似」してい
たが、「良好ナルモノニ在リテハ暹羅米ノ 1 等以上ナルモノ」もあり、広西省産
米は「広東省ト相等し」かったという[10]。また、江蘇省産米は「支那第一ノ優良
米」で、日本産米に類似し、安徽省産米は「皆秈米ノ種類ニ属シ江蘇米ニ比スレ
ハ遙ニ劣等」だが、江西省産米より「稍優レ」、江西省産米は「蕪湖米ト伯仲ノ
間ニ在リト云ハレ、モ実際見タル所ニ依レハ九江ニ集マル米ハ蕪湖米ヨリモ遙ニ
劣」り、湖南省産米は「安徽米ニ次キ江西米及湖北米以上ニ位」置し、湖北省産
米は「安徽米ニ劣ルハ勿論湖南米ヨリモ下位ニ在」り、四川省産米は湖南省産米
以下だったという[11]。さらに、安徽省（特に蕪湖）産米は「湖南、江西米に比し
て稍〻優り」、サイゴン米やラングーン米の「代用として不可な」いものだっ

図 1　各種うるち米の序列

○常熟米＝日本米

　↓

○松江米

　↓

○無錫米・蘇州米

　↓

○江蘇上等米＝日本二等米

　↓

○江蘇二等米・湖南一等米＝日本三四等米

　↓

○蕪湖米＝日本米の代用不可

○江西米

○湖南二三等米＝ラングーン米・サイゴン米＝広東米・広西米

　↓

○四川米

第Ⅰ部　平時：民国前期（1912～37 年）

た[12]。

　なお、常熟米は「殆んど日本米と異な」らず、松江米は常熟米に次ぎ、無錫米
と蘇州米も「亦用ふべし」とされ[13]、江蘇上等米は日本 2 等米に相当し、江蘇 2
等米は日本 3・4 等米に相当し、蕪湖米は「蘭貢西貢米の代用として充分見込み
あり」、湖南 1 等米は日本 3・4 等米に相当し、湖南 2・3 等米は蕪湖米とほぼ
同品質とみなされていた[14]。

　以上のことから、当時、日本では中国米について図 1 のような序列を想定して
いたことを窺い知ることができる。すなわち、中国米のうち蘇南産のジャポニカ
種米が最上位に位置付けられ、長江を上流に遡るほど品質・価値が低下するとみ
なされていた。

2．インディカ種米の主要な生産・供給地

⑴　四川省

　重慶は 1910 年前半期に「米穀欠乏シテ相場非常ニ高騰シ」、「不穏ノ状態アル
ヲ以テ四川総督」は、米穀・雑穀の輸出を厳禁した[15]。

　重慶一帯の米は一部分が漢口に移出されたが、1913 年の収穫は「普通なるに
も拘はらず相場は尚前年度よりも割合に高きは信用薄き軍票が市場に充塞し取引
に困難を感ずると一は動乱鎮定後日尚浅く土匪各処に徘徊し各産地との交通安全
ならざる故に市場に現物を募集すること」が困難になったからだった[16]。そし
て、翌 1914 年には「旱天」のために、米の収穫量は、重慶付近が 5 分、万県地
方が 3 ～ 4 分、長江・嘉陵江上流地方が 5 分の凶作だったのに対して、「岷江の
上流灌県地方川西の一区域は連日雨天の為め却而水災を被り平年の半作に至ら」
ず、米価は高騰したが、「各農家は何れも持米を市場に送ることを憚り」、移出は
まったく停止した[17]。ところが、1916 年には、一転して「就中重慶及付近一帯」
は豊作となり[18]、重慶一帯産の米は多少過剰となったという[19]。

　平年作の産米量が約 5,000 万石と推測された四川省では、1919 年に「平年作
以上ニ上ルコト能ハサリシ」結果、米価が高騰した[20]。

　なお、1935 年の調査によれば、重慶の米の消費量は「年額約 30 万石（毎石約
220 瓩）66,000 余噸と推算される。此等食米は本市付近一帯よりその 30% を供
給され、残り 70% は凡て揚子江上流及び嘉陵江流域各地より運入」され、また、
「重慶下流」の権陵・万県・雲陽・奉節・巫山や宜昌一帯では米不足の際は重慶

56

第 2 章　中国インディカ種米栽培地域における米事情

から米を移入したという[21]。

　以上、四川省では、平年作以上の年には余剰米を湖北省漢口に向けて移出していたが、凶作の年には移出を停止した。また、軍票の乱発や土匪の徘徊なども米価の高騰をもたらし、さらにそれが物価全体を上昇させていた。いずれにせよ、民国前期四川省における米の生産量と出回量は天候や政治状況などによって大きく変動していた。

(2)　湖南省

　1913 年の報告によれば、湖南省の年間産米量は 6,000 万〜7,000 万石とされ、「通常 1 人 1 年に平均白米 1 石を消費す」ると前提して人口数と移出量から計算すると、産米量は 5,000 万石以下（長沙で湖南米 1 石は 148 斤）とされ、一方、長沙と岳州の貿易統計は、1905〜11 年における米の移出量を 33.2 万担、3.7 万担、40.1 万担、169.9 万担、97.5 万担、4.0 万担、137.4 万担とし、これ以外にも、民船によって移出される湖南米が税関を経由する分の約半分はあったという[22]。いずれにせよ、湖南省は常に余剰米を移出していた。

　ただし、1913 年 3 月に米価の高騰を防ぐために湖南米の移出が禁止されたが、それ以降に米価がかえって高騰したのは、1912 年から「湖南財政司が巨額の買上を続行して自ら他港へ移出したると運賃増加の外」、「銭票及銀票の下落」と「旱魃に基く晩稲の不作と搬出の不能」に原因があったとされ、特に長沙では「輸入為替を補充するには米と鉱物の輸出を以て其の主要なものとなす故に米の移出禁止は直に輸入為替の過剰を甚大」にし、「為替の決済を行はんとせば両銀の現送を行はざる可からず之れが為め当地の存銀は益々払底して銀票の価値下落し」、米価が高騰したとしている。しかも、1913 年 12 月 25 日に移出が解禁された湖南米は、「米捐」などを加えると、「江蘇、安徽米に比し割高」となり、移出量は長沙からの約 6 万担と岳州からの約 4 万担にすぎず、また、「地方在米欠乏の為め」に 1914 年 3 月 30 日に再び移出が禁止されたが、糧食不足の湖北・河南の両省に供給するため、9 月 20 日に解禁されると、米価が高騰したので、1915 年 2 月 8 日に移出が禁止され、11 月 15 日にさしあたり 300 万石を限度として移出が解禁された。1915 年の湖南米は 1914 年に比して約 2 割の増産となったが、「洪水被害の大なるべき予想ありし為」と「市場流通の紙幣多きに過ぎ」て「紙幣の価格下落した」ために、米価も下落した[23]。

57

第 I 部　平時：民国前期（1912～37 年）

　湖南省の主な産米地は、湘潭・長沙・常徳・零陵・湘郷・岳州・栄江・衡陽・湘陰・衡山・益陽・瀏湯・昉陵・宝慶・邃陵・桃源・龍陽・華容・臨湘・戍・寧郷・秚県で、1917 年は大豊作だったが、「兵乱連続して紙幣は暴落し、且屢次軍糧として不時の徴発を蒙り」、1 石につき、1 月は 7「串文」だったが、2 月は 20「串文」、1918 年 11 月には 55～56「串文」となり、「現銀」では 4～5 元だったが、「銀貨払底」していた[24]。

　湖南省産米の主な集散地は年間約 600 万石と約 500 万石が集まる易俗河（主産米地は易家湾・石塘・衡山・湘郷・花石・株州・禄口）と靖港（主産米地は寧郷・益陽・岳州・湘陰・雲田・下泥港・白沙州・臨資口・磧口）だった。なお、湖南省では 1918 年は 500 万～700 万石の余剰米があったが、米業者は移出総量が 300 万石を超えなかったとしている[25]。

　湖南省産米の年間移出量は約 200 万石とされ、1921 年の旱魃によって大飢饉が発生すると、9 月 27 日より全雑穀類の移出を厳禁したが、その効果はなく、翌 1922 年は春以来「農作物一般の作柄極めて良好」だったので、10 月 15 日より湖南省産米 200 万石が移出解禁となったが、1924 年 7 月、「水災の為」軍用米と漕米以外は移出禁止となった[26]。

　湖南省の「米穀生産高は、省内で消費して尚且つ余裕の有る」ほどで、「米穀の産出の不足な地方では、種々の雑穀をもつて補充してゐ」たという[27]。

　以上、1910 年代初頭に湖南省の米価は乱高下したが、その主な要因は、米の需給関係よりも金融・通貨との関係であり、江南米よりも安価な湖南米が必ずしも常に米の大消費地の江南へ流れていたわけではなかった。湖南省の米価が高騰する背景には、銭票・銀票の乱発による紙幣価値の下落と銀両不足による銀価高騰があった。また、中国の中で非常に重要な米の供給地だった湖南省の米の供給量は 1910～20 年代には不安定だった。

　さて、以下では、若干ながら湖南省における産米量などに関する統計資料がある 1930 年代前半の状況について見ておきたい。

　表 1-1 と表 1-2 を見てみると、1933 年の湖南省で産米量が多かった上位 20 県のうち、1 畝当たりの生産量で最上位の沅陵と最下位の安郷とでは 3 倍近い差がある。また、栽培面積が広い県ほど、生産量も多く、衡陽・湘潭・湘郷の上位 3 県は生産量でも上位 3 県となっており、しかも、1 畝当たりの生産量も 4.5～4.7 担と上位 20 県の平均値に近い。

58

第 2 章　中国インディカ種米栽培地域における米事情

表 1-1　1933 年湖南省上位 20 県の産米量と 1 畝当たりの生産量

（単位：万担、担）

衡陽	622 (4.55)	湘潭	621 (4.73)	湘郷	608 (4.73)	澧県	538 (4.95)	寧郷	524 (4.18)
長沙	521 (6.26)	常徳	480 (4.2)	湘陰	477 (5.5)	益陽	465 (5.42)	武岡	400 (4.0)
邵陽	381 (3.5)	衡山	326 (4.8)	醴陵	308 (5.0)	岳陽	294 (4.9)	沅江	277 (6.0)
沅陵	268 (7.0)	瀏陽	267 (3.3)	攸県	264 (4.4)	安郷	250 (2.5)	新化	219 (4.5)

典拠）実業部国際貿易局編『中国実業誌（湖南省）』第 4 編（1935 年）13〜17 頁より作成。ただし、総生産量は 1 万担未満を切り捨てた。

表 1-2　1933 年湖南省上位 10 県における稲の栽培面積　（単位：万畝）

衡陽 (136)	湘潭 (131)	湘郷 (128)	寧郷 (125)	邵陽 (109)	常徳 (100)	武岡 (100)	湘陰 (86)	益陽 (85)	長沙 (83)

典拠）表 1-1 に同じ。ただし、1 万畝未満を切り捨てた。

　湖南省では、漢口と長沙に米を移出していた 33 県の多くは洞庭湖沿岸地方で、逆に、米が不足していた 31 県の「不足分の大部分は雑糧を以て補充し」ていた[28]。

　湖南省は、1930 年代には毎年約 200〜300 万担の米（籾 1 担は 107〜108 斤、白米 1 担は 150 斤）を移出し、「毎年長沙の米穀輸出数量は湖南全省米穀輸出量の 4 割前後に当つてゐる」が、湖南省の米市場が漸次長沙に集中し、靖港と易俗河の米市は衰落した[29]。

　長沙の米は「洞庭湖畔、湖南省中東南各方面から集つて来る（長沙に来る米の 9 割までは籾のまゝである）。其の中でも洞庭湖畔各県から来るもの最も多く」、長沙に米を移出する主な県は南県・華容・漢寿・沅江・常徳・益陽・寧郷・湘陰・瀏陽・醴陵・衡山で、長沙からは漢口・上海へ移出される米が最も多く、また、華南の広東省・広西省や「近来匪賊横行で米が出来ずこのため特に湖南の米を需めてゐ」た江西省へも移出された[30]。

　以上、湖南省では、1910〜20 年代に同省産米の主要な集散地だった易俗河と靖港が、1930 年代になると、長沙にその地位を取って代わられるとともに、生産量が増加したためであろうか、移出量も増加したものと考えられる。

59

第 I 部　平時：民国前期（1912〜37 年）

(3)　湖北省

　漢口では、1910 年に米価が高騰したが、漢口から湖南省産米の移出が禁止されたうえに、湖広総督が外国米 30 余万担を市場に売り出したために、一転して米価が急落した。翌 1911 年 4 月、湖北省からの米の移出量が「4 万数千包に達し」、再び米価が騰貴した[31]。

　1913 年、湖北省では、早稲と「遅稲」が「近年稀なる豊作」だったが、晩稲の収穫は旱魃により約 1 割にすぎず、収穫予想は 2,400 万石（1 石 = 140 斤、1 斤 = 16 両）とされた。通常、孝感・黄波一帯・漢水流域一帯・崇陽・荊州地方を主な生産地とする米集散地の漢口には年間米集散量約 200 万石のうち 120 万石が湖南省より、50 万石が四川省より、残りの 40 万石は湖北省より集るが、3 月の防穀令発布によって湖南米の移入が杜絶したという[32]。

　漢口に集まる米の約 6 割が湖南省産米だったので、1914 年春に湖南省産米の移出が禁止されると、漢口の米価は幾分高騰し、さらに、河南省と湖北省北部「一帯に亙る麦作不況の為め」、漢口で「米買出を為すもの多」くなり、米価は同年 7 月末も高騰した[33]。

　1915「年初以来湖南に於ける産米移出禁止運動再び開始する」と、湖北省の米価は上昇し続け、11 月 15 日に移出が解禁されると、漢口米「相場の下向を危惧して湖北物は兎角出廻り渋り勝」となり、また、四川省産米は「雲南事変」後に漢口「市場に影を潜め荊沙、府河、崇陽の各米も亦 1 月より」「絶て入荷なく」、翌 1916 年 2 月に武漢が「北軍側軍隊並に軍需品輸送の中心」地となると、米価は前年より上昇し、四川・荊州・府河・崇陽の「動乱地方産米は 1 月以来絶て出廻り無く」、「漢口に入津するもの主として江西、湖北（黄孝）米」のみとなり、漢口の米価は 2 月下旬に頂点に達した。3 月には「時局懸念稍薄らぎ」、「地方農商の値頃売に出づるもの続出し」、江西・広水・黄孝・府河・襄河・荊州・崇陽から漢口に「入津するもの絡繹絶えず」、米相場は漸落した[34]。

　1917 年、漢口の「米況は在荷豊富加ふるに広東、浙江向け移出閑散となりて 5 月中旬以来相場頓に下向」し、6 月下旬に山東・河南の両省における旱魃地方への移出が漸増したが、10 月末には湖北省西部「産米陸続出廻り来り武漢在米高漸増」したものの、引続き広東・浙江 2 省への移出は激減したうえに、「湖南時局益々紛糾して北軍側需要米量愈々多く且つ湖南米移出解禁の見込尚立たず」、「近年稀なる安値」となった。他方、沙市に集まる米は辛亥革命以来「湖南米の

60

表2-1　1913～17年漢口における1石当たりの白米価格　　　　　　（単位：両）

年	月日	靖港米	西湖米	易俗河米	沙市米	府河米	黄孝米	江西米	四川米	広水米	崇陽米
13	2	3.5	3.4	3.4	3.5	2.9	—	—	—	—	—
	3	3.8～4.5	2.3～3.7	3.5～3.7	3.1～3.4	2.35～2.8	—	—	—	—	—
	6	4.45	—	—	4.0	—	4.1	—	3.8	—	—
14	2	3.67	3.5	3.45	—	—	—	—	—	—	—
	3	3.67	3.5	3.45	3.51	2.94	—	—	—	—	—
	4	3.35～3.6	3.0～3.25	3.1～3.35	2.95～3.25	2.5～2.95	—	—	—	—	—
	6	3.35～3.7	3.0～3.2	3.1～3.3	2.85～3.0	2.35～2.7	2.95～3.15	—	—	3.0～3.2	—
15	2	4.1～4.3	3.7～4.0	3.8～4.0	—	—	—	3.6～3.9	—	—	—
	10	3.9～4.2	3.3～3.9	—	—	—	3.8～4.15	3.9～4.15	—	—	—
	11	3.6～4.0	3.1～3.7	—	—	—	3.5～3.9	3.45～3.75	—	—	—
	12	3.2～3.9	3.0～3.4	3.2～3.7	—	—	2.9～3.2	3.1～3.3	—	—	—
16	1/1～15	3.8～4.1	3.3～3.7	3.4～3.9	—	—	3.1～3.5	3.2～3.6	—	—	—
	1/16～2/10	3.9～4.2	3.4～3.75	3.5～3.95	—	—	3.3～3.6	3.3～3.7	—	—	—
	3	3.75～4.05	3.35～3.75	3.4～3.8	—	2.8～3.3	3.1～3.4	3.45～3.75	—	3.0～3.3	3.3～3.55
	4	3.7～4.0	3.35～3.7	3.35～3.75	—	2.85～3.25	3.15～3.5	3.4～3.7	—	3.15～3.45	3.3～3.5
17	6 上旬	2.9～3.1	2.5～2.95	2.5～2.95	—	2.35～2.6	2.8～3.0	2.7～3.0	—	—	2.45～2.65
	6 中旬	3.2～3.4	2.8～3.25	2.8～3.25	—	2.65～2.9	3.1～3.3	3.0～3.3	—	—	2.75～2.95
	6 下旬	3.0～3.2	2.6～3.05	2.6～3.05	—	2.45～2.75	2.9～3.1	2.9～3.1	—	—	2.55～2.75
	11 上旬	—	2.8～3.2	2.8～3.2	—	2.55～2.95	3.0～3.2	2.75～3.05	—	—	2.65～2.9
	11 中旬	—	2.75～3.15	2.75～3.15	—	2.5～2.8	2.9～3.1	2.7～3.0	—	—	2.6～2.85
	11 下旬	—	2.7～3.0	2.7～3.2	—	2.45～2.7	2.8～3.0	2.65～2.9	—	—	2.45～2.7

典拠）「漢口米況」（『通商公報』第108号、1914年4月23日）280頁、「漢口に於ける米況」（『通商公報』126号・第142号・第199号・第295号、1914年6月29日・1914年8月24日・1915年3月23日・1916年3月6日）1,081～1,082頁・619頁・1,130頁・767～768頁より作成。1石は140斤。「漢口米況」（『通商公報』第323号、1916年6月12日）2頁、「漢口米況『6月』」（『通商公報』第436号、1917年7月23日）3頁、「漢口米況『11月』」（『通商公報』第479号、1917年12月20日）1頁より作成。なお、1917年11月には靖港米の在荷がなく、相場が立たなかったという。

第Ⅰ部　平時：民国前期（1912～37 年）

表 2-2　1922 年 6 月漢口における 1 石当たりの河下白米相場

（単位：両）

	府河米	襄河米	江西早生米	江西晩生米
上旬	5.5～5.95	5.55～6.05	5.6～5.9	6.2～6.4
中旬	5.7～6.15	5.75～6.3	5.8～6.1	6.4～6.6
下旬	5.75～6.2	5.8～6.25	5.85～6.15	6.45～6.65

典拠：「漢口米価『6 月』」（『通商公報』第 965 号、1922 年
7 月 31 日）28 頁より作成。河下米とは原産地より積載した
民船の中で売買する米であるという。

禁令」と四川省産米の「来集不能」により、米価が年々高騰した。また、産米量
の少ない宜昌では「所要米の大部分は四川湖南及沙市其他長江下流域各地方より
供給」されていたが、1922 年は「湖南米禁出、四川米出廻難等の為在荷不足勝」
となり、同年 5 月末に「銅貨価値の下落」によって米価は空前の高値となり、翌
6 月には漢口でも「銭価下落」と端境期のため、米価が高騰したという[35]。

　さて、表 2-1 と表 2-2 からは 1913～17 年と 1922 年における漢口の米相場の動
向を断片的ながら知ることができる。すなわち、漢口では湖北省産米よりもむし
ろ湖南（靖港・易俗河）・江西・四川などの外省産米が多く、米価は、1917 年を
除くと、むしろ端境期の 6 月が最も高く、同期間中に最も高かった 1922 年は逆
に最も低かった 1917 年の 2 倍強となっており、全体として最も高価だったのが
靖港米だった。また、1913 年の湖北省産米は平年作よりも約 1 割の増収だった
が、漢口に集まる米の約 6 割は湖南省産米だったので、1914 年には「湖南米移
出禁止の影響を受け漢口の米価前年同期に比し幾分騰貴し」[36]、同年 2 月は前年
より各米価がやや高かったが、1914 年 3 月と 6 月の米価は前年よりやや低かっ
た。そして、1917 年に 11 月の米価が端境期の 6 月よりも高かったのは、漢口市
場で最高値で取引されていた靖港米が入荷しなかったことが大きく影響したと考
えられる。

　なお、1922 年上半期における湖北省宜昌の白米卸売価格は、やはり端境期の
5 月と 6 月には米価が上昇しているが、各等級間の価格差はむしろ縮小していた
（表 3 を参照）。

　以上、湖北省は湖南省より産米量が少なかったが、湖北省漢口は湖南省産米な
どの集散地で、また、湖北省でも湖南省と同様に銅銭価値の下落が米価の高騰を

62

第 2 章　中国インディカ種米栽培地域における米事情

表 3　1922 年上半期における湖北省宜昌の白米卸売り相場　　（単位：銅貨吊）

	1 月	2 月	3 月	4 月	5 月	6 月
一等米①	21.6～24.6	28.4～29.8	24.4～27.2	24.6～29.0	29.0～30.6	29.6～31.0
①—②	1.0～1.0	0.9～1.2	1.8～0.8	1.8～0.1	0.1～0.8	0.6～0.5
二等米②	20.6～23.6	27.5～28.6	22.6～26.4	22.8～28.9	28.9～29.8	29.0～30.5
②—③	1.5～0	1.2～1.1	1.8～1.4	2.4～1.4	1.4～1.4	1.0～0.7
三等米③	19.1～23.6	26.3～27.5	20.8～25.0	20.4～27.5	27.5～28.4	28.0～29.8
①—③	2.5～1.0	2.1～2.3	3.6～2.2	4.2～1.5	1.5～2.2	1.6～1.2

典拠）「宜昌に於ける米状況」（『通商公報』第 965 号、1922 年 7 月 31 日）27～28 頁より作成。なお、銅貨 1 吊文は 1 仙銅貨百枚で、1 円は 1.7 吊文、銀 1 弗は 2.0 吊文である。

もたらしていた。

(4)　江西省

　江西省では、1910 年に「米穀の輸出太だ多くして制限なきより価格騰貴極度に達」したので、「米の輸送を禁止したるが市価充分に下落せず」、しかも、「新米の未だ出来せざる」時期に米の移出を解禁したために、米価が暴騰して「飢荒の惨状」を呈した[37]。

　平年作で毎年 100 万石の米を移出していた江西省でも、1912 年には主要な産米地の撫州地方が水災によって不作になったうえに、1912 年末～1913 年初めに江西省産米の移出量が多かったために、米価が 1 担（150～160 斤）8 元にまで暴騰し、1913 年初めには米穀を移入したという。そして、1914 年の報告によれば、江西省産米は安徽省蕪湖に密輸して蕪湖米として移出するものが少なくなかったが、米の移出を解禁した旧暦 1914 年正月以降、汽船による九江経由の移出米は皆無となり、江西省産米と蕪湖米・湖北省産米との間に「相当値開きあるにも拘はらず」、江西省では米の移出にさまざまな税が課された[38]。

　ところが、10 年来の豊作となった 1915 年は九江の米相場が大幅に下落したので、翌 1916 年 1 月に米の移出を解禁すると、江西省産米の移出量は 36 万担以上に達し、さらに、1917 年 1 ～ 6 月の移出量は約 56 万担に上った[39]。そして、1920 年 4 月 28 日に移出が禁止されたが、同年の米作が 5 ～ 6 分作とされ、米価は初夏に上海地方の暴騰につれて暴騰したが、8 月に新米が登場すると、一転して下落した。また、江蘇・安徽・江西 3 省は省内の民食を維持するために米の移

63

第I部　平時：民国前期（1912〜37年）

出を禁止したが、9月23日から大飢饉が発生した華北の「窮民救済の為米、麦、雑糧」の「出境を阻遏せざる」こととなった[40]。

1920年頃には鉄道で「南昌より九江に輸送し来る額増加し従て九江の米移出額を累年逓増し」、「米食欠乏」の「湖南方面に米を移出した」こと、1921年の水害・旱魃と「不良銅貨の増加」により、江西省の九江や南昌の米価は1922年1月上旬に前年同期より約3〜4割も高騰し、1922年7〜8月頃に江西省の米価は早稲の豊収によって一時下落したが、10月初旬には「晩稲が水害虫害風害等の影響を受け」たことと「他省よりの軍米買集及悪商人の買占等により」、米価は再び上昇した[41]。なお、1922年1月10日の米価は、九江では極上白米に次いで早稲の観音和米が高価だったのに対して、南昌では熟糯米と次糯米の2つの糯米がうるち米より高価で、うるち米では早稲の観音和米が最も高価だった[42]。また、観音和米の価格は、南昌より九江が160斤当たり29文（銭）高かった。

1924年の報告によれば、「江浙開戦と共に軍需品として」米が移出されたために、九江の米価は激しく騰貴したという。なお、「江西麦の生産は自給に足らず、米の生産のみが本省消費に供する外尚他省を助ける余力があり、その数は平年100万石以上」だったが、1924年の移出額は250万石に達したという。また、1916年の調査によれば、江西省では「小麦其ノ他ノ雑穀ノ産額少キヲ以テ米ノ消費ハ割合ニ多」かったという[43]。

以上、江西省産米は安徽省蕪湖に輸送されて蕪湖米に分類されることが多かった。

江西省の産米地は、「上流5区（贛河上、中、下3区、信河区、蕪河区を指す）」だけで約70％（1933年が67.65％、1934年が73.49％）を占め、「早稲が晩稲より多く各区中江湖区の早稲極少を除く外、余は早稲が比較的多く、其の中特に袁江区が最大」で、「河湖の傍らの低窪の場所は夏春に増水して常に淹没を被るため唯晩稲を栽培出来るのみ、山脚の稍々高い場所には秋季雨少く乾涸し易いため早稲の栽培が出来るのみ」で、「江河付近の農夫は晩稲を栽培する者多く山脚に近き農夫は早稲を栽培する者が多」かった[44]。

ところが、晩稲は「穀質柔かく、粘気あり、気味は芳香」で、生産量が比較的少なかったが、「大小城市の消費及び外省輸出の米は多く晩稲」だったことから、「早稲を留めて自己の食用に供し、少数の晩穀又は晩米を城中に運送し高価で売出して」いた。江西省の「各種米の形状は早米は大部分扁円で、晩米は大抵細長

64

い」とされ、また、新建県で生産された観音籼は非常に良質であり、収穫時期が晩稲にしては比較的早かったというから[45]、江西省では機晩米・上熟晩米・晩米などもすべてインディカ種米だったと考えられる。

南昌は「各河流の下流に位し、南潯鉄道の始点であるが故に全省米穀の加工の中心及び集散の市場」で、九江は江西米の移出港だった[46]。

そもそも、南昌は江西省内最大の消費市場で、「居住民の大部分は米を食し」、南昌の「機米廠と礱坊はいづれも穀子を購入し精米を発売するのを主要営業としてゐ」たので、江西省では「精米機は南昌に最も多く、贛、撫両河上流各米市が之れに次ぎ」、「上流各県は精米を持つ場合には直接九江に運往し、南昌に来る者」は8〜9割が「穀子」だったのに対して、「九江付近には産稲甚だ少く、陸路よりの来源絶無で外県より来るものは移出に準備されてゐる故全部精米」だったので、九江には精米機の設備はなかった[47]。

以上のように、江西省の主要な産米地では相当量の米が消費されたが、凶作でなければ、相当量の米を移出することができ、江西省産米は長江下流の安徽省蕪湖に輸送されて蕪湖米として移出されることが多かった。

(5) 安徽省・蘇北

1910年秋に安徽省北部を中心とする地域で大洪水があり、「秋収の皆無を来たし」、1911年春には江蘇・安徽の両省北部の飢餓民は合計300万人となり、蕪湖では旧暦7月6日にも大水害があり、米価が1石5両に暴騰した[48]。

1913年は旱魃によって蘇北の姜堰・興化・塩城・東台では3〜4割減、大運河筋の邵伯・高郵・揚州・宝応では3割減になったという[49]。

蕪湖米の移出量は、年平均約400万石（担）だったが、1910年は330万石余りで、1913年は240万石余りにとどまり、また、1914年は「江北一帯非常の旱魃を告げ」、「米作頗る不良となり」、安徽省南部最大の米市場だった宣城では籾100斤が当初1.5〜1.6元だったが、9月末に2元台となり、白米は4.4〜4.5元から5元台へ上昇した[50]。

1916年における安徽省の米作は「徽州、寧国、池洲、太平の4府は最も豊饒にして12分作」だったが、安慶・蘆州は8分〜9分作にとどまり、淮河一帯は「甚だしき水災を蒙り平年の半作にも及ばず」、平均8分作となった。「従来安徽米は一旦蕪湖米市場に集り更に此より各地に輸出せらる、慣例なりしが近頃津浦

第 I 部　平時：民国前期（1912～37 年）

線に吸収せらる、もの少なからず数年以来同地に集散する米穀に対し各種の税金を賦課することとなりたるを以て米商は」蕪湖に寄らずに直接移出したため、蕪湖の米市場は漸次衰退したという[51]。

1917 年春、江蘇・安徽・江西 3 省は「旱魃を来し殊に淮水一帯より南北安徽に亘りて甚だしく」、米・麦・雑穀の価格は一層高騰した[52]。

1922 年の報告によれば、蕪湖米には三河米・寧国米・南陵米・襄安米・無為米・江北米・盧江米・南関米があり、1919 年は「最も豊饒なるに加へ」、タイ・ベトナムの輸出禁止と投機業者がサイゴン米を日本・シベリアへ輸出した影響を受けて広東・汕頭の需要は終年減少しなかった。蕪湖米の仕向地は広東・汕頭を主とし、芝罘（煙台）・天津・廈門・上海などが次いだが、上海に移出された蕪湖米の約 3 分の 2 は再移出された。1921 年に安徽省北部の鳳台・阜陽・潁上・渦陽・霊壁・五河・懐遠・寿・宿・泗・天長と安徽省南部の繁昌・蕪湖・當塗・宣城が大水害に見舞われ、収穫が平年作の 4 割減となり、蕪湖では価格が暴騰したため、当局は 1921 年 10 月に「半年間米の輸出禁止を命じ」たが、依然高騰し続けたので、1922 年 4 月に米の移出禁止を継続した。なお、安徽省の主な稲作地は南部・中部の繁昌・蕪湖・當塗・宣城・南陵・太平・寧国・湾沚・青陽・西河・南郷・三河・和州・盧江・襄安・孔城・無為州・安慶・運漕・盧州と北部の鳳台・阜陽・潁上・渦陽・霊壁・五河・懐遠・寿・宿・泗・天長で、特に盧州府が有名だった[53]。

1922 年に安徽省産米は過去 10 年で最良の収穫高となったが、「米価の依然底落せざる」は不作の浙江省が安徽省から購入し、また、タイ・ベトナムが豊作だったため、蕪湖より「購運するもの少く為に蕪湖米の販路は遂に近隣数省内に制限せられたり農家が敢て売急を為さず寧ろ後日好相場に乗じ搬出せんとし一時貯蔵米を出惜」しんだために、1922 年の「海関通過米穀輸出高」は前年の 2,248,117 担から過去 27 年で最少の 829,710 担へ激減した。このうち、269,319 担は上海へ、211,742 担は汕頭へ、128,831 担は寧波へ、72,880 担は漢口へ、55,887 担は芝罘へ、13,536 担は天津へ移出された[54]。

1923 年の安徽省産米は平均 9 分作で、早稲は安値となり、古米も下落し、しかも、江西省産米の移出が解禁されたため、年末まで蕪湖米の価格は上昇しなかったが、7 ～ 8 月、安徽省は「金融逼迫を告げ先方買手は現品を入手せざれば送金し来らず一方売手たる農家は現金を得ざれば現品引渡を肯ぜず銭荘も亦容易

第 2 章　中国インディカ種米栽培地域における米事情

に資金の融通に応ぜざる為」に、「農家と買手側との直接商談取引開始」し、蕪
湖を「経由せず民船にて上海方面へ輸出せらる、もの漸く多数に上りつ、あ」っ
た。また、1923 年は従来紹興酒醸造用に供給されてきた無錫米の価格が騰貴し
たために、蕪湖米が新たに浙江省紹興へ移出された[55]。

　1927 年春に李宗仁の軍隊が蕪湖に駐屯した際、民食維持の名目で安徽米の北
方への移出を禁止したため、6 分作だったが、米価は下落した[56]。

　安徽省は平年作の約 4,000 万石のうち約 250 万石を移出していたが、1930 年
は 1925 年以来の豊作とされ、約 400 万石の移出が見込まれ、「当局にては時局の
為禁止中の大連、芝罘、安東方面への移出を 9 月 1 日より解禁せんとし」てい
る。だが、1929 年度米は約 5 分作の不作だったが、蕪湖米の「大量買付客たる
広、潮の両帮」が広東でサイゴン米を大量に輸入し、「且其相場は蕪湖米に比し
石 1 元強の安値なる為常に買付を傍観し居りしにも拘らず一面江蘇、両湖、江西
等の各地の不作」と 1930 年 2 月 11 日の江西「省米輸禁令公布と前後して各省も
米の輸出を禁じたる為漢帮の活動と上海方面への煙台帮の買付旺盛となり、加へ
て中央の軍用米の買付約 4 万担に達せる等ありて」、1929 年末に 10 元だった米
価は 1930 年春に 13 元に高騰し、4 月末には蕪湖地方で民食が欠乏し、「蕪湖当
局は米価の公定相場 16 元を公布したれども其効なく」、5 月 7 日から 3 か月間に
約 38,000 石のサイゴン米が廉売されたが、6 月以降は米価が 18 元台となっ
た[57]。

　広東・福建・浙江および華北諸省の米穀商人は蕪湖に「来集して米を買付け以
て各地の米の需要に充当し」、あるいは、「広州、潮州、寧波、芝罘等の米穀商は
何れも代表を蕪湖に駐在せしめて米を買集め」たとされている[58]。

　なお、1916 年の調査によれば、蕪湖米は「多大ノ余剰米」があり、「江蘇米、
江西米ニシテ蕪湖ニ来リ安徽米ト称スル」米は非常に少なかったという[59]。

　1921 年以前に蕪湖米市に出回る米は、三河（100 万石）、南陵（90 万石）、寧
国・盧江（各 80 万石）、襄安（60 万石）、盧州（40 万石）、太平（30 万石）から
の米が多かった[60]。

　さらに、1912〜16 年には安徽省蕪湖と上海との 1 石当たりの米価の較差は最
大で 3.016 元（1912 年）あったが、1914 年には 0.44 元となり、その較差の変動
は非常に激しかった[61]。

　安徽省で「米食（米食 2 食朝食は主として麦粉を食す）をなす」者は全人口の

67

第 I 部　平時：民国前期（1912〜37 年）

ほぼ半分の約 1,000 万人で、同省北部の大部分の農民は「麦食にして、又同地方
山地の農民中芭芦、粟、甘薯等を常食とし 1 週間乃至 10 日間に 1 食位の米食を
なす住民約 2、300 万人以上に上」ったという。また、蕪湖地方のうち和県・巣
県・当塗・繁昌・蕪湖の低湿地では「遅水稲（遅蒔）」の地域が多く、生産量が
多かった盧州・巣県北部・三河・盧江・無為・運漕などでは「早水稲（早蒔）」
の地域が多かった[62]。

　1930 年の史料によると、安徽省江淮地方は「従来小麦 1 畝に付 1 担の収穫を
得ば好き収穫と見做され」ていたが、1915 年には「1 畝に付 2 担の収穫あり大
麦及裸麦も亦豊収を告げ秋作」は、「殊に豆類、落花生及芋（冬季貧民の食料）
の作柄良好」だった[63]。

　以上、しばしば水害に見舞われた安徽省は中国最大の米の仕出地で、蕪湖米の
主要な移出先となっていた華南では東南アジア産米との間で激しい価格競争を展
開していた。

おわりに

　民国前期中国における食糧農産物の生産・消費の連鎖的構造の中で、インディ
カ種米はジャポニカ種米と小麦の間に位置していた。日本が中国で買い付けたの
はジャポニカ種米だったが、これによって中国で生じたジャポニカ種米の価格上
昇はインディカ種米の価格上昇をも引き起こしたと考えられる。

　中華民国前期の中国では、食糧の流通を市場経済の原理に任せておいては、重
大な社会不安さらには政情不安を引き起こすことにもなりかねなかったために、
主要な米産地においても各省政府はしばしば米の移出を禁止する措置をとった。

　中国の中で最も中心的な米産地とみなされてきた長江中流域の湖北省・湖南省
や江西省あるいは長江下流域の安徽省でさえも、20 世紀前半には必ずしも安定
的に米を移出することはできなかった。それは、辛亥革命後の政情不安や軍閥割
拠・内戦などによる政治的不安定に加えて、銀両の局地的不足（金融制度の不
備）や米穀に対する種々の付加税などによる流通への阻害要因が大きく関わって
いた。さらに、天候不順による凶作も加わって、しばしば局地的に極度の食糧不
足をもたらし、米価の高騰をまねいていた。そして、やや長期的に見ると、華
中・華南の沿海地域で米作から他の作物への転作が起こっていたことが米の生産
量の減少と米に対する需要の増大と米不足をもたらしていた。

第2章　中国インディカ種米栽培地域における米事情

注

⑴　詳細は、拙稿「中華民国時期中国の食糧事情に関する調査と研究について」(『近代中国研究彙報』第28号、2006年3月)を参照されたい。

⑵　岸本清三郎「中支水稲増産の基本的諸問題」(『満鉄調査月報』第21巻第7号、1941年7月)151頁。

⑶　同上、142頁。また、天野元之助「支那に於ける水稲栽培」(『満鉄調査月報』第22巻第5号、1942年5月)においても、「秈」米は「粳米に比して食味は不良であるが、値段が安い上に釜殖歩合が高く、腹持ちが長い関係上」、「貧窮者の需要にも適合し」ているのに対して、「粳米は一般に品質良く」、「高価に販売されるが、生活水準の高い一部階級の需要」を充たすものと捉えられている(3頁)。

⑷　郭文韜・曹隆恭主編『中国近代農業技術史』中国農業科技出版社(1989年)141頁。

⑸　斉藤清「揚子江三角洲地帯の水稲に関する研究―第4報　粳稲及秈稲自然交雑後代と推定される部分不稔稲に就て―」(『日本作物学会紀事』第16巻第1・2号、1946年10月)108頁。

⑹　梁慶椿『非常時期浙江糧食統制方案』国立浙江大学農学院専刊第3号(1935年?)3頁。

⑺　前掲、岸本清三郎「中支水稲増産の基本的諸問題」145～151頁。

⑻　前掲書、天野元之助『中国農業史研究／増補版』412～413頁。

⑼　岸本清三郎「中南支の雙季稲に関する一考察」(『満鉄調査月報』第24巻第2号、1944年2月)14頁。

⑽　農商務省『支那ノ米ニ関スル調査』(1917年)8～9頁。

⑾　同上書、67頁・111頁・136頁・158頁・195頁・232頁。

⑿　「蕪湖米近況」(『通商公報』第945号、1922年5月29日)7頁。

⒀　「防穀税の撤廃(下)」(『支那』第9巻第18号、1918年9月15日)2頁。

⒁　「支那に於ける米需給状況」(『通商公報』第997号、1922年11月6日)38頁。

⒂　「重慶の米価騰貴(中外日報)」(東亜同文会『支那調査報告書』第1巻第4号、1910年8月15日)47頁。

⒃　「重慶地方産米に付て」(『通商公報』第94号、1914年3月5日)2頁。

⒄　「四川省米作状況」(『通商公報』第153号、1914年10月1日)32頁。

⒅　「重慶地方稲作概況」(『通商公報』第354号、1916年9月28日)40頁。

⒆　前掲書『支那ノ米ニ関スル調査』222～226頁。

⒇　「重慶稲作状況『大正8年』」(『通商公報』第722号、1920年4月29日)22頁。

㉑　平漢鉄路管理局経済調査班編『重慶経済調査』上巻(1940年11月)187頁。

㉒　「湖南に於ける米」(『通商公報』第9号、1913年5月1日)12～13頁。

㉓　「湖南米騰貴の原因」(『通商公報』第73号、1913年12月11日)4～5頁。「湖南米移出禁止」(『通商公報』第104号、1914年4月9日)34頁。「湖南米移出解禁」(『通商公報』第155号、1914年10月8日)22～23頁。「湖南米移出禁止期」(『通商公報』第192号、1915年2月25日)37頁。「湖南米移出解禁」(『通商公報』第272号、1915年12月6日)25頁。「湖南米作状況」(『通商公報』第281号、1916年1月17日)34頁。

㉔　「湖南米の近状」(『支那』第10巻第3号、1919年2月1日)13～15頁。

第 I 部　平時：民国前期（1912～37 年）

⑳　「湖南米集散概況」（『通商公報』第 637 号、1919 年 7 月 14 日）4～5 頁。

㉖　「湖南米輸出状況」（『通商公報』第 828 号、1921 年 4 月 28 日）13 頁。「湖南省飢饉と雑穀
　　輸出禁止」（『通商公報』第 886 号、1921 年 11 月 7 日）23～24 頁。「湖南米穀輸出禁止後の
　　状況」（『通商公報』第 929 号、1922 年 4 月 6 日）19 頁。「湖南省雑穀移出解禁」（『通商公
　　報』第 978 号、1922 年 9 月 7 日）35 頁。「湖南米輸出解禁後の情況」（『通商公報』第 1,010
　　号、1922 年 12 月 11 日）15 頁。「湖南米禁輸布告」（『通商公報』第 1,179 号、1924 年 7 月
　　14 日）電報 2 頁。

㉗　張人价編『湖南の米穀』支那経済資料 14、生活社（1940 年）33～34 頁。

㉘　同上書、37 頁。

㉙　平漢鉄路管理局経済調査班編『長沙経済調査』支那経済資料 1、生活社（1940 年）
　　155～158 頁。なお、調査は 1935 年に行われている。

㉚　同上書、159～160 頁。

㉛　「漢口市場一斑」（『支那調査報告書』第 2 巻第 5 号、1911 年 3 月 15 日）23 頁。「米価騰貴
　　と汽車積禁止」（『支那調査報告書』第 2 巻第 12 号、1911 年 6 月 20 日）30 頁。

㉜　稲作状況『浙江省、湖北省及江西省』（『通商公報』第 77 号、1913 年 12 月 25 日）
　　39～40 頁。「漢口附近米作状況」（『通商公報』第 71 号、1913 年 12 月 4 日）32 頁。

㉝　「漢口米況」（『通商公報』第 108 号、1914 年 4 月 23 日）4 頁。「漢口に於ける米況」（『通
　　商公報』第 142 号、1914 年 8 月 24 日）8 頁。

㉞　「漢口に於ける米況」（『通商公報』第 199 号・第 295 号、1915 年 3 月 23 日・1916 年 3 月
　　6 日）8 頁・1 頁。「漢口に於ける米価騰貴」（『通商公報』第 300 号、1916 年 3 月 23 日）
　　16 頁。「漢口米況」（『通商公報』第 323 号、1916 年 6 月 12 日）1 頁。

㉟　「漢口米況『6 月』」（『通商公報』第 436 号、1917 年 7 月 23 日）3 頁。「漢口米況『11
　　月』」（『通商公報』第 479 号、1917 年 12 月 20 日）1 頁。「沙市地方米作状況」（『通商公報』
　　第 572 号、1918 年 11 月 21 日）11 頁。「宜昌に於ける米状況」（『通商公報』第 965 号、1922
　　年 7 月 31 日）27～28 頁。「漢口米価『6 月』」（『通商公報』第 965 号、1922 年 7 月 31 日）
　　28 頁。

㊱　「漢口米況」（『通商公報』第 108 号、1914 年 4 月 23 日）280 頁。

㊲　「江西省の穀価暴騰」（『支那調査報告書』第 2 巻第 15 号、1911 年 8 月 5 日）29 頁。

㊳　「江西省米価騰貴」（『通商公報』第 32 号、1913 年 7 月 21 日）5 頁。「稲作状況『浙江省、
　　湖北省及江西省』」（『通商公報』第 77 号、1913 年 12 月 25 日）40 頁。「江西米移出解禁」
　　（『通商公報』第 91 号、1914 年 2 月 23 日）17 頁。「江西米移出解禁『続報』」（『通商公報』
　　第 94 号、1914 年 3 月 5 日）1 頁。「江西米移出状況」（『通商公報』第 130 号、1914 年 7 月
　　13 日）2 頁。

㊴　「九江米相場」（『通商公報』第 283 号、1916 年 1 月 24 日）1 頁。「江西米輸出状況」（『通
　　商公報』第 443 号、1917 年 8 月 16 日）24 頁。

㊵　「江西省米輸出禁止」（『通商公報』第 748 号、1920 年 7 月 26 日）34 頁。「江西省の米作」
　　（『通商公報』第 778 号、1920 年 11 月 1 日）24～25 頁。

㊶　「江西省に於ける米需給状況」（『通商公報』第 911 号、1922 年 2 月 6 日）27～29 頁。「江
　　西地方に於ける米価」（『通商公報』第 1,002 号、1922 年 11 月 20 日）19 頁。

70

第 2 章　中国インディカ種米栽培地域における米事情

⑷　「江西省に於ける米需給状況」(『通商公報』第 911 号、1922 年 2 月 6 日) 28 頁。

⑷　「物価騰貴 (九江)」(『通商公報』第 1,201 号、1924 年 9 月 29 日) 35 頁。「序言」(社会経済調査所編『江西糧食調査』1940 年 8 月)。前掲書『支那ノ米ニ関スル調査』136 頁。

⑷　江西省農業院農業経済科編『江西米穀運銷調査』支那経済資料 8、生活社 (1940 年) 11〜13 頁。なお、同書は、江西省農業院農芸部農業経済組編『江西米穀運銷調査』江西省農業院専刊第 9 号 (1937 年 1 月) を翻訳したものであるという。

⑷　同上書、13 頁・16 頁。

⑷　社会経済調査所編『江西糧食調査』支那経済資料 7、生活社 (1940 年) 序。原典は 1935 年刊行 (行政院農村復興委員会秘書処) か。

⑷　同上書、24 頁・73 頁・93 頁・106 頁。

⑷　「中清一帯飢饉の惨状」(『支那調査報告書』第 2 巻第 7 号、1911 年 4 月 5 日) 34 頁。「江北の飢饉」(『支那調査報告書』第 2 巻第 10 号、1911 年 5 月 20 日) 34 頁。「蕪湖の米輸出禁止の議」(『支那調査報告書』第 2 巻第 19 号、1911 年 10 月 5 日) 31 頁。

⑷　「稲作状況『江蘇省・湖南省』」(『通商公報』第 80 号、1914 年 1 月 15 日) 42〜43 頁。「安徽の凶作 (時報)」(『支那』第 4 巻第 23 号、1913 年 12 月 1 日) 70 頁。

⑸　「蕪湖米輸出額」(『支那調査報告書』第 2 巻第 5 号、1911 年 3 月 15 日) 22〜23 頁。「安徽米商況」(『通商公報』第 184 号、1915 年 1 月 28 日) 2 頁。

⑸　「安徽米蕪湖出廻状況『大正 5 年』」(『通商公報』第 414 号、1917 年 5 月 7 日) 1 頁。

⑸　「両江地方旱魃と農作物の被害」(『通商公報』第 421 号、1917 年 5 月 31 日) 27〜28 頁。

⑸　「蕪湖米近況」(『通商公報』第 945 号、1922 年 5 月 29 日) 6〜11 頁。

⑸　「蕪湖貿易年報『大正 11 年』」(『通商公報』第 1,083 号、1923 年 8 月 9 日) 1〜4 頁。

⑸　「安徽米下落」(『通商公報』第 1,086 号、1923 年 8 月 20 日) 3 頁。「蕪湖米年末市況」(『通商公報』第 1,123 号、1924 年 1 月 14 日) 4 頁。「米輸出状況 (蕪湖)」(『通商公報』第 1,124 号、1924 年 1 月 17 日) 12〜13 頁。

⑸　「蕪湖地方米作柄」(『海外経済事情』第 32 号、1928 年 10 月 15 日) 9〜10 頁。

⑸　「米作柄状況並相場 (蕪湖地方)」(『海外経済事情』第 3 年第 43 号、1930 年 10 月 27 日) 62〜63 頁。

⑸　「序文」(社会経済調査所編『蕪湖米市調査』1940 年 8 月)。

⑸　前掲書『支那ノ米ニ関スル調査』111〜116 頁。

⑹　「蕪湖米近況」(『通商公報』第 945 号、1922 年 5 月 29 日) 6〜11 頁。

⑹　「防穀税の撤廃 (下)」(『支那』第 9 巻第 18 号、1918 年 9 月 15 日) 3 頁。

⑹　「蕪湖地方米作柄」(『海外経済事情』第 32 号、1928 年 10 月 15 日) 10 頁。「米作柄状況並相場 (蕪湖地方)」(『海外経済事情』第 3 年第 43 号、1930 年 10 月 27 日) 62 頁。

⑹　「江淮地方の収穫状況」(『通商公報』第 244 号、1915 年 8 月 26 日) 35 頁。

第3章　江蘇省・浙江省における米事情

はじめに

　宋代に「蘇浙（蘇湖）熟すれば天下足る」（「蘇浙」は江蘇省と浙江省、「蘇湖」は蘇州府と現在の呉興市である湖州府）と言われていたが、明代後期の16世紀には「湖広（両湖）熟すれば天下足る」（「湖広」は湖北省・湖南省）と言われるようになり、主要な米産地が江蘇省・浙江省の長江下流域から湖北省・湖南省などの長江中流域へ移行した。一方、江蘇省と浙江省では稲作よりも収益性が高い棉花・綿糸・綿布や桑・繭・生糸の生産へ転換し、多くの農民が食用米を購入するようになった。

　日中全面戦争以前にも上海市を含む江蘇省とその南に隣接する浙江省は主要な米産地だったが、米産量が農業生産量全体に占める割合や稲作が農村経済全体に占める位置は県ごとによってかなりの差異があり、また、インディカ種米とジャポニカ種米がともに栽培され、かつ消費されていたことが、当該地域における米生産の複雑性をよりいっそう高めていたと言える。

　前章ではインディカ種米の主要な生産地について考察した。そこで、本章では、ジャポニカ種米の主要な生産地である江蘇省と浙江省の流通面を含む農村経済が米の生産をめぐって相互にいかなる関係性を形成しながら展開していたのかについて分析し、その農村経済構造の特質を明らかにしたい。

1．江蘇省

　1935年刊行の調査報告書には「上海の米穀消費量は、毎年必ず約600万市石前後となり、国内各地に冠絶し」、「常州、無錫、蘇州、松江、太倉の江蘇、浙江に及ぶ境内の産米各地の余米は、多くは上海が最後の市場となつてゐる以上、安徽、江西、湖南諸省の客籼（うるち米）の上海に運輸せられるもの亦少くなく」、しかも、インド・ベトナム・タイなどの「外米の輸入も亦頗る多」かったとある[1]。

73

第Ⅰ部　平時：民国前期（1912～37年）

　また、1916年の調査によれば、「江蘇省ノ米ハ支那第一ノ優良米ト称セラル丸
粒」で、日本米に類似していたが、米の「省外移出ヲ禁止セシ以来農民ハ自家消
費ノ外ニ多額ノ生産ヲ為スヲ好マス寧ロ外国輸出又ハ省外移出ノ自由ナル大豆、
綿花類ノ栽培ヲ為シ殊ニ上海付近ニ於テハ米作ヲ廃止シテ綿花ヲ栽培スルモノ
益々増加」していたという(2)。

　上海市民の米消費量は1日平均7,000～8,000石に達し、主に江蘇・安徽・江
西・湖北の各省から供給されていたが、「常ニ食糧ノ不安ヲ有スルヲ以テ江蘇省
ニ於テハ米穀維持ノ必要上軍用米ノ他ハ米ノ省外移出ヲモ禁止シ」たが、「奸商
ハ他省米ノ運漕ニ藉シテ多量ノ江旧米ヲ移出シタル結果遂ニ在米ノ不足」に加え
て、1919年は長江流域が不作だったため、米価は5月頃の1石（日本の約6斗）
6元台から翌1920年5月中旬に9元台、6月末に15元となり、7月2日には
「米穀公所ハ米1担ノ最高価格ヲ14弗ト限定」し、また、「奥地方面ヨリノ出廻
モ次第ニ増加」した結果、米価も漸次下落した。だが、1922年1月に
9.16～10.8元（平均9.98元）だった上海の米価は、その後、騰貴して7月には
13.4～14.7元（平均14.05元）となり、8月にようやく下がった(3)。

　1914年の「蘇州附近に於ける稲作は夏季雨量少なかりしを以て高地は旱魃の
為め被害甚しきも低地は灌漑の便あり良作にして目下平均7分作」と予想され、
米価は前年より少し安くなり、1917年6月には「降雨なく米価騰貴し」たが、
数日後に「内地不穏を慮りたると高価なりしとの為め農民の売却するもの増加
し」、米価が下落したという(4)。

　無錫に米穀市場が成立したのは、「湖南、湖北、安徽、江西の米は、過剰でぜ
ひとも移出せねばならぬのに、福建、浙江、広東、広西は米が不足で、ぜひ移入
する必要があ」り、「無錫は米産地の安徽に近く、米不足の浙江に隣して」いた
からだという(5)。

　上海への移入米の約4分の1を占めたとされる常熟米の上海への供給量は平年
約80万～90万担で、常熟米の豊凶も「上海米穀市場ニ影響」した。また、寧波
地方の産米量も需要米の7割を充たすにすぎず、他の3割の約43万担を他省か
らの供給に仰ぎ、「水害ニ基ク農産物ノ不作ハ米価ノ暴騰ヲ来シ」た(6)。

　1915年、南京では「陰雨已まず米価日に昂騰する為め貧窮の小戸は将に断炊
緘口の歎を発」し、政府は「積穀倉より米穀数千石を発給し」、城北の阮旦南学
堂と城西の朝天宮に平糶局を設け、4月20日より貧民に販売した(7)。

74

第3章　江蘇省・浙江省における米事情

⑴　米の生産

　1935 年刊行の調査報告書には、上海の米消費量は毎年約 600 万市石で、「国内各地に冠絶し」、「常州、無錫、蘇州、松江、太倉の江蘇、浙江に及ぶ境内の産米各地の余米は、多くは上海が最後の市場となつてゐる以上、安徽、江西、湖南諸省の客秈（ウルチ米）の上海に運輸せられるもの亦少くなく」、また、インド・ベトナム・タイからの輸入も非常に多かったとある[8]。

　江蘇省では、蘇南の無錫・常熟・呉江・武進・崑山・宜興・江陰・呉・青浦 9県と蘇北の中部（裏下河地区）の東台・高郵・宝応・江都・泰 5 県が最も稲作が盛んだったが[9]、1921 年の調査報告書では江蘇省の主な産米地の中から蘇北の各県を除外しており、また、1916 年の調査は 1 畝当たりの産米量について蘇南の上海・常熟 2 県が 2.5 石、蘇南の松江・蘇州・太倉・無錫 4 県と蘇北の通州が2.0 石、蘇南の江寧県と蘇北の揚州が 1.5 石、淮安県・徐州が 1.0 石だったとし[10]、全体的傾向として蘇南より蘇北における米の生産性が低かった。

　表 1 ～表 3 から 1930 年・1932 年・1935 年の上海市・蘇南・蘇北における稲作面積と産米量を見てみると、上海市では稲作面積が最も広かった松江県でさえも約 60 万畝で、生産量は 150 万担にすぎなかったのに対して、蘇南では呉県の稲作面積が 150 万畝を超え、武進県の生産量が 1935 年に 800 万担を超え、また、蘇北でも数県の稲作面積が 150 万畝を超え、高郵県の生産量が 1935 年に 700 万担を超えた。

　そして、上海市の稲作面積は松江、青浦・南匯・金山の各県の順に広く、1935年は 1930 年に比して、青浦県では 2 倍近くに拡大し、松江・金山・奉賢 3 県でも拡大したものの、その他の県では減少しており、米産量は 1930 年と 1932 年には松江・青浦・南匯・金山の各県の順に多かったが、1935 年には青浦、松江、金山、南匯の順になっていた。この中でも、特に 1930 年代前半に青浦県では稲作面積と米産量がともに拡大・増加した点が目立つが、これは 20 世紀になって青浦県で棉花から稲への転作が起こったことを反映したと考えられる[11]。

　なお、余剰米があった松江・青浦・金山 3 県以外の上海市の各県は不足米を移入し、蘇南では武進・常熟・宜興・呉江・溧陽・江寧 6 県の稲作面積が広く、呉・無錫・江陰 3 県がこれに次ぎ、この中には 1935 年に 1930 年よりも稲作面積が拡大して余剰米を生じた県もあり、呉・丹陽・江陰 3 県では大量の食用米が不足していた。なお、金壇・呉県・丹陽 3 県ではうるち米よりも糯米の生産が多

75

第Ⅰ部　平時：民国前期（1912～37 年）

表1　上海市9県の稲作面積と生産量　　　　　　　　　（単位：万畝・万担）

| 県名 | 1930 年 | | | | | | 1932 年 | | | 1935 年 | |
| | 面　積 | | | 生産量 | | | 生産量 | | | 面積 | 生産量（余剰・不足量） |
	合計	ウルチ米	モチ米	合計	ウルチ米	モチ米	合計	ウルチ米	モチ米		
松江	57.2	57.2	0	132	132	0	150.1	150.0	0.1	62.8	149.3（＋27.8）
青浦	37.7	34.1	3.6	103	93	9	114.2＋	109.8	4.3	63.2	150.2（＋62.0）
南匯	37.2	31.2	6.0	101	96	15	72.0	65.3	6.6	32.5	64.5（－77.4）
金山	24.2	20.5	3.7	72	61	11	55.0＋	44.0	11.0	29.6	98.7（＋4.7）
嘉定	23.1	18.8	4.3	60	49	14	21.2	17.0	4.2	12.7	24.9（－20.0）
宝山	17.7	16.5	1.2	49	46	3	21.7	16.5	5.1	14.1	27.5（－12.4）
上海	14.3	12.9	1.4	36	33	2	36.3	33.4	2.9	6.7	15.8（－19.7）
奉賢	9.7	7.3	2.4	22	16	5	29.4	29.4	0	21.1	27.6（－40.5）
川沙	6.4	5.3	1.1	19	16	3	13.0	12.0	1.0	4.2	9.0（－27.0）
総計	227.5	203.8	23.7	594	542	62	512.9	477.4	35.2	246.9	567.5

典拠）1930 年と 1932 年は実業部国際貿易局編『中国実業誌（江蘇省）』（1933 年）第5編10～19 頁・35～38 頁、1935 年は中国銀行経済研究室『米』106～110 頁（ただし、面積が『実業部月刊』、生産量が『江蘇建設月刊』第3巻第4期に拠ったとしている）より作成。なお、1932 年の生産量の「＋」は余剰米があったことを表している。また、比較に便するため、1935年の生産量の単位を市斤から担へ換算し直した。

かった。さらに、蘇北で主要な稲作地の高郵・塩城・阜寧・興化・江都・泰・宝応・淮安8県の裏下河地区で大量の余剰米があったが、如皋・靖江・崇明・江都・南通・東台・海門7県の長江沿岸部では食用米が不足していた。

　次に、表4から蘇南と蘇北における米生産の上位5県と上位10県を比べると、1930 年と 1935 年には作付面積は蘇北が蘇南より広かったが、生産量では 1930年と 1932 年は蘇南が蘇北より多く、1935 年には蘇北が蘇南を上回った。このように、蘇北の主要な米産地が作付面積と生産量では蘇南とほぼ拮抗していた。また、1930 年と 1935 年の1畝当たりの生産量は上海と蘇南で減少したのに対し

76

第3章　江蘇省・浙江省における米事情

表2　蘇南18県の稲作面積と生産量　　　　　　　　　　（単位：万畝・万担）

県名	1930年 面積 合計	面積 ウルチ米	面積 モチ米	1930年 生産量 合計	生産量 ウルチ米	生産量 モチ米	1932年 生産量 合計	生産量 ウルチ米	生産量 モチ米	1935年 面積	1935年 生産量（余剰・不足量）
呉県	159	⑧66	92	③393	⑨169	223	⑥258	199	58	②153	③310 (−64)
昆山	111	②89	22	⑤320	③259	61	⑬138＋	132	6	⑧103	⑪146 (＋62)
溧陽	104	⑦80	23	①441	②349	92	②375＋	300	75	⑥107	④304 (＋76)
宜興	103	①95	8	②425	①392	32	①425＋	392	32	④119	②449 (＋116)
無錫	102	⑥82	19	⑦298	⑤244	54	⑤270	260	10	⑨102	⑥291 (＋14)
武進	99	③86	13	⑥299	③259	39	⑨170＋	160	10	①158	①846 (＋144)
江寧	98	④85	12	④332	⑥215	117	③372＋	360	12	⑦103	⑨240 (＋16)
常熟	95	⑤84	10	⑨238	⑦211	27	④300＋	250	50	③135	⑧241 (＋32)
丹陽	79	48	30	⑩237	142	95	⑪158	94	63	⑱29	⑫134 (−102)
呉江	72	⑨54	18	⑪228	⑩164	54	⑦250＋	225	25	⑤118	⑩190 (＋13)
江陰	70	⑩53	17	⑧255	⑧192	62	⑩166＋	133	33	⑪77	⑤296 (−143)
金壇	68	30	37	⑫194	91	102	⑫153	73	80	⑩81	⑦290 (＋138)
鎮江	55	49	6	⑮123	113	13	⑱38	28	9	⑬43	⑰61 (−31)
句容	52	49	2	⑬150	142	8	⑧181＋	158	23	⑫60	⑬108 (−9)
高淳	42	37	5	⑯107	91	16	⑭138	130	8	⑮30	⑭91 (＋14)
太倉	23	19	3	⑰69	58	11	⑰43	40	3	⑰30	⑱43 (−30)
揚中	20	17	2	⑱65	57	8	⑯45	40	0.5	⑯30	⑯64 (−61)
溧水	17	11	6	⑭129	110	18	⑮122＋	120	2	⑭42	⑮80 (−59)
総計	1,369	1,034	325	4,330	3,258	1,032	3,653	3,094	499.5	1,572	4,490

典拠）表1に同じ。なお、表中の①・②・③などは順位を示す。

第Ⅰ部　平時：民国前期（1912〜37年）

表3　蘇北27県の稲作面積と生産量　　　　　　　　　　（単位：万畝・万担）

県名	1930年						1932年			1935年	
	栽培面積			生産量			生産量			面積	産量
	合計	ウルチ米	モチ米	合計	ウルチ米	モチ米	合計	ウルチ米	モチ米		（余剰・不足量）
塩城	161	①160	1.0	②371	②369	2	②247	246	1.4	②189	④451（＋180）
高郵	150	②139	0.7	①454	①422	31	⑩90	50	40	①199	①704（＋304）
宝応	138	⑧79	8.4	④323	⑦204	119	③215	136	9.4	⑦99	⑥294（＋81）
興化	125	③125	0	③344	③344	0	⑲16	0	16.3	④167	②496（＋44）
江都	119	④119	0	⑥239	④239	0	①371	347	4.4	⑤151	⑤424（－51）
如皋	118	⑥84	0.4	⑤315	⑤226	88	④210	151	59.0	⑭22	⑮40（－202）
南通	92	⑤92	0	⑦218	⑥218	0	⑦103	80	23.5	⑩65	⑧258（－51）
泰県	84	⑦78	6.2	⑧200	⑧187	13	⑤134	125	9.0	⑥134	③481（＋16）
淮安	70	⑩59	1.3	⑨186	⑨163	23	⑥124	108	15.8	⑧96	⑨254（＋81）
東台	67	⑨63	4.2	⑪147	138	9	⑧98	92	6.1	⑨83	⑩243（－72）
六合	58	52	5.6	⑩161	147	13	⑮42	41	0.4		
阜寧	58	35	3.3	⑮114	74	43	⑯25	55	10.0	③175	⑦259（±0）
儀徴	55	46	9.9	⑬141	119	22	⑬50	50	2.0	⑮22	⑭78（－41）
靖江	47	43	4.7	⑫164	⑩150	14	⑪66	45	21.1	⑬32	⑫146（－463）
泰興	39	36	2.9	⑭127	118	8	⑫62	62	0	⑪48	⑪202（＋96）
崇明	34	28	5.8	⑯102	87	15	⑨90	72	18.0	⑫40	⑬96（－444）
沭陽	27	13	3.5	⑰53	27	26	0	0	0	⑲12	⑱11（－1）
海門	25	22	3.2	⑱52	45	6	5	5	0.7	0.6	2（－58）
江浦	17	13	3	⑲43	34	6	⑭47＋	45	2	⑯18	⑯38（＋3）
贛楡	14	6	8.4	⑳30	13	17	⑱20	8	11.5	⑰18	2（－14）
啓東	8	4	4.2	13	6	6	2	2	0	1	0.8（－4）
東海	8	4	4.2	21	11	9	⑰24	18	6.1	⑱17	⑰16（－9）
灌雲	5	5	0	17	17	0	⑳11	11	0	0	0
泗陽	5	5	0	9	9	0	0	0	0	0	0
宿遷	0.9	0.9	0	1	1	0	0.2	0.2	0	1	0.07（－0.8）
銅山	0	0	0	0	0	0	0.4	0.4	0	0	0
邳県	0	0	0	0	0	0	0	0	0	1	0.008（－0.08）
総計	1,524.9	1,310.9	80.9	3,859	3,368	472	2,126.6	1,749.6	256.7	1,743.6	4,714.878

典拠）表1に同じ。なお、表中の①・②・③などは順位を示す。また、空欄はデータなし。

て、蘇北では増加しており、1930年には蘇南が高く、上海と蘇北がほぼ同程度だったが、1935年には、上海が最も低く、蘇北が蘇南にほぼ同程度まで近づいており、蘇北だけが米の生産性を向上させている。

　上海地区のうち金山県以外では米が不足し、川沙・南匯・奉賢3県では稲作よりも棉作が盛んで、産米量は非常に少なく、松江・青浦2県から米を供給さ

第3章　江蘇省・浙江省における米事情

表4　上海・蘇南・蘇北の米生産の比較　　　　（単位：万畝・万担・担）

| | | 1930 年 | | | 1932 年 | 1935 年 | | |
		栽培面積	生産量	担／畝	生産量	栽培面積	生産量	担／畝
上海	上位5県	179.4	468	2.6	412.5	200.8	487.6	2.4
	9県全て	227.5	594	2.6	512.9	246.9	567.5	2.2
蘇南	上位5県	579	1,911	3.3	1,742	683	2,205	3.2
	上位10県	1,022	3,238	3.1	2,767	1,179	3,457	2.9
	18県全て	1,369	4,330	3.1	3,653	1,572	4,490	2.8
蘇北	上位5県	693	1,807	2.6	1,177	881	2,556	2.9
	上位10県	1,124	2,811	2.5	1,682	1,358	3,864	2.8
	上位20県	1,498	3,798	2.5	2,089	1,723.6	4,698	2.7

典拠）表2・表3より作成。

れ[12]、1930 年代中頃に松江・青浦2県からの移出米の年約 250 万〜269 万石のうち 200 万石近くが上海市街地に販売された[13]。

　他方、1910 年代末〜1920 年代初頭、蘇北では、宝応県は米作が中心で、淮安県は米約 83 万石・小麦 55 万石・大豆 2.6 万石を生産し、淮陰県の主要な農産物も米・麦と高粱・落花生だった[14]。また、東海県の常食は玉蜀黍・高粱・小麦で、生活程度がきわめて低いとされる贛楡県歓墩埠の常食は主に「焼餅の類」で、米がほとんど生産されない徐州（銅山県）利国駅では粟を常食としていたが、「生活程度一般に低」い瓜州や高郵県では米が常食だった[15]。

　一方、アルカリ土で稲の不適作地とされる東台県の作付率は稲が 40％、棉花が 22％、豆が 15％で、食糧の需要量が 281 万石余りだったが、米産量は 1929 年が約 24 万石、やや豊作の 1930 年でさえも 31 万石余りにすぎず、塩城県から米を移入していたが、同県民は麦を主食とし、玉蜀黍や高粱を補助食としており、米産地でさえも米食と麦食が半々で、それ以外の地域では米食は 10〜20％だった[16]。また、興化県では食糧需要量 151 万石余りのうち 130 万石余りの米以外を麦で補っていたので、米産量は 1929 年が 101 万石余りで、豊作の 1930 年が 271 万石余りだったことから[17]、余剰米が出た年もあった。あるいは、泰県では 1928 年に 170 万石余り、1929 年に 98 万石余り、1930 年に 233 万石余りの米が生産された[18]。さらに、塩城県の米産量は 1928 年に約 197 万石で、1929 年には虫害によって平年作の3〜4割となったものの、1930 年には約 215 万担となったため

79

第Ⅰ部　平時：民国前期（1912～37年）

に、麦に加えて少し米を食べることができるようになったが[19]、貧民は麦さえも常食とすることができず、冬季や夏季には野菜・人参や瓜類を常食としていたという[20]。

このように、蘇北の主要な米作地の塩城・興化・東台・泰4県では1930年の産米量は凶作だった前年の2倍以上となり、一部の人が米を食べることができた。

上海では、ジャポニカ種米栽培農家は外米よりも高価なジャポニカ種米を販売して外米を購入して食用としていた[21]。

上海・蘇州・無錫の米は品質が特に良く、また、宜興県ではジャポニカ種の香米に次ぐインディカ種の杜尖は質的には香米よりやや劣るものの、生産量が多く、安価で、一般庶民による消費が最も多かった。あるいは、蘇北の如皋県でもジャポニカ種米より安価なインディカ種米が「一般下級居民之歓迎」を広く受けていたとされている[22]。

以上から、1930年代に蘇北の裏下河地区における米作が量的に拡大すると、一部に麦食から米食に移行する稲作農家もみられたが、一般的に蘇北ではインディカ種栽培農家の中で多数を占める中下層農民は主に麦類を主食としていたのに対して、上海市や蘇南ではジャポニカ種を栽培する中下層農民がジャポニカ種米を販売してジャポニカ種米よりも安価なインディカ種米を購入して消費していた。

(2)　耕作体系

江蘇省では籼稲（インディカ種）と粳稲（ジャポニカ種）の2種類のうるち米が混栽されていたが、籼稲の主産地は「揚子江北岸ノ大部分ト江南ノ丘陵地即チ江寧、丹徒」で、粳稲の主産地は呉・松江・常熟・金山・宝山・崇明・太倉・嘉定8県の「大茅山脈ノ以東、江南一帯ノ平野」で、「東進スルニ従ツテ漸次籼稲ノ栽培ハ少クナ」り、また、小麦の主産地は泗陽・漣水・銅山・蕭県・沭陽・東海・邳7県の「北部畑作地帯」と呉・無錫・武進・宜興・江寧・溧陽・常熟7県の「揚子江両岸ノ水稲裏作地帯」だったとされていた[23]。

このように、ジャポニカ種米が主に上海地区や蘇南の東部で栽培されたのに対して、インディカ種米は主に蘇南の西部や蘇北の裏下河地区で栽培された。また、小麦は、蘇南では米作の裏作として栽培され、蘇北では裏下河地区よりも北

80

第3章　江蘇省・浙江省における米事情

部で盛んに栽培された。

　さて、以下では、蘇北の裏下河地区における米の作付状況について見ておきたい。

　淮安県の大運河以東では米作が中心で、米を主食とし、大運河以西では稲以外に高粱や麦を栽培し、雑穀を主食としており[24]、東南部は麦・インディカ種米・糯米の栽培に適し、西北部は麦・豆類・もち粟・黍・落花生・胡麻・菜種の栽培に適していた[25]。

　1930年代初頭の調査によれば、塩城県沿海部を除く西部・西南部・西北部は稲作地で、作付率は稲が52％、麦が23％、豆が9％、棉花が8％で[26]、また、『続修塩城県志』（1936年）によれば、西部は湖沼に近く、多くは腐植地で、年々稲の栽培が増え、砂質土の多い東部は主に豆・もち粟・玉蜀黍を栽培し、沿海部では棉花を栽培していた[27]。

　『甘泉県続志』（1926年）によれば、甘泉県（現在の揚州市区・邗江県）東北部は湖沼に瀬し、湖沼の近くの圩田では主に陸稲を植え、運河沿いは米産量が多く[28]、特に邵伯以東は平年作でも米麦の販売量は100万両近くに達したという[29]。

　江都県の東北部と長江沿岸部では、各々主にインディカ種の単作と稲・麦の二毛作が行われ[30]、秋の水害を避けて早稲を多く栽培し、水田ではモチ米が多く栽培された[31]。

　『続修興化県志』（1944年）によれば、興化県の1畝当たりの米産量は、県城付近が約2石5斗、県城から60里以内では約2石、県城から60里以上離れたところでは1石8斗で、東北部は地勢がやや高く、大麦・小麦・大豆を栽培していた[32]。

　『宝応県物産概況及改進計画』（1934年11月）によれば、宝応県の全耕地面積約159万畝のうち、水稲作地が約100万畝を占め[33]、しかも、水没しにくい観音柳を植えたり、収穫量は多くないが、水害を避けるために早稲の三十子・四十子・五十子を栽培した[34]。

　阜寧県の東南部と西北部では、各々主に稲と麦が栽培され、東部の大半は稲の一期作、西南部は二毛作で、豆・玉蜀黍・高粱・甘藷の栽培は西部・北部が最も多く、落花生は黄河沿岸や南部の沙岡で盛んに栽培され、同県第6区と第9区の開墾地では棉花が多く生産されていた[35]。あるいは、1930年代における全耕地面積約456万畝のうち、水田が約137万畝、畑が約319万畝で、南部・東部では主

81

第Ⅰ部　平時：民国前期（1912〜37年）

に水稲が栽培されたという[36]。

　以上のことから、蘇北の主要な米作地だった裏下河地区は土地が痩せ、かつ湖沼・低湿地が多く、頻繁に水害を被るという地質的気候的条件を考慮して、主に早稲種のインディカ種を栽培せざるをえず、また、裏作として麦類や雑穀を栽培していたことがわかった。

(3)　農産物の流通

　1910年代末に津浦線沿線の江蘇省各地から移出された物産を見てみると、米・小麦・高粱・雑穀や豆類（大豆粕・大豆油を含む）・胡麻が非常に多く、北から南に下るにつれて小麦・高粱・雑穀よりも米・小麦が多くなっていたことがわかる（表5を参照）。

　次に、主要な米市に注目しながら米の流通事情について見ておきたい。

　まず、最大の米消費地だった上海では、ジャポニカ種は常州と常熟・無錫・宜興・崑山・江陰・蘇州・呉江7県を生産地とする白粳米の販売量が最大で、他方、インディカ種は宜興・崑山・呉江・松江4県を生産地とする杜子秈（杜尖）の販売量が多かった[37]。

　南京米市に出回る年間約200万石の米は南京周辺と無錫・呉江・呉・武進・高淳・句容・溧水7県および安徽省宣城・蕪湖で生産され、90万〜100万石が南京で消費され、その他の大部分は上海に再移出された。また、鎮江米市の取扱量は年間約100万石で、安徽省産米が最多で、次いで「江北各地産の米」の大部分は宝応・興化・高郵・泰興・阜寧・塩城・東台7県から「漕河を経或ひは直接邵伯に出廻る（邵伯は江北に於ける米市であつて、一応ここに出廻り、更に鎮江に輸送される）」が、仕向地は上海が最多だった。さらに、無錫米市に出回る年間約400万石の出回先は安徽が42.8%、無錫を含む蘇南が49.3%、蘇北が2.9%で、一方、仕向地は上海が最多で、年間約380万〜390万石を再移出していた。そして、上海への流入量は年間約600万〜700万石で、移入先は安徽・蘇南・外国が主で、蘇北からはほとんどなかった[38]。なお、鎮江米市に流入する約200万石の米のうち、安徽から来る米（上河稲）が61.4%、また、江都・高郵・宝応・東台・六合・興化6県から来る米（下河稲）が23.3%で、「何れも秈米（俗にいふ南京米）が大多数」だった[39]。すなわち、鎮江米市には主に安徽省から米が移入され、これに蘇北からの米を加えると、約85%に達したが、その大部分はイン

82

第3章　江蘇省・浙江省における米事情

表5　津浦鉄道沿線江蘇省各地の移出品

柳　泉	小麦、高粱、豆類、落花生、石炭
茅　村	小麦、高粱、豆類、豆粕、棉、瓜子、落花生
徐　州	米、小麦、高粱、豆、胡麻、棉、落花生、瓜子、檾麻、金針菜、酒、油、豆粕、羊皮、羊牛、皮骨
三　舗	小麦、高粱、豆類、青菜、落花生、豆粕、鮮果
曹　村	小麦、高粱、豆類、落花生、鮮魚、白菜
夾　溝	小麦、高粱、豆、胡麻、米、白菜、甘藷
符離集	豆、小麦、高粱、麻、白菜、西瓜、豆油、豆粕、高粱酒、石炭
南宿州	麦、豆、高粱、胡麻、胡麻油、牛羊皮、鶏卵
西寺坡	高粱（徐州以北へ）、小麦、胡麻、豆類（南京・上海へ）
任　橋	雑穀（泰安・済南へ）、胡麻、豆、胡麻油、卵、獣骨（浦口・無錫・上海へ）
固　鎮	雑穀、胡麻、胡麻油
新　橋	麦、高粱、香油、豚、魚
曹老集	麦、高粱、豆、芝麻
蚌　埠	小麦、米、黄豆、胡麻油、茶、麻、金針菜、牛皮、核桃、鶏、卵
門台子	小麦、大豆、胡麻、煙草
臨淮関	米、麦、大豆、雑穀、瓜子、牛皮、燐寸（鳳陽産）
小渓河	米、麦、大豆、緑豆、胡麻、瓜子、雑穀
明　光	米、大小麦、豆、胡麻、瓜子、鶏、魚、野菜、牛皮
管　店	米、落花生、雑穀
三　界	米、小麦、胡麻、落花生、瓜子、薬材
張八嶺	米、麦、玉蜀黍、胡麻、豆類、雑穀
沙河集	米、麦、豆、胡麻、落花生
栖　州	米、雑穀、薬材
烏　衣	米、魚、鴨、雑穀
東　葛	米、小麦、魚蝦
花旗営	米、小麦、雑穀
浦　鎮	棉、布疋、油、砂糖、紙、綿糸布、雑貨
浦　口	綿糸布、米、竹、木、紙、砂糖、雑貨

典拠）青島守備軍民政部鉄道部『津浦鉄道調査報告書』調査資料第25輯（1919年）401〜408頁より作成。なお、板橋では「輸出貨物ノ大ナルモノナシ」とあった。

83

第I部　平時：民国前期（1912〜37年）

ディカ種米だった。

　食用米を自給できなかった無錫や蘇州では大量の移入米を上海へ移出し、また、武進や丹陽ではジャポニカ種米を食べる経済力のない農民がインディカ種米や玉蜀黍を購入して食べ、その移入量はジャポニカ種米の移出量の数倍にも達し、生産されたジャポニカ種米の自家消費率は70％に満たなかった[40]。さらに、「宜興の粳米は、質がよく値が高いので、一般平民は享受できないから、艀船にのせて無錫へ持つて来、その空船を利用して秈米を運搬して帰」り、金壇県は糯米の生産が多く、移出したが、秈米は不足したという[41]。そもそも、丹陽・金壇2県は「多ク糯米ヲ産シ」、「金壇産米ノ品質ハ稍優ルモ産量僅少」だったが、丹陽県から移出された「糯米ハ紹興ニ運銷シ酒類醸造ニ使用ス。毎年40万元ヲ下ラズ。他地方ヨリ運入スルモノハ則チ白米ナリ、該県ノ白米需要ハ甚ダ多」かった[42]。

　以上、武進・丹陽・宜興3県では糯米やジャポニカ種米が販売目的で栽培され、特に貧農はそのすべてを販売して安価なインディカ種米を購入して消費していた。

　では、蘇北の裏下河地区における米の流通事情について以下に見ておこう。

　塩城県では平年作の米産量500万〜600万石のうち、200万〜300万石の余剰米を姜堰や泰潼（泰興市）へ販売した。「産米最旺之区」と称されていた下河の7つの州県は、しばしば豊作によって米価が下落した。塩城の米は周辺の邵伯・仙女廟（江都鎮）・姜堰・海安・曲塘・東坎（濱海市）・羊寨・北沙・響水口に転売され、第一次世界大戦が勃発すると、米価が高騰し、その後も頻繁に凶作に見舞われ、1932年秋には穀物価格が暴落したが、1934年には干害に見舞われて穀物価格が再度高騰し、1935年には下河で大豊作となるなど[43]、米の生産量と販売価格が激しく変動していた。

　塩城県南部の米は泰県・姜堰・海安へ、また、西北部の米の多くは淮安へ販売され[44]、裏下河地区から江北の米碼頭とも呼ばれていた海安に集まってきた米は、主要な棉産地で米が不足していた蘇北最南端の如皋・南通・海門・啓東4県へ運ばれた[45]。

　以上から、長江中下流域と蘇北の裏下河地区で生産されたインディカ種米は、ジャポニカ種米に比して品質は劣るものの、安価だったため、蘇北の長江沿岸地域に大量に販売され、また、主に鎮江米市を通じて蘇南にも相当量が販売された

ことがわかった。

2. 浙江省

(1) 米の生産

　1913 年末の報告によれば、浙江省では「産米を以て住民の食料に充つるに幾分不足」するとされており[46]、同省全 75 県のうち 60 県における 1910 年代初頭の 3 年間の平均産米量は、米の生産量が多い県でも食用米が不足していることがわかる（表 6 を参照）。

　1912 年 5 月 1 日に杭州で開設された平糶局は、「湖南、江蘇米ノ輸入豊富ナルト省内早稲ノ既ニ市場ニ上リタルヲ以テ米価逐日下落シ」たため、8 月 30 日に閉鎖された[47]。もとより 1912 年 5 ～ 7 月に「杭州米商の最大集合地点たる武林門湖墅に於ける玄、白米卸売相場」が著しく高騰したのは、浙江省湖州・嘉興と江蘇省無錫・丹陽 2 県の各産米地からの「来荷少なかりしこと、一昨年革命事変後市上一般現銀取引のみとなり異常なる金融の逼迫を来したること及米行の筋積売控へ等其重なる因をなせるもの」だったが、その後、「早稲の収穫 8、9 分を

表 6　における浙江省各県の米産量　　　　　　　　　　（単位：石）

県　名	富陽 (−)	余杭 (−)	臨安 (−)	新城 (−)	昌化 (−)	嘉興 (−)	嘉善 (+)	海塩 (−)
生産量	248,800	177,000	107,666	103,900	94,367	1,760,000	536,462	440,000
県　名	石門 (−)	平湖 (−)	桐郷 (−)	呉興 (−)	長興 (+)	徳清 (−)	武康 (−)	安吉 (−)
生産量	428,298	720,000	388,260	489,106	676,666	259,565	118,478	191,130
県　名	孝豊 (−)	慈谿 (−)	鎮海 (−)	定海 (−)	象山 (+)	蕭山 (−)	余姚 (−)	上虞 (−)
生産量	120,940	478,532	856,044	320,000	560,000	610,000	876,300	600,061
県　名	嵊県 (−)	紹興 (−)	臨海 (−)	天台 (−)	黄巌 (+)	寧海 (+)	太平 (−)	金華 (+)
生産量	670,000	1,123,200	500,000	189,828	1,200,000	1,172,234	315,123	785,425
県　名	蘭谿 (+)	東陽 (−)	永康 (−)	衢県 (+)	武義 (−)	浦江 (−)	永嘉 (−)	平陽 (−)
生産量	920,000	672,288	803,641	6,355,505	255,119	566,450	1,189,722	1,499,013
県　名	龍游 (+)	江山 (−)	常山 (−)	開化 (−)	建徳 (−)	淳安 (+)	桐廬 (−)	壽昌 (+)
生産量	380,000	442,333	116,265	326,200	203,370	130,000	169,433	192,627
県　名	分水 (−)	瑞安 (−)	泰順 (−)	麗水 (−)	青田 (−)	縉雲 (−)	松陽 (+)	遂昌 (−)
生産量	368,381	688,842	244,300	229,733	398,666	182,244	646,071	243,791
県　名	龍泉 (−)	慶元 (−)	雲和 (−)	宣平 (−)				
生産量	397,221	139,767	2,649,918	89,300				

典拠）「浙江省各県産米額」（『通商公報』第 75 号、1913 年 12 月 18 日）29～30 頁より作成。ただし、浙江省実業司の調査による。表中の「−」は不足、「＋」は余剰を表している。なお、衢県の産米量は『通商公報』（第 184 号、1915 年 1 月 28 日）53 頁が 1914 年の産米量を569,784 石としていることから、635,505 石の誤りであろうと思われる。

85

第Ⅰ部　平時：民国前期（1912〜37年）

下らざるの見込立ちて新米又続々入市し」たため、8月には玄米・白米ともに0.9〜1元余り下落し、1912年に早稲は杭州・嘉興・湖州の旧3府は約9分以上、金華・衢州・厳州の旧3府は8〜9分、紹興府は約8分の収穫があり、年産量は、嘉興府が約350万担（1担は140斤）、湖州・紹興・金華3府が各約300万担、杭州府が約200万担、厳州府が約150万担、厳州府が約100万担で、合計約1,700万担だった[48]。

　1913年の報告によれば、蕭山県では「従来木綿桑麻等を植ゑしもの近年米価高騰の為め早稲を改種せるもの」もいたが、それでも年間約40万石の食用米が不足したという[49]。

　1913年8月下旬の報告によれば、杭州は旱害がひどく、また、金華・衢州・厳州は高地が多いために被害も甚大だったという。翌1914年も、浙江省は近年稀に見る旱魃に見舞われ、「全省平均漸く六分作に過ぎず」、総収穫高は2,595万石余りだった[50]。

　1922年の寧波対外貿易では、大豆粕は華南の「需要旺盛なりしに依」り、大連よりの移出が増加し、元来大豆粕の主な顧客だった日本への輸入が1921年より減退したのは「日本米価の低下に依るもの」とされている[51]。

　以下に、1930年代前半の浙江省における米の生産状況について見ておきたい。

　まず、1932年には、水田面積が広かった県は100万畝以上の紹興・呉興・嘉興や80万畝以上の臨海などで[52]、一方、米の生産量が多かった県は500万担以上の楽清、400万担以上の紹興・嘉興、350万担以上の永嘉・臨海などだった[53]。また、1933年には、浙江省の建設委員会経済調査所の調査によれば[54]、稲作面積が広かった県は100万畝以上の紹興・嘉興、90万畝以上の長興、80万畝以上の臨海・黄厳・余姚などで[55]、産米量が多かった県は200万石以上の紹興、150万石以上の呉興・嘉興・永嘉・臨海などだった[56]。すなわち、1932年と1933年の状況から見ると、浙江省の主な産米地は紹興・嘉興・永嘉・臨海などの沿海部だった。

　ところが、米の生産が盛んな県で食用米が不足する県もあった。浙江省76市県のうち、1932年に食用米が不足した県とその不足量は、余姚の217万担余り、杭州の177万担余り、臨海の157万担余り、紹興の147万担余り、鎮海の143万担余りなどの58市県に達し、逆に、食用米に余剰があった県とその余剰量は、楽清の240万担余り、奉化の146万担余り、平湖の140担余りなどの18県にし

86

かすぎなかった[57]。また、1933年に食用米が不足した市県は、杭州の128万石余り、鄞県の57万石余り、定海の52万石余り、紹興の50万石余り、青県の44万石余り、蕭山の42万石余り、海寧の34万石余りなどの44県で、逆に、食用米に余剰があった県は、長興の66万万石余り、嘉興の65万石余り、金華の60万石余り、楽清の29万石余り、黄厳・安吉・呉興の各26万石余りなどの32県だった[58]。

このうち、紹興県は浙江省の中で米産量が最も多かったが、食用米の不足は相当量に達していた。また、紹興県のみならず、省東部の沿海諸県は主要な米産地でありながら、食用米が不足していた。このように、浙江省で食用米が不足していたのは、人口の増加や災害の頻発などによって供給が需要に追いつかなくなったからであり、平年作の年は不足分の食用米を隣接する江蘇省や安徽省に仰がざるをえず、凶作の年には米を輸入していた[59]。

では、浙江省でほぼ平年作だったとされている1933年における食用米の余剰量522万石余りから不足量765万石を差し引くと、省全体の食用米の不足量は253万石余りになる[60]。あるいは、浙江省における平年の産米量4,700余万石から消費量5,200余万石を差し引くと、不足量は約500万石に達した[61]。このように、食用米の過不足の見積もりに大きな差が出るのは、浙江省において毎年の産米量や供給量が変動するばかりでなく、消費量も大きく変動したためである。と言うのも、一般の農民は米の他に小麦・甘藷・粟などを食糧としており[62]、特に「浙江省東部各県に産出する雑穀は甚だ多く、豊作の年に産出する米は農民の自用に供するのに充分であるから、秋季には雑穀を全部売却して金銭に換へ或は家畜の飼養に充て」、凶作の年には「雑穀を節約して民食に充て」ていたからである[63]。だが、いずれにせよ、浙江省では米を完全には自給しえなかった。

ところで、1932年の浙江省における稲の種類別の栽培面積は、ジャポニカ種が1,230万畝余り、インディカ種が806万畝余り、糯米が316万畝余りで、ジャポニカ種の栽培面積が全体の約52%を占めていた[64]。なお、栽培面積が広かった県は、ジャポニカ種では臨海・紹興・黄厳・平陽・呉興で、インディカ種では嘉興・長興・武義・嘉善・紹興・呉興だった。また、黄厳・平陽・瑞安・衢県・平湖ではジャポニカ種の栽培に特化し、長興・嘉善・龍游・上虞ではインディカ種の栽培に特化し、諸曁では糯米の作付率が60%を占めていた。ただし、米産量が多かった紹興・呉興・嘉興ではジャポニカ種とインディカ種のどちらの栽培に

第 I 部　平時：民国前期（1912〜37 年）

表 7　1932 年浙江省主要 10 県の種類別の水田面積と比率

（単位：万畝、%）

ジャポニカ種米			インディカ種米			糯　　米		
県名	面積	比率	県名	面積	比率	県名	面積	比率
臨海	71.1	80.0	嘉興	54.0	50.0	諸曁	39.4	60.1
紹興	63.5	53.4	長興	52.0	96.2	呉興	28.4	24.5
黄厳	56.0	94.9	武義	49.7	88.6	臨海	17.7	19.9
平陽	51.0	99.0	嘉善	47.0	94.0	紹興	17.3	14.5
呉興	51.0	44.1	紹興	37.9	31.9	杭県	17.0	35.4
鄞県	50.8	77.7	呉興	36.2	31.3	嘉興	15.0	13.8
瑞安	48.0	99.5	龍游	36.0	97.3	鄞県	12.5	19.2
衢県	47.5	94.5	奉化	33.3	80.7	金華	11.3	29.5
永嘉	45.2	69.2	海塩	28.0	50.0	東陽	8.8	20.0
平湖	43.4	90.4	上虞	27.2	90.2	永康	7.0	17.9

典拠）『中国実業誌（浙江省）』第 4 編 33〜38 頁の「浙江省
各県稲田面積表」より作成。

も特化してはいなかった（表 7 を参照）。

(2)　**米の流通**

　以下では、中国の中でも主要なうるち米の生産地でありながら、大量の米を移
入していた浙江省における主要な米市について見ておきたい。

　嘉興の米市は、その周辺の浙江省西部各地・江蘇省（主に無錫米市）・安徽省
（主に蕪湖米市）などから米を移入する一方、同省西部の杭州・硤石や同省東部
の蕭山・紹興・寧波へ移出していることから、硤石の米市とともに米の中継交易
地だったことがわかる（図 1 を参照）。これに対して、杭州の米市に流入する米
は、江蘇省（主に無錫）からが 60％を占めて浙江省西部各地からよりも多く、
しかも、その大部分が杭州で消費されたと考えられる（図 2 を参照）。また、紹
興も米の大消費地であり、紹興の米市は主に浙江省南部を中心とする省内各地か
ら米を移入しているとともに、江蘇省や上海市の省外各地からも広範に米を移入
していた（図 3 を参照）。さらに、寧波も米の消費地だったが、その移入先の約
50％が安徽省で、これに湖南・江蘇・江西の 3 省を加えると、約 80％が省外か
ら移入され、寧波が紹興以上に省外からの移入米に依存していたことがわかる

88

第 3 章　江蘇省・浙江省における米事情

図 1　嘉興米市・硤石米市

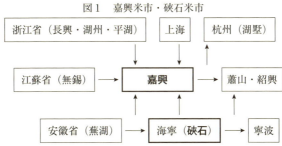

典拠）笠原仲二「嘉興米市慣行概況―米行を中心として」
（『満鉄調査月報』第 23 巻第 3 号、1943 年 3 月）3 ～ 4 頁、
笠原仲二「硤石米市慣行概況―特に、米行及経売業を中心と
して」（『満鉄調査月報』第 23 巻第 1 号、1943 年 1 月）84 頁
より作成。

図 2　杭州米市

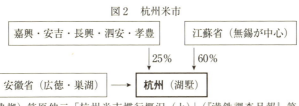

典拠）笠原仲二「杭州米市慣行概況（上）」（『満鉄調査月報』第
23 巻第 9 号、1943 年 9 月）4 ～ 5 頁より作成。

図 3　紹興米市

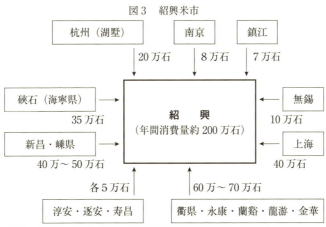

典拠）「安徽、江蘇、浙江、江西四省米穀運輸過程の検討」（『満鉄調査
月報』第 20 巻第 2 号、1940 年 2 月）234 頁より作成。

89

図4 寧波米市

典拠）「安徽、江蘇、浙江、江西四省米穀運輸過程の検討」（『満鉄調査月報』第20巻第2号、1940年2月）238～239頁より作成。

（図4を参照）。

　以上のように、浙江省には杭州・紹興・寧波という米の3大消費地となり、すでに見たように、同省における米の生産量は他の省と比べても決して少ないわけではなく、むしろ主要な生産地だったと言ってもよいにもかかわらず、大量の米を省外から移入していた。

おわりに

　以上、華中東部も主要な米産地で、ジャポニカ種米が多く生産されていたが、米の省外移出禁止などによる米価の抑制を受けて、大豆や棉花などへの転作が一層促進された。また、蘇南は米の大消費地の上海や浙江省への中継地ともなっていた。

　江蘇省の蘇北と蘇南の農村は、後進地域と先進地域として並存していたのではなく、構造的な関連性の中で相互に規定し合いながら各々の経済的な位置を形成していった。

　すなわち、裏下河地区で蘇南向けのインディカ種米が生産され、蘇南ではその安価なインディカ種米を購入・消費することによって、ジャポニカ種米を商品として生産していた。蘇南におけるジャポニカ種米の生産とその販売は、安徽省や蘇北からの大量で安価なインディカ種米の供給があってはじめて成り立っており、逆に、蘇北におけるインディカ種米の生産とその販売は、蘇南における大量で安定的なインディカ種米に対する需要があって可能となった。また、蘇北から蘇南への大豆粕の流入と蘇南から蘇北への人糞の流入が両地域の農耕を維持していた。しかも、1930年代に東北や華北から大豆粕の流入が途絶したことは、蘇南農村経済の蘇北農村経済に対する依存度をよりいっそう高めた。

第 3 章　江蘇省・浙江省における米事情

　こうして形成された農村経済構造の中で、蘇北農村も一定程度の発展・変化を遂げていった。すなわち、近代になると、裏下河地区は徐々に安定的かつ大量のインディカ種米を生産できる主要な産米地として発展し始めるようになり、それを一方では海安を通じて南通・海門・啓東に、また、他方では南京や鎮江の米市に供給していた。

　一方、江蘇省とともに主要な米産地だった浙江省では、食用米の不足が常態化し、常に江蘇省などから食用米を供給されていた。

注

(1)　行政院農村復興委員会秘書処「引言（1935 年 2 月 1 日）」（社会経済調査所編『上海米市調査』支那経済資料 13、生活社編、1940 年 7 月）。

(2)　農商務省『支那ノ米ニ関スル調査』（1917 年）67 頁。

(3)　「上海ニ於ケル米価騰貴ト同盟罷工風潮」（『通商公報』第 748 号、1920 年 7 月 26 日）29〜30 頁。「上海ニ於ケル米価低落」（『通商公報』第 751 号、1920 年 8 月 5 日）33 頁。「上海に於ける米価の趨勢」（『通商公報』第 976 号、1922 年 9 月 4 日）15 頁。「上海米市況『8 月』」（『通商公報』第 988 号、1922 年 10 月 9 日）6 頁。

(4)　「蘇州附近に於ける稲作状況」（『通商公報』第 153 号、1914 年 10 月 1 日）33 頁。「蘇州附近の稲作状況」（『通商公報』第 256 号、1915 年 10 月 7 日）30 頁。「蘇州に於ける農産物作柄及米価」（『通商公報』第 427 号、1917 年 6 月 21 日）電報。

(5)　羊翼成「序」（社会経済調査所『無錫米市調査』支那経済調査 12、生活社、1940 年）。

(6)　「在上海帝国総領事館管内水害視察状況」（『通商彙纂』第 66 号、1911 年 11 月 10 日）48〜49 頁・56〜57 頁。

(7)　「南京に於ける平糶局の開設」（『通商公報』第 214 号、1915 年 5 月 13 日）13〜14 頁。

(8)　行政院農村復興委員会秘書処「引言（1935 年 2 月 1 日）」（社会経済調査所編『上海米市調査』支那経済資料 13、生活社編、1940 年 7 月）。

(9)　朱西周編『米』中国銀行経済研究室（1937 年）110 頁。

(10)　谷光隆編『東亜同文書院大運河調査報告書』愛知大学（1992 年）628〜629 頁。なお、同書によれば、1 石は日本の 6 斗にあたるとしている。また、江蘇省の主要な米産地については、すでにほぼ同内容のことが在上海本省実業練習生中村惣治「支那江蘇、安徽米に関する調査」（『貿易時報』第 1 巻第 4 号、1914 年 5 月 1 日）25 頁に記載されており、参照にしたのではないかと思われる。

(11)　前掲拙著『華中農村経済と近代化』第 2 編第 2 章　上海土布業の近代化を参照。

(12)　羊翼成「松江米之分播組織及産量」（『社会経済月報』第 3 巻第 5 期、1936 年 5 月）47 頁。

(13)　陸樹枏「松青一帯米糧之出産與運銷」（『農行月刊』第 4 巻第 3 期、1937 年 3 月）89〜90 頁。

(14)　前掲書『東亜同文書院大運河調査報告書』521〜534 頁。

(15)　東亜同文会『支那省別全誌』第 15 巻、江蘇省（1920 年）185 頁・191 頁・200 頁・205

第Ⅰ部　平時：民国前期（1912〜37年）

頁・220頁。

⒃　「東台県之米産調査」（『工商半月刊』第3巻第5号、1931年3月1日、調査）2〜4頁。

⒄　「興化県米産調査」（『工商半月刊』第3巻第3号、1931年2月1日、調査）24頁。

⒅　「泰県之米産与米碼頭調査」（『工商半月刊』第3巻第10号、1931年5月15日、調査）2〜3頁。

⒆　「塩城県之米産」（『工商半月刊』第3巻第2号、1931年1月15日、調査）4頁。

⒇　林懿均・胡応庚等統修『続修塩城県志』（1936年）巻四、産殖志、糧食。

㉑　上海商業儲蓄銀行調査部編『米』（1931年）15頁。

㉒　朱西周編『米』中国銀行経済研究室（1937年）110〜111頁。

㉓　興亜院華中連絡部『中支那重要国防資源食糧作物調査報告書』（1940年）3〜5頁。

㉔　童剣塵「淮安農村状況」（『農村経済』第1巻第7期、1934年5月1日、通訊）93〜94頁。

㉕　泊邃・段朝端等『続纂山陽県志』（1921年）巻一、疆域、風俗・物産。

㉖　「塩城県之米産」（『工商半月刊』第3巻第2号、1931年1月15日、調査）2〜4頁。

㉗　前掲書『続修塩城県志』（1936年）巻四、産殖志、農墾。

㉘　前掲書『甘泉県続誌』（1926年）巻七上、物産攷。

㉙　銭祥保等修・柱邦傑纂『甘泉県続誌』（1926年）巻七上、実業攷、商業。

㉚　江都市地方志編纂委員会編『江都県志』江蘇人民出版社（1996年）183〜186頁。

㉛　趙邦彦・桂邦傑続修『江都県続誌』（1926年）巻七上、物産考、天然品、穀之属。

㉜　梁園棣修、鄭之僑・趙彦俞纂『続修興化県志』（1944年）巻4、実業誌、農村経済状況。

㉝　宝応県地方志編纂委員会編『宝応県志』江蘇人民出版社（1994年）227頁。

㉞　戴邦蒹・馮煦等重修『宝応県誌』（1932年）巻一、疆域、土産、穀之属。

㉟　『民国阜寧県新誌』（1934年）巻十二、農業誌、農作。

㊱　阜寧県県志編纂委員会編『阜寧県志』江蘇科学技術出版社（1992年）86頁。

㊲　「上海米号業調査」（『工商半月刊』第5巻第19号、1933年10月1日、調査）62頁。

㊳　前掲「安徽、江蘇、浙江、江西四省米穀運輸過程の検討」222〜229頁。

㊴　社会経済調査所編『鎮江米市調査』生活社（1940年）59頁。

㊵　実業部国際貿易局編『中国実業誌（江蘇省）』（1933年）第5編第1章、22頁。

㊶　社会経済調査所編『無錫米市調査』（支那経済資料12、生活社、1940年）18頁。

㊷　興亜院華中連絡部『中国米』（1941年）41頁。

㊸　林懿均・胡応庚等統修『続修塩城県志』（1936年）巻四、産殖志、糧食。

㊹　「塩城県之米産」（『工商半月刊』第3巻第2号、1931年1月15日、調査）8頁。

㊺　「泰県之米産与米碼頭調査」（『工商半月刊』第3巻第10号、1931年5月15日、調査）4〜5頁。

㊻　「浙江省各県産米額」（『通商公報』第75号、1913年12月18日）29〜30頁。

㊼　「杭州ニ於ケル平糶局ノ閉鎖」（『通商彙報』第13号、1912年10月1日）58頁。

㊽　「杭州に於ける米」（『通商公報』第9号、1913年5月1日）10〜11頁。

㊾　「旧紹興府蕭山県の米産」（『通商公報』第16号、1913年5月26日）22頁。

㊿　「杭州地方の旱魃」（『通商公報』第49号、1913年9月18日）48頁。「浙江省稲作状況『大正3年』」（『通商公報』第184号、1915年1月28日）51〜52頁。

第 3 章　江蘇省・浙江省における米事情

⑸1　「寧波対外貿易状況『1922 年』」(『通商公報』第 1,079 号、1923 年 7 月 26 日) 10 頁。

⑸2　実業部国際貿易局編『中国実業誌 (浙江省)』第 4 編 (1933 年) 33～38 頁の「浙江省各県稲田面積表」。

⑸3　『中国実業誌 (浙江省)』第 4 編 (1933 年) 39～44 頁の「浙江省各県稲産数量表」。ただし、楽清県の水田面積が 34 万畝余りで、紹興県の 4 分の 1 程度だったことからすると、楽清県の米生産量が 530 万担という数値は誤りであろう。

⑸4　邦訳として、中支建設資料整備委員会 (上海・興亜院華中連絡部内) 編『浙江省産業事情』編訳彙報第 25 輯 (1940 年) がある。

⑸5　『浙江省産業事情』編訳彙報第 25 輯 (1940 年) 9～13 頁の「浙江省各市県水田面積統計表 (民国 22 年)」。

⑸6　『浙江省産業事情』編訳彙報第 25 輯 (1940 年) 16～21 頁の「浙江省各市県米産数量統計 (民国 22 年)」。

⑸7　実業部国際貿易局編『中国実業誌 (浙江省)』第 4 編 (1933 年) 50～55 頁。

⑸8　前掲書『浙江省産業事情』31～35 頁。

⑸9　前掲書『中国実業誌 (浙江省)』第 4 編 17 頁。

⑹0　前掲書『浙江省産業事情』30～35 頁。

⑹1　莫定森「食糧問題与改良稲麦」(『浙江省建設月刊』第 8 巻第 4 期、1934 年 10 月) 4 頁。

⑹2　馬駿「浙江省稲麦改良之過去与招来」(『浙江省建設月刊』第 8 巻第 6 期、1934 年 12 月) 43 頁。

⑹3　前掲書『浙江省産業事情』30 頁。

⑹4　前掲書『中国実業誌 (浙江省)』第 4 編 38 頁。

93

第4章　山東省における食糧事情

はじめに

　中国は、すでに第1章で見たように、民国期には淮河を境として北の小麦作地と南の水稲作地に分けられていた。だが、1940年に刊行された調査報告書には「山東農民は平時小麦を常食としない、俗に「南人は米を食し、北人は麦を食す」とあるけれども、これは人口の大多数を占める農民を除外しての話で」[1]あると記されている。

　このように、20世紀前半に小麦の主要な生産地の1つだった山東省においても、小麦は一般の農民にとっては必ずしも主食とはなっていなかった。このことから、山東省の農民の多くは、貧しさのゆえに小麦の代わりに雑穀を食し、また、「苦力」として中国東北部へ出稼ぎに出ていたと考えられてきた。だが、以上のような貧しさゆえに東北部へ出稼ぎに出ていたという捉え方にはすでに批判的な見方が提起されている[2]。もちろん、山東省半島部の農民は貧しさゆえに小麦を主食とすることができず、高粱や粟などの雑穀あるいは甘藷を主食としていたという捉え方にも疑問を感じる。

　ところで、民国前期の山東省農村経済に関する文献資料は1910～20年代より1930年代に関するものが多いうえに、1930年代には中国のみならず、日本においても穀物や食糧に対する関心がよりいっそう強くなった[3]。だが、民国前期山東省の食糧事情を本格的に論じた研究は皆無である。

　そこで、本章では、まず、民国前期の山東省における食糧消費の状況について検証し、次いで、そのような状況を生み出した経済的背景を探るために、食糧の需給と流通の状況について検証し、さらに、食糧の生産状況について検証したい。

95

第Ⅰ部　平時：民国前期（1912〜37 年）

1．食糧の消費と移入

⑴　食糧の消費と需給

　1918 年に刊行された報告書では、山東省への日本人の移住とともに山東省の
「土民間ニモ米食ヲ好ムノ傾向ヲ生シ」つつあるとしている[4]。だが、逆に、こ
のことから民国前期において山東省の一般民衆にとっては米が主食ではなかった
ことを窺い知ることができる。

　また、1917 年に刊行された報告書では、小麦粉は山東省の主要な食糧で、「素
麺、麺麭、澱粉、饂飩、麩、菓子、糊等其用途頗ル多」く、その他にも「餅子、
包子、睨々、麺湯、油条子、麻花児等トシテ食用ニ供ス」ると同時に、小麦の碾
き殻の皴（麩）は家畜・家禽の飼料だったが[5]、窮民はその皴をも食用としてい
たという[6]。そして、1922 年に刊行された資料では、小麦粉が最優良の食糧とし
て「専ラ上流若ハ中流社会」で消費されたのに対して、下層民の主食は粟・高
粱・豆であり、「時ニ小麦粉ヲ混用スルニ過キス」としており[7]、また、1915 年
に刊行された資料でも、山東省の下層民の重要な食用品は高粱・黍稷で、「小麦
及ヒ上等玉蜀黍等ニ至リテハ唯タ富有者ノ卓上ニ上ルノミ」であるとし[8]、小麦
が「農家ノ自給的穀類トシテノ一面ト共ニ、商品的穀類トシテノ半面ヲ持テヰ
ル」のに対して、粟は純粋に自給的穀類として栽培されていたという[9]。あるい
は、1934 年に刊行された資料によれば、小麦粉は高価なので、山東省の農民の
多くは小麦を売り、東部では甘藷を食べ、西部では高粱・玉蜀黍・粟を主食とし
ていたという[10]。ちなみに、山東省東部の膠県第 3 区耕樂郷張耀屯では、1935 年
の調査報告書によれば、「小麦は最も多量に生産さるゝも、高価なるが故にこれ
を売却して現金に換ふるを原則とし」ていたが、「小麦収穫後は農家は漸く穀物
（粟、高粱）の払底を来たし、而も麦秋の節は小麦の価格下落するを以て、これ
を売りて他の穀物を買ふは却つて不得策なるが故に、貧富を問はず、この節より
小麦が食用として著しく多量に消費され」た。よって、食糧として「主位」を占
めた穀物は粟で、これに次ぐ「小麦粉の 1 番粉は、正月、節句、来客に用ひ、常
時に用ふるは麩の細末を混ぜる黒色の粉にして、貧困なるものは麩を悉く磨砕し
て」食した。ただし、同村において穀物が食糧全体に占める割合は 52.2% にと
どまり、47.8% は甘藷で充当された[11]。

　また、1916 年に刊行された文献資料によると、青島市近郊の李村でも最も生

第4章　山東省における食糧事情

産量が多かった甘藷を常食とし、小麦は高粱とともに「高等ノ食糧」とみなされていた。いずれにせよ、小麦・高粱・大麦・粟・稗・玉蜀黍・黍・蕎麦などの穀物や大豆・緑豆・豌豆などの豆類は炊くか煮るか、あるいは、麺や饅頭・餃子・「餅」にして食していた[12]。

　さらに、1914年の報告によれば、芝罘（煙台）の田舎では冬期に貧農が切干甘藷を食し[13]、あるいは、1918年に刊行された報告書によれば、山東省東部の日照県石臼所では生産された干甘藷が農漁民の食料だったという[14]。

　ところが、1924年5月の新聞記事には「日本の物価騰貴に伴ひ比較的安価なる支那諸物資の対日輸出増加し」、山東省の農民が主「食を他物資に替へても干薯を市場に出す」ようになったとあり[15]、1920年代には甘藷も販売目的で生産するようになったことがわかる。

　一方、1917年に刊行された文献資料では、「機械製麦粉ノ輸入増加シ之レヲ賞用スル」者が漸増したことを山東省住民の「生活程度ノ向上」とみなしており[16]、第一次世界大戦期に山東省の経済状況が好転したことを反映していると言える。

　以上のように、20世紀前半の山東省では小麦粉に対する需要が増加していたという指摘もみられるが、小麦は主に富裕層の主食で、一般民衆は粟や高粱などの雑穀および豆類を主食とし、貧困層は甘藷を主食とし、さらに、極貧層は飼料である小麦の碾き殻までも食べていた。また、小麦生産農家も小麦を販売して粟や高粱などを購入して自家消費用の食糧としていた。このように、山東省では小麦は自家消費用の自給食物としてではなく、販売目的の商品作物として栽培され、食糧を自給していない農家が多数いた。以上の状況から、民国前期山東省において多段階的・連鎖的な食糧消費構造が形成されていたことの一端をも窺い知ることができる。

　さて、山東省で食糧穀物の生産と消費との間にズレが生じていたとすれば、その需要と供給の関係はいかなるものだったのだろうか。

　1915年に刊行された文献資料では、「穀粉輸入額ハ山東ノ小麦収穫ノ如何ニ依リテ著シキ高低アリ」とされ、凶作となった1905〜07年には「米国穀粉ノ輸入甚タ増加」したが、平時には「敢テ穀物ノ供給ヲ外国ニ仰ク事ヲ要セス」としており[17]、また、『山東之物産』第2編（1917年）では、小麦は山東省各地で栽培されていたものの、東部の半島地域は「山地帯ナルト且ツ地味瘦薄ナル」ために

97

第Ⅰ部　平時：民国前期（1912〜37年）

生産量が僅少で、住民の需要を充たすことができなかったのに対して、平地の多い北部・西部は地味が肥沃なために生産量も多く、常に半島部へ小麦を供給していたが、山東省全体では毎年大量の小麦粉を移入していたという[18]。

このように、山東省の食糧は、北部・西部ではやや余剰があったが、東部では不足し、省全体としては移入に頼らざるをえなかった。

そこで、以下に1917〜20年頃に刊行された調査報告書類から山東省各県の食糧需給状況を見ておきたい。

東部の日照県紅石崖では、移入品の筆頭に小麦粉があげられ[19]、他方、農民や漁民が干甘藷を主食としていた石臼所からは豊作の年に豆類・麦類・高粱を移出していた[20]。また、農産物が乏しく、粟・玉蜀黍を移入していた博山県では、高粱を主に酒造に用いていたが[21]、そもそも、同県は「山岳重畳平地ニ乏シク」、「日常ノ糧食多クハ他地方ノ供給ニ待ツ」という状況にあったものの、「年中労働ヲ続ケ絶エス収入ノ途アルヲ以テ農村ハ比較的富裕ニシテ購買力ニ富」んでいたとも言われている[22]。一方、人口が稠密だった黄県は土地が肥沃で、「農耕普シト雖穀類ハ年々之ヲ満州ヨリノ移入ニ仰」ぎ、他方、半島部の蓬莱県は「丘陵高地僻壌ニシテ物資豊富ナラス」、「穀類ハ多ク遼東ヨリ輸入」していた[23]。

そして、膠済線沿線や省中部でもほぼ同様の状況がみられた。すなわち、黄県と同じく地味の肥沃な青州（益都県）は、「五穀豊熟スト雖人口ノ増加スルニ随ヒ管内ノ農作品ノミヲ以テシテハ遂ニ不足ヲ感スルニ至リ近年高粱、粟等ノ輸入少カラス」[24]、また、高密県も「土地豊饒ニシテ小麦、甘藷、粟、野菜等ニ適スルモ土地狭隘人口稠密且ツ年々水害アルヲ以テ其ノ農産物ハ以テ県内需要ニ応スル能ハス之ヲ他県ノ供給ニ仰クコト多大ニシテ麦類、大豆、高粱等輸入多」かった[25]。さらに、人口の稠密な安邱県・諸城県・櫻州・臨沂県・沂水県では、小麦・穀物が「往々不足」するか「辛ウシテ地方住民ヲ養フニ足ルノミ」で、臨沂県では穀物を移入することが多く、新泰県では「多少小麦ノ移出ヲ見シモ雑穀ハ概ネ不足勝」で、蒙陰県では「漸ク地方住民ヲ養フニ足リ凶年ニハ高粱等ノ逆移セラルルコト稀ナラス」としている[26]。他にも、「地味概ネ肥沃ナ」泗水県は「雑穀ノ産出蓋シ侮ルヘカラサルモノア」り、特に小麦は良質で、その7〜8割を手打粉として移出する一方で、住民の食糧として粟・高粱を移入していた。また、隣接する新泰県沾河平野は地味が肥沃で、特に小麦作が可耕地の約5割を占め、粟は約3割5分を占め、多少は移出され、さらに、曲阜県でも約1割の小麦

98

第4章 山東省における食糧事情

図1　山東省の地図

を手打粉にして移出していた[27]。

　以上のように、山東省の農村には土地が痩せて穀物類が十分には生産できなかった地域もあったが、酒造原料としての穀物の消費や人口の増加による食糧需要の高まり、あるいは自家消費分をも犠牲にした小麦（粉）の販売などによって地味が肥沃だった地域でも食糧が不足することもあった。食糧価格は高価な順に、米・小麦、高粱・粟、玉蜀黍やその他の雑穀・豆類、甘藷、小麦の碾き殻となっており、上位のものを主食とする者ほど豊かで、逆に、下位のものを主食とする者ほど貧しいとみなされてきた。だが、甘藷を主食とする東部農村とりわけ青島近郊農村が高粱・玉蜀黍・粟を主食とする西部農村よりも経済発展が遅れ、また、北部および西部から小麦を移入せざるをえなかった半島部および東部の農村は北部や西部よりも経済発展が遅れていたとみなしてよいだろうか。小麦の碾き殻の麩をも食用とせざるをえなかった貧農が多数存在していたことは、農村経済の遅れではなく、むしろ経済発展の一面を表していると見るべきである。すな

99

第Ⅰ部　平時：民国前期（1912〜37年）

わち、多段階的・連鎖的な食糧消費構造の形成は、農村経済の発展によって穀物さえも商品作物として生産されるほど商品経済が広範に展開していた結果の表れと見るべきである。

(2)　食糧の流動

　　山東省の中でも食糧が不足しがちだった東部では主に西部からの移入に頼っていたとされているが、具体的な状況を以下に見ておきたい。

　　1913年に膠州（青島）と済南を結ぶ膠済線によって輸送された小麦6,193.13トンのうち、4,305.33トンが済南から発送され、特に豊作だった1915年は7月1日〜27日だけでも禹城・長清・泰安・大汶口・済寧付近一帯を主産地とする済南から4,170.4トンが発送され、「小麦の東部に於ける窮乏を西部の過多を以て補」ったという[28]。そして、1937年以前に済南に出回っていた小麦は、津浦線（仕出地は泰安・大汶口・兗州・済寧・滕県・徐州・蚌埠・開封など）と北津浦線（仕出地は平原・万城付近）から集まり、膠済線沿線では「青州以西地区カ済南市場ノ勢力圏内ニアリ、青州以東ノモノハ青島ニ出回ツテキタガ、相場ノ良好ナ場合ハ済南ノ勢力ハ高密地区マデ伸ビ」、この他にも、「黄河及小清河ノ舟運」によって河南省の洛口と山東省済南付近の黄台橋に相当量が出回ったという[29]。

　　ただし、日中戦争前には、平年における益都県内の主要な食糧総生産量の82％までが同県内で消費され、食糧移出の「最高限度は生産総量の約18％程度に過ぎ」ず、益都地方では大豆が主要な移入食糧であり、小麦が主要な移出食糧になっていたという[30]。

　　ちなみに、1936年度に膠済線に集まった5.7万トン余り（約97万担）のうち、青州（益都）に11,500トン余り、昌楽県と黄台橋に各々約6,000トンで、主に済南（3.5万トン余り）と青島に供給されたが、山東省南部から済南に出回る小麦の大部分は水運によるもので、鉄道輸送によるものは20％にも及ばなかった。また、粟の移出量が多い県は莱陽・諸城・長山・済陽・商河・臨邑・徳県・平原・禹城で、その集散地は棲霞・博山・淄川・済南・天津で、高粱の主要な移出県は諸城・昌楽・博興・高苑・長山・鄒平・商河・徳県・平原・歴城で、逆に、その主要な移入県は膠県・博山・桓台・淄川・周村・張邱で、最大の発送駅は全輸送量約42,800トンのうちの41,000トン余りを占める青島付近の大港と大港碼頭で、一方、最大の到着駅は31,500トンの済南で、大連から大港へ輸送

100

された「満州」産の高粱の大部分が膠済線によって済南に卸された。さらに、大豆の移出余力がある県は即墨・平度・高密・諸城・寿光・長山・徳県・済河などで、膠済線の大豆総輸送量1.4万トン余りのうち最大の発送駅は7,000トン余りの済南で、これについで周村と大港碼頭が各々3,000トン余りに上り、一方、到着駅としては、濰県蛤蟆屯が第1位で、峚山と青島が第2位だった。そして、玉蜀黍の主要な移出県は平原・徳県・商河・歴城などで、主に隣県や済南に移出されたが、従来から山東省では玉蜀黍の供給を大連に仰ぎ、甘藷は即墨県産が青島・済陽に、歴城県産が済南に、徳県産が天津にそれぞれ移出されたという[31]。

次に、1936年に山東省南部から済南に出回る小麦の大部分を占めていた水運のうち、「黄河及小清河ノ舟運」について見てみたい。

1917年6月に実施された調査によれば、小清河口に位置する羊角溝は人口密度が高く、「満州」や河南省から移入された雑穀は済南相場と羊角溝相場の高低によって絶えず小清河を流動していたが、済南市場の勢力はほぼ岔河以西にとどまった。一方、岔河以東の索鎮・桓台・広饒・博興・寿光が羊角溝の勢力範囲となっていて、羊角溝に移入された高粱の多くは大連・営口・安東・狐子窩などの「満州」産で、これに玉蜀黍が次いだ。また、羊角溝からの移出品の筆頭が雑穀で、高粱・緑豆・大豆・玉蜀黍・小麦は山東省西部の東阿附近産と洛口から黄台橋に来る河南省北部産と小清河中流域産で、その仕向地は龍口・煙台・関東州などで、年額200万担に及ぶこともあったが、不作が続いた1910年代前半は、逆に「満州」から移入し、下営や大連に移出される小麦も羊角溝経由品だった[32]。そして、1919年の報告書では雑穀は小清河中流域が豊作の時はほとんど移入されず、逆に、年に約10万担の高粱・緑豆・大豆・玉蜀黍・小麦が龍口・芝罘・関東州などへ移出されたという[33]。

また、1917年8月の調査によれば、「済南ノ門戸」である黄台橋は、「古来煙台、龍口ト済南トヲ連絡スル最短貿易路ニシテ民船貿易頗ル盛況ヲ呈シタ」が、小清河各所で堤防が崩壊し、川床も漸次泥塞したうえに、ドイツによる膠州湾および山東鉄道の経営が「辛辣ヲ極メ」たため、大打撃を蒙ったという。ちなみに、同年に黄台橋に集まった高粱の大部分は天津経由品が全体の約8割を占め、山東省西部の東阿地方産と黄河水運による河南省洛口経由品は約2割にすぎず、小清河下流域の主な仕向地は章邱・斉東で、時には湾頭・柳橋に及んだ。小麦は東阿・臨清の黄河沿岸と江蘇省・「満州」産で、多くは鴨旺口・帰蘇鎮・位家

第 I 部　平時：民国前期（1912～37 年）

表 1　1917 年度黄台橋における穀物の流動

高粱	約 8 割が「満州」産天津経由品、約 2 割が東阿・洛口経由品⇒約 60 万担
	【仕向地】小清河上流域の章邱・斉東を主とし、時には湾頭・柳橋
小麦	東阿・臨清などの黄河沿岸各地産、江蘇省産、「満州」産⇒約 50 万担
	【仕向地】鴨旺口・帰蘇鎮・位家橋・李家墳・孫家鎮・陶唐口 小清河上流域の章邱・鄒平・歴城・長山
大豆	約 7 割が河北省産、約 3 割が東阿付近産⇒約 5 万石
	【仕向地】大部分が小清河中流域の桓台・索鎮、一部が羊角溝
粟	河南省洛口経由品⇒2 万～3 万担　【仕向地】小清河流域
米	江蘇省江浦県浦口産⇒3.5 万～4 万担　【仕向地】小清河流域

典拠）「小清河ノ水運ト羊角溝（1917 年 8 月調）」269～271 頁より作成。1 担は
60 kg。

橋・李家墳・家鎮・陶唐口・章邱・鄒平・歴城・長山などの小清河上流域で消費
された。粟は黄河沿岸産で洛口から来たものが多かったが、1917 年春以降、市
価の高騰によって小清河流域への荷動きが小さくなり、逆に、津浦線終点駅の浦
口（南京の長江対岸）から来た米が粟よりも割安となったために小清河流域にも
仕向けられて粟や高粱に混ぜて食べられるようになり、貧民も米を食べたとい
う[34]。いずれにせよ、大量の高粱と小麦が黄台橋を経由して小清河流域へ仕向け
られていたことがわかる（表 1 を参照）。

　しかも、1917 年には小清河の上・中・下流域で各約 100 万担の穀物が移出さ
れ、いずれの地域もほぼ小麦よりも高粱・粟が多かった（表 2 を参照）。これを
表 1 と合わせてみると、黄台橋からの仕出量を超過する高粱と粟が移出されてい
たことがわかる。

　このように、山東省では、民国初期には河南省洛口から山東省済南へ流入した
穀物は黄台橋から小清河を通じて龍口・煙台さらに東北部の関東州へも仕向けら
れることもあった。

　以上のことを簡潔にまとめたのが図 2 であり、山東省の小清河流域には大量の
穀物が流動していたが、岔河を挟んで、済南市場と羊角溝市場の勢力範囲が拮抗
しており、済南（黄台橋）は黄河を通じて河南省とつながり、一方、羊角溝は渤
海を通じて中国東北部とつながっていた。

　1937 年以前、済南は華北第一の小麦粉の生産地で、その原料小麦は山東省の

102

第4章　山東省における食糧事情

表2　1917年小清河流域各県における穀物等の移出量
(単位：万担)

		小麦	高粱	粟	豆	計
上流域	歴城	6.7	23.1	12.6	9.1	51.5
	章邱	11.9	15.5	18.4	4.4	50.2
	鄒平	1.3	3.8	4.4	2.4	11.9
	斉東	2	3.9	1.8	3.9	11.6
	青城	0.4	4.4	2.8	2.6	10.2
	小計	22.3	50.7	40	22.4	135.4
中流域	桓台	14.8	16.7	4.8	10.3	46.6
	高苑	3.8	3.4	1.6	2.9	11.7
	博興	5.4	13.6	2.6	6.1	27.7
	広饒	2.5	6	2	0.6	11.1
	小計	26.5	39.7	11	19.9	97.1
下流域	寿光	16	42	43	2	103
合計		64.8	132.4	94	44.4	335.5

典拠「小清河ノ水運ト羊角溝（1917年8月調）」284～292頁より作成。なお、寿光県は「北に利津・霑化、蒲台などの黄河下流地方を控える」とされている。

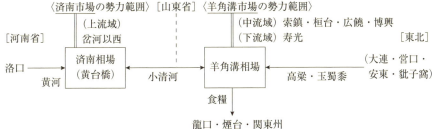

図2　小清河流域を中心として見た穀物の流動

みならず、遠く河北省南部や河南省・安徽省北部からも大量に出回っており、同時に、雑穀の集散量も多かったという[35]。また、龍口においても移輸入の大部分を占めたのは穀物だった[36]。

　以上、穀物が山東省内ばかりでなく、河南・安徽・江蘇3省や天津・東北との間で広範囲に流動していた。すなわち、以上のような広範な地域における雑穀の

103

第 I 部　平時：民国前期（1912～37 年）

表 3-1　1911～20 年における芝罘への穀物・小麦粉の移輸入動向　　（単位：担）

年度	玉蜀黍			粟・高粱	小麦	小　麦　粉		
	輸入	移入	合計	移入	移入	輸入	移入	合計
1911	—	—	—	—	—	100,735	103,795	204,530
1912	—	—	—	—	—	167,691	103,978	271,669
1913	0	33,384	33,384	1,552	2,553	107,357	189,806	297,163
1914	0	952	952	12,582	238	60,326	164,002	224,328
1915	0	48,401	48,401	92,514	28,360	658	285,727	286,385
1916	0	23,008	23,008	22,760	4,272	629	340,864	341,493
1917	0	41,466	41,466	48,278	7,559	550	391,559	392,109
1918	34,846	18,158	53,004	23,876	0	470	210,220	210,690
1919	0	39,030	39,030	19,461	7,113	10,771	260,556	271,327
1920	3,337	78,673	82,010	59,941	5,128	5,926	171,936	177,862

典拠）『中国旧海関史料（1958～1949）』京華出版社（2001 年）より作成。

生産量と価格の相互関係によって農産物の流れが決定していた。

　ところで、芝罘では 1911～15 年に小麦粉の移輸入量が約 20 万～30 万担で、玉蜀黍・粟・高粱などの移輸入量よりも圧倒的に多かった。だが、1914 年から外国製小麦の輸入量は激減したのに対して、1913 年から中国産小麦の移入量が激増していった（表 3-1 を参照）。

　また、龍口では、1915～20 年のうち 1915～19 年には小麦粉がまったく輸入されなかったが、1916 年からは穀物・小麦粉の移入量が急増し、また、1915 年と 1917 年を除くと、小麦・小麦粉よりも玉蜀黍・粟・高粱などの移入量が多かった（表 3-2 を参照）。

　さらに、1915～20 年の間に 1916 年から青島への穀物・小麦粉の移入量が急増し、1917 年には激増しているが、粟・高粱の移入量は 1917 年に 100 万担を超えてピークを迎え、その前後を含む 1916～18 年には玉蜀黍・小麦粉の移輸入量をはるかに凌駕し、玉蜀黍の移入量は 1917 年に 17 万担を超えて突出し、小麦粉の移入量は 1916～19 年に 14 万担前後に達するなど、変動がきわめて激しかった（表 3-3 を参照）。

　このように、第一次世界大戦期に山東省の主要な各港で小麦粉の移入量が輸入量を超過するようになったのは、同大戦の勃発によって中国への小麦粉の輸入圧

104

第4章　山東省における食糧事情

表3-2　1915～20年における龍口への穀物・小麦粉の移輸入動向

（単位：担）

年度	移　　　入			小　麦　粉		
	玉蜀黍	粟・高粱	小麦	輸入	移入	合計
1915	2,129	1,315	0	0	3,057	3,057
1916	50,670	50,672	266	0	36,078	36,078
1917	39,385	48,012	7,577	0	77,947	77,947
1918	45,629	80,642	538	0	30,635	30,635
1919	22,340	12,557	32	0	8,625	8,625
1920	42,818	60,384	1,706	1,559	25,355	26,914

典拠）表3-1に同じ。ただし、1915年は11～12月の2か月分のみ。

表3-3　1915～20年における青島への穀物・小麦粉の移輸入動向　　　（単位：担）

年度	玉　蜀　黍			粟・高粱	小麦	小　麦　粉		
	輸入	移入	合計	移入	移入	輸入	移入	合計
1915	0	0	0	0	0	247	4,764	5,011
1916	0	0	0	113,157	0	1,287	15,730	17,017
1917	0	173,438	173,438	1,072,918	0	51,639	137,625	189,264
1918	998	40,151	41,149	474,264	0	391	159,469	159,860
1919	0	0	0	40,081	0	299	134,323	134,622
1920	0	782	782	66,541	5,453	1,677	74,656	76,333

典拠）表3-1に同じ。ただし、1915年は9～12月の4か月分のみ。

力が低下したことと中国国内における製粉業の発展を反映していたと考えられる。

　以上、民国前期の山東省農村では、小麦・小麦粉や雑穀の獲得をめぐって小清河流域と膠済線沿線で激しく競合し、いかに深く商品経済に組み込まれ、大量の食糧作物が河南省・安徽省・江蘇省・天津・東北部との間で広範囲に流動していたかがわかる。

2．食用農産物の生産

⑴　概　略

　前章から、民国前期の山東省は米を除く主要な食糧作物の生産量が中国の中で

105

第 I 部　平時：民国前期（1912〜37 年）

最も多く、農業生産が盛んだったことがわかる。

　1937 年以前には山東省の年間小麦生産量は河南省に次ぐ全国第 2 位の 14％を占め、作付面積では第 1 位だったとされている[37]。また、華北の小麦生産量の30％を占め、「山東省ノ穀倉」と称され、作付・収量ともに最多の曹州・兗済両道が山東省で占める割合は、作付面積で 31％、収穫高で 32％だった[38]。とりわけ山東省西部の済寧地方とその奥地一帯は上海市場で「所謂山東小麦と称せらる、全省第一の小麦の産地」だった[39]。

　1934 年刊行の資料によると、1930 年代初頭の栽培面積・生産量は、白菜・葱・大蒜・大根の蔬菜類が約 42 万市畝・約 928 万市担、落花生・棉花・葉煙草が合計約 1,049 万市畝・約 1,788 万市担だったのに対して、主食の小麦（約 4,094 万市畝・約 4,892 万市担）・高粱（約 1,906 万市畝、約 3,493 万市担）・粟（約 1,733 万市畝・約 3,609 万市担）・玉蜀黍（約 615 万市畝・約 1,101 万市担）・甘藷（約 292 万市畝・約 4,047 万市担）・大豆（約 2,640 万市畝・約 3,518 万市担）が圧倒的に多く、小麦の栽培面積は高粱・粟の約 2 倍だった。1 畝当たりの生産量は、最多の甘薯が約 13.85 市担で、約 1.19 市担の小麦の 11 倍強にも達し、高粱が約 1.83 市担、粟が約 2.08 市担、玉蜀黍が約 1.79 市担、大豆が約 1.33 市担だった。しかも、移出量の割合は、商品作物の落花生・棉花・葉煙草が各々 55.8％・70.99％・39.19％と相対的に高かったのに対して、高粱・玉蜀黍・粟・甘藷が各々 2.43％・4.37％・0％・2.87％と相対的に低いが、小麦・大豆は各々 29.52％・31.19％と相対的に高く[40]、販売目的の商品作物となっていたと言える。

　そこで、以下では、1930 年代初頭の山東省における主要な農作物だった小麦・高粱・粟・玉蜀黍・甘藷・大豆の生産状況について各県ごとに見ておきたい。

　小麦の生産量が多い県は高粱や粟の生産量でも上位を占め、その主産地は西南部の滕県・魚台・単県・曹県・鉅野・郾城、中部の鉄道沿線の歴城・章邱・益都・寿光・昌邑・濰県・泰安、半島部の膠県・平度・莱陽・諸城だった。また、甘藷の生産地は牟平・即墨・莱陽・膠県・平度・高密・諸城・海陽・日照の半島部に偏在していた。さらに、大豆は寿光や青島の周辺ないし近辺の膠県・平度・諸城が多かった（表 4-1 を参照）。

　1 畝当たりの生産量が平均の 1.5 倍以上だった県は、小麦では膠済線周辺の臨朐・博山・青島・膠県・歴城・即墨・寿光、津浦線周辺の寧陽・臨邑・長清、北

106

第4章　山東省における食糧事情

表 4-1　1930 年代初頭山東省主要各県の主要農産物生産量　　　（単位：万市担）

小麦		高粱		粟		玉蜀黍		甘藷		大豆	
泰安	203	滕県	174	昌邑	210	楽陵	126	牟平	506	寿光	293
平度	177	寿光	143	莱陽	158	徳県	60	即墨	423	膠県	262
膠県	147	諸城	135	平度	132	章邱	58	莱陽	340	単県	180
曹県	129	平度	115	諸城	120	莱陽	53	陽穀	180	平度	121
莱陽	123	沂水	112	寿光	117	陽信	50	膠県	175	諸城	107
歴城	120	鄆城	107	濰県	109	陽穀	45	平度	161	鄆城	81
魚台	115	益都	89	陽信	92	冠県	40	高密	160	歴城	72
寿光	111	棲霞	85	楽陵	85	黄県	37	鄆城	160	昌邑	71
章邱	110	武城	82	長清	84	膠県	35	諸城	159	護県	68
滕県	108	曲阜	74	膠県	84	招遠	33	海陽	150	荷沢	66
単県	96	博興	71	章邱	77	威海衛	33	滕県	150	莱陽	62
鉅野	92	招遠	66	招遠	68	肥城	30	日照	140	鄄城	62
沂水	90	歴城	66	安邱	70	館陶	25	嶧県	140	高苑	61
臨沂	87	高密	61	泰安	64	莘県	25	斉東	137	即墨	59
鄆城	84	利津	60	益都	64	無棣	24	郯城	120	濰県	54
濰県	78	泰安	59	歴城	58	徳平	24	文登	105	曹県	53
安邱	75	臨沂	59	利津	57	文登	24	滋陽	95	清平	50

典拠『中国実業誌（山東省）』（1934 年）第 5 編 10～97 頁より作成。調査は 1933 年 7 月から開始したという（同書「序」1 頁）。

部の霑化、半島部の栄成、高粱では津浦線周辺の曲阜・寧陽、膠済線周辺の臨朐・寿光・即墨、半島部の招遠・黄県、西北部の徳平、粟では津浦線周辺の寧陽、膠済線周辺の臨朐・即墨・寿光・濰県、半島部の招遠・莱陽、西北部の楽陵、西部の清平（高唐県清平鎮）、玉蜀黍では半島部の海陽・黄県・栄成、西南部の曹県、膠済線周辺の寿光・膠県・青島、津浦線周辺の寧陽、西北部の楽陵、甘藷では膠済線周辺の膠県・高密・中央部の莱蕪、西部の金郷・陽穀・鄆城・徳県、半島部の牟平・莱陽、南部の嶧県、東南部の日照、北部の陽信、大豆では膠済線周辺の青島・寿光・即墨、西部の堂邑・寧陽・徳県・朝城・夏津・長清、東南部の日照・諸城、北部の徳平・霑化・利津・楽陵だった（表 4-2 を参照）。

　以上から、寿光・臨朐より東の山東省半島部には県全体の生産量が多いうえに、1 畝当たりの生産量も多い県がいくつかあり、穀倉地帯とされる西部をやや

第Ⅰ部　平時：民国前期（1912〜37年）

表4-2　1930年代初頭山東省主要各県における1畝当たりの生産量　（単位：市担）

小麦		高粱		粟		玉蜀黍		甘藷		大豆	
臨朐	5.20	曲阜	5	寧陽	4.5	海陽	22.5	膠県	35	青島	17
博山	3.42	臨朐	4.8	臨朐	4.01	曹県	11.5	莱蕪	32	寿光	4.77
寧陽	3.2	寿光	4.79	即墨	3.6	寿光	4.80	金郷	23	堂邑	4.40
青島	2.7	即墨	3.60	寿光	3.59	寧陽	4.5	牟平	20	日照	3.6
霑化	2.4	招遠	3.6	招遠	3.59	膠県	3.5	莱陽	20	寧陽	3
膠県	2.1	黄県	3.49	楽陵	3.54	黄県	3.49	陽穀	20	即墨	2.4
栄成	2.08	徳平	3	清平	3.5	栄成	3.36	高密	20	徳平	2.4
臨邑	2.01	寧陽	2.78	灘県	3.33	楽陵	3	鄆城	20	諸城	2.09
歴城	2	諸城	2.7	莱陽	3.3	青島	2.85	嶧県	20	霑化	2.07
即墨	1.80	蒙陰	2.7	臨邑	3.06	招遠	2.6	日照	20	利津	2
長清	1.8	沂水	2.66	黄県	3.00	徳県	2.5	徳県	20	徳県	2
寿光	1.79	滕県	2.6	昌邑	3	莘県	2.5	陽信	20	朝城	2
広饒	1.75	長清	2.5	陽信	3	寿張	2.5	禹城	19.87	楽陵	2
蒙陰	1.75	荷沢	2.4	陵県	3	莱陽	2.42	即墨	19	夏津	2
莱陽	1.74	新泰	2.4	膠県	2.8	沂水	2.4	清平	19	長清	2
魚台	1.7	日照	2.4	長清	2.8	威海衛	2.2	寧陽	18	昌邑	1.96
高密	1.68	青城	2.39	新泰	2.8	即墨	2.16	※	15	恵民	1.89

典拠）表4-1に同じ。小数点第2位以下を切り捨てた。※は複数の県が該当する。

凌いでいるようにも見える。

　次に、移出量とその生産量に占める割合を見てみると、小麦では済南周辺の章邱（約88万市担、80％）・泰安（約83万市担、40％）、半島部の平度（約71万市担、40％）、西南部の滕県（約65万市担、66％）・魚台（60万市担、51％）・曹県（60万市担、40％）が移出額で60万市担を超えていたが、生産量に占める割合で60％を超えていたのは章邱・滕2県だけだった。また、高粱では移出量で上位の博興（約24万市担、34％）・東阿（約16万市担、33％）2県の生産量に占める割合は30％余りにすぎず、さらに、玉蜀黍では最多の24万市担を移出した徳県が生産量に占める割合でも最高の40％だったのに対して、大豆では移出量で東部の寿光（190万市担）・膠県（170万市担）・平度（72万市担）と西南部の単県（72万市担）が70万市担を超え、生産量に占める割合は40％の単県を

108

第4章　山東省における食糧事情

除くと 60〜65％に達した。甘藷では移出量が最も多かった即墨県（112 万市担）
だけで山東省全体の移出量の 94％を占め、しかも、同県の生産額全体の 26％余
り（1933 年は 50％余り）を占めていた。そして、移出された甘藷のほとんどす
べてが山東省内の近隣地域で消費されていた[41]。

(2) 小　麦

　1919 年に刊行された文献資料によれば、小麦は山東鉄道沿線地域や滕県・禹
城・済寧・兗州・泰安・曹州・臨清などの諸県で生産され[42]、「山東産麦中品質
良好のものは登州、莱陽産とせるも産額僅少にして其他の地方産何れも品質大差
なし而して山東にては其の用途殆んど麺粉に製造せられ主要食料の原料となし」、
小麦の主要な生産地は禹城・平原・徳州・臨城・棗荘・台荘などの諸県だった
が、「東部山東産は殆んど其地方の供給に不足し西部山東（曲阜、泰安、禹城、
平原、張荘等）及安徽（懐遠）江蘇（徐州、蚌埠）河南省」から山東省西部の済
南を経て移入されたという[43]。また、1922 年に刊行された文献資料でも、小麦に
ついて、半島部の登州・莱陽産は品質が良く、山東鉄道沿線地方では平度県をは
じめとして高密・膠州・安邱・昌邑・寿光・章邱・濰・益都・長山 9 県が次ぎ、
津浦線の済南以北では禹城県をはじめとして徳州・武定・臨清・聊城 4 県が次
ぎ、西南部の運河に瀕する汶上・東平 2 県は生産額が多いが、魚台・済寧・嘉祥
3 県は低湿地で、豊饒な小麦の産出には適さず、品質が優良で生産額が多いのは
むしろ津浦線以東のやや高燥な地方、とりわけ「泗水産ハ其ノ白眉ト称」されて
いた。そして、山東省産の小麦は湖北省漢口付近のものに比すれば「製粉高ニ於
テ小麦 100 斤ニ対シ 6 斤内外少ナ」かったが、上海品に比して品質が優良である
ために価格がやや高かった[44]。

　さらに、1925 年の調査によると、山東省における小麦の生産は、70 万担以上
の汶上・滕・臨沂 3 県、69 万担の郿城県、50 万担以上の章邱・斉河 2 県、40 万
担以上の曲阜・昌楽・滋陽・莱陽・鄒陽 5 県と山東省中部・南部の膠済鉄道と京
滬鉄道の沿線一帯が主産地だった。あるいは、1926 年の調査報告書によれば、
小麦は山東省西南部の汶上・郿城・単・滕・滋陽・鉅野・寧陽・済寧・曹 9 県の
河南省隣接地が最も多く、章邱・益都・昌楽・濰・高密 5 県の膠済鉄路沿線地域
と蒙陰・莒 2 県の省南部がこれに次ぎ、寿光・広饒・昌邑 3 県の小清河沿岸部も
豊年には他地方に移出する能力があり、年産額が 1,700 万石に達したという[45]。

109

第 I 部　平時：民国前期（1912～37 年）

　このように、1920 年代前半以前には、山東省における主要な小麦生産地が鉄道沿線と大運河以西の西南部だったが、1925 年以降になると、山東省における中心的な小麦生産地にやや変化があったこともわかる。

　ところで、小麦の作付面積の増減に直接的な影響を及ぼしたのが作物間の競合関係であり、主要な小麦作地だった山東省西部には 20 世紀前半に棉作の盛んな農村も多かった[46]。

　1917 年の調査によると、小清河下流域の後背地のうち、「人口稠密」で「購買力甚タ高キ」桓台は、安平蓆子 700 万担・豆油 72 万斤・豆餅 61.2 万枚・小麦粉 65.5 万斤を移出し、長山・高苑・青城などとともに周村からの貨物が約 8 割を占め、羊角溝からの貨物は雑穀が約 2 割で、羊角溝からの主な貨物は高粱で、年額 3,000～4,000 担だった[47]。

　また、1917 年刊行の資料には「山東農民ハ何レモ麦実ノ収穫ヲ主トシ茎稈ヲ得ルヲ副トナスヲ以テ刈入時期等ニハ多クノ注意ヲ払ハサルモノノ如シ唯沙河地方ニ在リテハ真田ノ編製ヲ目的トスル麦ハ多少普通ノ収穫時期ニ先ツテ早刈スル傾向アリ」[48]、「全熟セサル以前ニ刈取ヲナスニ起因」して「不良品」は少なかった[49]。このように、副業である麦稈真田の生産が小麦の収穫高に影響を及ぼしていた。すなわち、作付作物のうち小麦を選択するのは、他作物との販売価格や収益率の差ばかりでなく、副業である麦稈真田の生産による収益を含めて計算された結果であり、多くの農家が収入源を多角化することによってリスクの分散を図っていたと考えられる。

⑶　高粱・粟・玉蜀黍

　山東省における高粱の生産量は中国全体の 15％を占め、1 畝当たりの生産は全国平均の 153 斤に対して山東省は 165 斤で「標準数ヲ超過シ」、山東省の「穀類作物トシテハ小麦、粟ニ次イデ第 3 位ノ重要性ヲ有スル」という[50]。

　1919 年刊行の資料では、高粱の生産地として山東省西部と河南省境が「満州」に次ぐとしているが[51]、その他の調査資料は高粱・粟についてほとんど言及していない。ただし、莱州特産の黄酒は付近一帯に産する粟を原料とし、一方、高粱を原料とする焼酒は従来灘県のみで醸造され[52]、1919 年刊行の資料では、灘県城内外には「焼鍋」が 20 戸余りあったが、「何レモ土法ニ依リ焼酒ヲ製スルモノニシテ僅ニ地方ノ需用ヲ充タスニ止ル」[53]としている。また、1921 年刊行の資料で

110

第 4 章　山東省における食糧事情

も「山東省管内ニテハ済寧ノ酒最モ名アリ其ノ他沿途ニテ焼鍋アルヲ聞クモ地方
ノ需用ヲ充スニ過キス」としている[54]。

さらに、高粱は飼料としても用いられ、その茎は燃料や建築用材あるいは蓆の
材料にもなり、とりわけ山東省では「燃料カ一般ニ非常ニ欠乏シテヰル為高粱稈
ハ殆ド唯一ノ燃料トシテ愛用サレルコレモ亦好ンデ農家ノコレヲ栽培スル一理由
デアル」という[55]。

さて、1940 年刊行の資料では、粟と小麦は「冬蒔ト夏蒔ト云フ風ニ連作サ
レ」、粟の「稈」は家畜の飼料となるために農家が好んで栽培し、特に陵県・臨
邑・斎河・莱蕪では 1 畝当たりの生産額が小麦より大きいために小麦よりも粟を
好んで栽培したという[56]。

(4)　甘　藷

青島を含む「膠州湾租借地ハ平野頗ル少ナク」、「地味概シテ肥沃ナラス従ツテ
作物ノ発育多クハ不良」で、李村軍政署「管下農産物 1 ヶ年ノ収穫」は甘藷がそ
の約半分を占め、これに小麦・粟が次いでいた[57]。一方、黄県は「山東省中土地
最モ肥沃ノ地方ニシテ小麦ヲ大宗トシ（全作物ノ約 10 分ノ 7 ）高粱、粟、大豆、
緑豆等順次之ニ次」いでいた[58]。

1939 年に刊行された調査報告書によれば、青島市近郊農村で作付が最多だっ
たのは農家の主食だった甘藷で、約 50％を占めていたが、それは甘藷の「収量
が大きく人口抱擁力の大なる」ためであり、また、甘藷は冬作物中で最も重要な
地位を占め、「小作農群に於ては食糧たる甘藷が絶対的に大部分を占め、他の作
物が極めて少いのに対し、地主自作農群の如きは甘藷の比重が減少し、大豆、高
粱、粟等の如き雑穀の栽培に進み得る余地のあることを示してゐる。」と見たう
えで、「地主自作農群」の「食物が甘藷重点から雑穀を加へた上級のものとなつ
てゐると同時に、自家消費以外に販売の余地をも有してゐる」としている[59]。

1933 年に刊行された調査報告書によれば、甘藷は「黄海」に近い諸城・膠県・
即墨・平度・莱陽・海陽で栽培が多く、「耕地面積に対する甘藷の作付」率は、
青島旧市域・即墨県・膠県が最多で、かつ山東半島東部で高く、「1 人当耕地面
積の狭い程」、作付率が大となる傾向があり、概して人口密度が高くなるにつれ
て甘藷の作付率が増大する傾向があった[60]。

111

第Ⅰ部　平時：民国前期（1912〜37年）

⑸　大　豆

　大豆は生育期間が他作物に比して短いので、農民は好んで小麦と大豆とを連作している。その上、小麦の栽培が地力を非常に消耗するのに対して、大豆は窒素を地中に固定して地力を肥化する性質があるとされている[61]。

　1915年に刊行された資料では、山東省産大豆の品質は「満州産ニ劣ラス故ニ外国ニ於ケル需要ノ増加ニ伴ヒ」大豆「栽培ハ逐年盛大」になり[62]、また、1919年刊行の資料では、大豆は「曹州府ヲ最大産地トシ沂州、青州、山東半島各地ニ産」し、済南に出回る大豆油は「済寧、徳州等ノ産品ニシテ済寧品ハ優良品」であるとしている[63]。ところが、1913年の調査によれば、芝罘から移出された大豆粕は原料を主に「満州ニ仰キ製品ハ従来南支那、厦門、汕頭地方ニ輸出スルモノ多カリシカ近年漸ク大連豆粕ノ為ニ圧倒」されたという[64]。

　芝罘は1枚58斤の豆粕の移出地で、「満州」の復州・営口付近から移入された小形豆粕（1枚23〜24斤）の多くは再移出された[65]。そもそも、芝罘産の豆粕には大形豆粕（56斤、1斤＝「160匁強」）と小形豆粕（46斤）の2種類があった[66]。

　龍口では、豆粕が毎年30万〜40万枚移入され、「大連との航海開けざりし間は何れも営口46斤物のみ輸入を見たりしも最近大連との交通開けし以来同地よりも輸入」され、黄県一帯で玉蜀黍・高粱・粟の肥料に供され、元来、龍口地方では110余りの油房が「1枚10斤もの」の豆粕を製造し、その原料は羊角溝・太山・利津などから買い入れていた[67]。

　1918年の報告によれば、「登州府下の八角口を首め各地に産出」する大豆は主に芝罘の「油及粕の製造原料に其他の一部は食料に充つるにあり当地方に産出する大豆は品質劣等油分甚だ少なきを以て油房は従来之を好まず」、多くは遼東半島の安東・大孤山・荘河・貔子窩・復州・錦州・山海関から移入し、大豆油を主に汕頭など華南と日本に移輸出し、また、大豆粕の生産は13〜14年前には非常に盛況で、山東省内「産地たる膠州湾地方文登県」張家埠口・海陽県乳山口・諸城県陳家口および宮荘口・栄城県石島・「龍口地方等に冠絶し」、営口に次ぎ、輸出大豆粕の約9割は芝罘市内で製造され、油房数も56軒に達したが、「日露戦争後漸次満州に油房業の振興するに従ひ」、芝罘の油房は「漸次満州に移転或は廃業するもの続出せしより」[68]、油房数は1914年に30軒も減少し、1916年に20軒、1917年に18軒、1919年には14軒となり、大豆粕の取引先は大連・汕頭・

112

廈門・塩城で、豆粕製造に使用する原料大豆の多くは「満州」産だった[69]。

1920 年の報告によれば、安東の油房はかつて「専ラ豆油搾取ヲ目的トナシ豆粕ハ其副産物」だったが、日露戦争後は日本商が肥料用として豆粕の輸出を試みて以来「油房ノ目的モ自然顛倒」して「豆粕製造ヲ以テ本業トナス」に至った[70]。

以上のことから、大豆は食糧として消費されるばかりでなく、その搾り粕が肥料として利用されていた。山東省では大量の大豆を東北から移入して大豆油・大豆粕を移出していたが、やがて油房は低コストを求めて東北にも林立するようになった。

おわりに

民国前期山東省における農民・農村の貧困は、農村経済の衰退や後進性を反映したものではなく、むしろ農村経済の発展を反映していたものだったと言うべきである。山東省農村経済の発展は、農民の貧困化を伴いながら展開した。

そして、民国前期の山東省でも、このような貧富の格差に基づく多段階・多層的な食糧消費構造が形成されていた。すなわち、山東省では農作物のうち小麦の栽培面積が最も広かったが、小麦が大部分の都市民や農民にとって主食とはなっておらず、小麦をはじめとする高粱・粟・玉蜀黍などの穀物あるいは甘藷までもが当初から販売するために生産されていた。農民自身の食糧となる穀物・雑穀類が当初から自給目的ではなく、販売目的で生産されていた。ただし、このことから、近代になってようやく自給自足的な穀物生産から商品作物生産への変化が起こったという捉え方[71]を再考する必要がある。

山東省は、華北の中でも主要な穀物生産地だったが、常に近隣の河南省・江蘇省・「満州」（東北）などから大量の穀物を移入していた。

近代山東省において食糧を移入する理由は、同省内で発生した天災による不作とともに、穀物の生産から非穀物の生産への転作が進展していたこと、また、穀物生産が自家消費のためというよりも当初から販売を目的としていたことに求めることができる。

穀物の生産は、酒・加工食品（粉条）・手工業品（麦稈真田、蓆）などの多種多様な副産物・商品を生んでいた。

山東省では、20 世紀初頭から食糧となる穀物から棉花・落花生・葉煙草など

第Ⅰ部　平時：民国前期（1912～37年）

へ作付けが転換すると同時に、粉条の生産も急速に拡大した。こうして、不足す
る高粱・粟・緑豆などの穀物類を河南省・東北などから大量に移入するように
なった。

　穀物生産農家が自家消費分をも販売し、あるいは自給食糧となる穀物生産を犠
牲にして棉花などの商品作物生産に特化していたことは、これまでは「窮迫販
売」・「飢餓販売」として理解されてきたが、民国前期山東省農村経済の発展はこ
のような食糧の生産・流通・消費構造によって支えられていたのである。

注

⑴　東亜研究所『山東省の食糧問題（一）―膠済鉄道圏45県の食糧調査』資料丙第125号D
　（1940年）4頁。同書は、「中国糧食問題的総検討（上）」（中国経済研究会『経済研究』第
　1巻第5期、1940年1月1日）に所載された「青島済南一帯糧食的産銷」に依拠して適宜
　補正を加えたものであるという。
⑵　例えば、内山雅生「山東省における労働力移動―『満州』方面を中心に―」（野村真理・
　弁納才一編『地域統合と人的移動―ヨーロッパと東アジアの歴史・現状・展望』御茶の水書
　房、2006年）。
⑶　拙稿「日本の青島占領支配時期における山東省の物産調査について」（東洋文庫中国近代
　研究班『近代中国研究彙報』第27号、2005年3月）、同「中華民国期中国の食糧事情に関
　する調査と研究について」（『近代中国研究彙報』第28号、2006年3月）を参照されたい。
⑷　青島守備軍民政部『山東ニ於ケル主要事業ノ概況』第1編（1918年）13頁。
⑸　青島軍政署『山東之物産』第2編（1917年）136頁・144頁。
⑹　青島守備軍民政部『山東之物産』第7編（1922年）34頁。
⑺　同上書『山東之物産』第7編（1922年）1頁。
⑻　独逸人ベッツ著『山東省ノ経済的発展』交渉資料第8編（南満州鉄道株式会社総務部交渉
　局、1915年）44頁。
⑼　東亜研究所『山東省ニ於ケル農作物地域ノ研究』資料丙第106号D（1940年4月）18頁。
⑽　実業部国際貿易局編『中国実業誌（山東省）』第5編（1934年）、20～21頁。
⑾　南満州鉄道株式会社経済調査会『山東省一農村（張耀屯）に於ける社会・経済事情―附.
　同村に於ける一農家の経済―』経調資料第95編（南満州鉄道株式会社、1935年）73～77
　頁。
⑿　青島軍政署李村出張所『李村要覧』（1916年）33～34頁・120～125頁。
⒀　「芝罘に於ける切干甘薯に付て」（『通商公報』第172号、1914年12月7日）16頁。
⒁　前掲書『南山東及江蘇沿岸諸港調査報告書』調査資料第10輯（1918年）114頁。
⒂　「新らしき商品　青島港輸出干薯」（『山東経済時報』第7巻第10号、1924年5月30日）。
⒃　青島軍政署『山東之物産』第2編（1917年）145～146頁。また、野村徳七商店調査部
　『青島経済事情』（1917年）94頁にもほぼ同様の記述が見える。なお、同書では、山東省産
　の小麦の品質は、「登州莱陽に産するもの最も佳良と称せられ青州付近のもの之に次ぎ済南

第 4 章　山東省における食糧事情

附近に産するもの品質前者に比し劣る」としている（92 頁）。

⒄　前掲書『山東省ノ経済的発展』（1915 年）43〜44 頁。

⒅　前掲書『山東之物産』第 2 編（1917 年）136〜137 頁。なお、野村徳七商店調査部『青島経済事情』（1917 年）93 頁にもほぼ同内容の記述が見えるが、この両書がいかなる関係にあったのかは不明である。

⒆　青島守備軍民政部鉄道部『南山東及江蘇沿岸諸港調査報告書』調査資料第 10 輯（1918 年）38 頁。

⒇　注⒂に同じ。

㉑　青島守備軍民政部鉄道部庶務課『博山事情』（1917 年 2 月調）第 72〜73 葉。

㉒　青島守備軍民政部鉄道部『山東鉄道沿線重要都市経済事情・中』調査資料第 12 輯（1919 年？）220〜221 頁。

㉓　青島守備軍民政部鉄道部『東北山東（渤海山東沿岸諸港濰県芝罘間都市）調査報告書』調査資料第 17 輯（1919 年）275 頁・291 頁・309 頁。

㉔　青島守備軍民政部鉄道部庶務課『青州事情』（1917 年 2 月）第 13 葉。なお、前掲書『山東鉄道沿線重要都市経済事情・中』（調査資料第 12 輯、1919 年？、65〜66 頁）にもまったく同じ記述が見える。

㉕　青島守備軍民政部鉄道部『山東鉄道沿線重要都市経済事情・上』調査資料第 11 輯（1919 年）250 頁。

㉖　青島守備軍民政部鉄道部『南山東重要都市経済事情』調査資料第 14 輯（1919 年）17 頁・59 頁・63 頁・89 頁・127 頁・131 頁・189 頁・192 頁・241 頁・252 頁。

㉗　青島守備軍民政部鉄道部『博山撥州間鉄道路線調査報告書』調査資料第 19 輯（1920 年）72〜73 頁・84 頁・95 頁。

㉘　「済南地方に於ける小麦出回状況」（『通商公報』第 248 号、1915 年 9 月 9 日）1 頁。

㉙　華北綜合調査研究所緊急食糧対策調査委員会『済南地区食糧対策調査委員会報告書（済南地区ニ於ケル食糧事情並ニ蒐貨対策）』（1943 年）10 頁。

㉚　華北綜合調査研究所緊急食糧対策調査委員会『緊急食糧対策調査報告書　益都地区』（1943 年）2 頁・24〜25 頁。

㉛　前掲書『山東省の食糧問題（一）』5 頁・7〜11 頁・13 頁。

㉜　青島守備軍民政部鉄道部庶務課『羊角溝』（1917 年 6 月調査）第 30〜33 葉。

㉝　青島守備軍民政部鉄道部『東北山東（渤海山東沿岸諸港濰県芝罘間都市）調査報告書』調査資料第 17 輯（1919 年）26 頁・28 頁。

㉞　青島守備軍民政部鉄道部「小清河ノ水運ト羊角溝（1917 年 8 月調）」調査資料第 21 輯（1921 年）267〜271 頁。

㉟　満鉄北支経済調査所『山東省ニ於ケル主要農産物（棉花、小麦、雑穀）ノ生産並出回事情』（1942 年）50 頁。

㊱　「山東省龍口及黄県事情」（『通商公報』第 47 号、1913 年 9 月 11 日）21 頁。

㊲　前掲書『山東省ニ於ケル農作物地域ノ研究』12〜13 頁。

㊳　前掲書『済南地区食糧対策調査委員会報告書（済南地区ニ於ケル食糧事情並ニ蒐貨対策）』（1943 年）6 頁・8 頁。

115

第 I 部　平時：民国前期（1912〜37 年）

⑶　「山東省に於ける飢饉に付て」（『通商公報』第 436 号、1917 年 7 月 23 日）36 頁。

⑷　前掲書『中国実業誌（山東省）』第 5 編、1〜4 頁。

⑷　同上書『中国実業誌（山東省）』第 5 編、10〜97 頁。

⑷　青島守備軍民政部鉄道部『山東鉄道沿線重要都市経済事情・下』調査資料第 13 輯（1919年）327 頁。

⑷　岡伊太郎・小西元蔵編『山東経済事情―済南を主として』済南経済社（1919 年）169〜170 頁。

⑷　前掲書『山東之物産』第 7 編（1922 年）4〜6 頁・35 頁。

⑷　参考資料「山東の小麦」（『済南実業協会月報』第 17 号、1926 年 9 月 5 日）2〜4 頁。なお、これは農業専門学校調査（1925 年）による。

⑷　拙稿「占領時期前後における山東省綿業構造の変動」（本庄比佐子編『日本の青島占領と山東の社会経済―1914〜22 年』東洋文庫、2006 年 3 月）を参照されたい。

⑷　「小清河ノ水運ト羊角溝（1917 年 8 月調）」282〜303 頁。

⑷　青島軍政署『山東之物産』第 2 編（1917 年）5 頁。なお、岡伊太郎・小西元蔵編『山東経済事情―済南を主として』（1919 年、済南経済報社）199 頁および青島守備軍民政部『山東之物産』第 7 編（1922 年）4 頁にも、ほぼ同じ記述が見える。

⑷　青島守備軍民政『山東之物産』第 7 編（1922 年）49 頁。

⑸　前掲書『山東省ニ於ケル農作物地域ノ研究』26 頁。

⑸　前掲書『山東鉄道沿線重要都市経済事情・下』調査資料第 13 輯（1919 年）392 頁。

⑸　鉄道部庶務課『黄県灘県間鉄道線路踏査報告書』経済調査（1914 年）第 10 葉。

⑸　前掲書『山東鉄道沿線重要都市経済事情・上』調査資料第 11 輯（1919 年）370 頁。

⑸　青島守備軍民政部鉄道部『大運河及塩運河沿岸都邑経済事情』調査資料第 27 輯（1921年）221 頁。

⑸　前掲書『山東省ニ於ケル農作物地域ノ研究』23〜24 頁。

⑸　同上書、18 頁・23 頁。

⑸　農商務省商工局『膠州湾現時ノ経済状態大要』商工彙纂第 43 号（1916 年）53 頁。

⑸　旅順民政署『山東省視察概要』1913 年調査（関東都督府民政部『山東省視察報文集』、刊行年不詳）168 頁。

⑸　満鉄北支事務局調査部『青島近郊に於ける農村実態調査報告―青島特別市李村区西韓哥荘』北支調査資料第 7 輯（1939 年）31 頁・47〜48 頁。

⑹　興亜院華北連絡部青島出張所『山東省に於ける甘藷の栽培並に需給に関する調査』興青調査資料第 82 号（1942 年）19〜20 頁。なお、同書では「本調査は済膠鉄路沿線経済調査報告総編に掲載された数字に基いて作成した第 10 表によるものであるが、この調査は山東省内の約半数の県に関するものであり、省内西部の多数県については調査がないので之等の県については触れ得なかつた」（19 頁）と説明している。また、膠済鉄路管理委員会『膠済鉄路沿線経済調査報告総編』（1933 年）の統計は 1931 年度を基準にして 1932 年度と 1933 年度によって補充したという（同書「序」4 頁）。

⑹　前掲書『山東省ニ於ケル農作物地域ノ研究』29〜30 頁。

⑹　前掲書、ベッツ『山東省ノ経済的発展』60 頁。

116

第 4 章　山東省における食糧事情

⑹　前掲書『山東鉄道沿線重要都市経済事情・下』調査資料第 13 輯（1919 年）345〜346 頁。

⑷　前掲書『山東省視察概要』188 頁。

⑹　「芝罘に於ける豆粕」（『通商公報』第 13 号、1913 年 5 月 15 日）16〜17 頁。

⑹　「芝罘に於ける豆粕生産状況」（『通商公報』第 234 号、1915 年 7 月 22 日）7 頁。

⑹　「山東省龍口及黄県事情」（『通商公報』第 47 号、1913 年 9 月 11 日）25 頁。

⑹　「芝罘地方産大豆及其製品に付て」（『通商公報』第 567 号、1918 年 11 月 4 日）3 〜 4 頁。

⑹　「芝罘に於ける主要製造業」（『通商公報』第 672 号、1919 年 11 月 10 日）24〜25 頁。

⑺　「安東地方ニ於ケル豆粕状況」（『通商公報』第 733 号、1920 年 6 月 7 日）16 頁。

⑺　このような捉え方は、例えば、すでに『山東省経済調査資料　第 1 輯　山東省業経済の発
　　展とその破局的機構』経調資料第 72 編（南満州鉄道株式会社経済調査会、1935 年）8 〜10
　　頁にも示されている。

117

第5章　河北省における食糧事情

はじめに

　民国前期には、華北のうち内陸部の山西省と河南省は沿海部の河北省や山東省への食糧穀物の供給地となっていた。とりわけ、1931 年に「満州事変」が勃発し、翌 1932 年に「満州国」が成立すると、「満州」（東北）に隣接する河北省や山東省から「満州」への出稼ぎが激減すると同時に、「満州」から河北省や山東省への食糧農作物の供給量も激減した。これによって、食糧農作物の仕出地としての山西省・河南省とその仕向地だった河北省・山東省とは食糧の需給関係における結び付きをよりいっそう強めていった。

　ところで、民国前期河北省農村社会経済に関する調査報告書類は相当数に及んでおり、山東省がこれに次いでいる。とりわけ日中全面戦争勃発前の 1936 年に刊行された『河北省農業調査報告書（一）〜（四）』[1] は、河北省各県における農作物の作付率、穀物の移動状況、食糧穀物の過不足状況などについて説明してばかりでなく、各県城と同県内の数か村における農家戸数の割合、農村経済状況、食糧穀物の過不足状況などについても言及している。これらの文献資料からは、民国前期河北省農村の食糧事情についても窺い知ることが可能である。ただし、上記調査報告書類の調査対象地域は河北省全域を網羅しているわけではなく、また、調査報告書によって調査項目や内容が異なっていることから、県によって農村経済や食糧事情に関する情報量の濃淡には明らかな差異がみられる。

　すでに前章で民国前期山東省における農村経済と食糧事情について述べた。そこで、本章では、山東省と同様に、日本側による中国農村実態調査報告書などの文献資料が相対的に多い民国前期河北省における農村経済と食糧事情について検討したい。

119

第 I 部　平時：民国前期（1912～37 年）

1．平漢線西部沿線地域

⑴　北京・保定間の平漢線西部沿線地域

　北京・保定間の平漢線西部沿線地域は、東部の平原地帯（河北平原）と西部の山岳地帯（太行山脈）とに大別される。このうち東部の「平地帯に於ける農民の金銭収入は綿花、落花生及その他の特用作物乃至都市近傍の特殊地区に於ける蔬菜類の栽培を以て之に充当してゐ」たのに対して、西部の「山間の農村地帯」では「耕地狭く且気象要素の不適なため綿花、落花生の如き商品作物の栽培は極めて少く土地は挙げて食料穀物の栽培に充てられてゐるが猶食料を自給するに足らず食料の購入源」として果樹と畜産の収入を充当していた[2]。

　北京・保定間の平漢線沿線西部 12 県について棉花の作付率が高い順に並び替えた表 1 を見てみると、食糧不足が 6 割に達していた房山県では小麦の作付率が34.2％だったのに対して、食糧不足が 5 割近くに達していた定興県では小麦の作付率は 5.6％にすぎなかったうえに、棉花の作付率も房山県とほぼ同じ 3 ％弱に

表 1　北京・保定間平漢線沿線西部 12 県の農家比率と作付比率

県名	農家の比率（％）		県全体の作付比率（％）					食糧の過不足
	県全体	県城	棉花	小麦	粟	高梁	玉蜀黍	
完県	86	90	11.6	3.5	46.4	1.8	20.0	不足
満城	86	85.6	10.4	13.0	26.2	15.7	19.7	不足
徐水	75	60.8	8.8	44.1	17.6	8.8	8.8	自給
易	99	—	7.1	5.4	30.2	21.9	20.7	約 38％不足
良郷	93	63	5.1	15.2	22.8	7.4	20.3	自給
清苑	71	—	5.0	9.1	27.2	18.1	27.2	不詳
宛平	71.6	75.9	4.2	1.5	39.7	7.7	36.8	自給
定興	99.5	97.1	2.7	5.6	33.1	32.9	22.7	5 割近く不足
房山	97.3	—	2.6	34.2	34.2	10.5	7.9	6 割不足
淶水	94	62.3	1.3	22.9	26.6	10.9	25.4	自給
涿	91.9	多数	0.8	12.0	22.3	24.9	34.0	不足
淶源	98	79.6	0.2	0	47.1	4.3	20.1	2 割余り余剰

典拠）南満州鉄道株式会社天津事務所調査課『河北省農業調査報告（一）―平漢線「北平―保定」沿線及其西部地帯』北支経済資料第 25 輯、南満州鉄道株式会社天津事務所（1936 年）より作成。

120

第5章　河北省における食糧事情

すぎず、食糧不足が約38％に達していた易県では棉花・小麦の作付率が各7.1％・5.4％にとどまるなど、棉花の作付率と食糧の過不足状況や小麦の作付率との間には相関関係がほとんどみられない。このことから、12県のうち小麦の作付率が徐水県に次いで2番目に高く、食糧を自給していた徐水県とは違って食糧が6割も不足していた房山県、および棉花の作付率が最も高く、食糧が不足していた完・満城2県の計3県を除くと、その他の9県は自給食糧穀物の栽培を犠牲にしてまで当初より販売目的で棉花や小麦の栽培に特化していたとまでは言えない。そして、作付率から見てみると、小麦の作付率が最も高い徐水県および玉蜀黍の作付率が最も高い涿県を除く10県では粟の作付率が最も高くなっている。また、食糧の過不足状況がわかる11県のうち食糧に余剰があったのは淶源県のみで、同県は小麦がまったく栽培されなかったうえに、棉花もほとんど栽培されていなかった。一方、食糧が不足していた完・満城・易・定興・房山・涿6県のうち完・満城・房山3県では自家消費用の雑穀の栽培を犠牲にしてまでも当初より販売目的の小麦や棉花を栽培し、自家消費用の食糧として雑穀を購入していたと考えられる。さらに、農家の比率は、定興・易・淶源・房山・淶水・良郷・涿7県が90％以上、満城・完2県が86％、徐水県が75％、宛平・清苑2県が71％と続き、また、県城の農家の比率がわかる8県のうち、最低が淶水県城の62.3％、最高が定興県城の97.1％であることから見ても、当該12県は全体として脱農化の進行がかなり緩慢だったことがわかる。

　以下に、北京・保定間の平漢線沿線西部12県の農村経済や食糧事情について見ておきたい。

　宛平県第3・4区は大行山脈に属し、胡桃や杏の果樹が「農民の現金収入を助けてゐ」たが、「農家の最も大なる副収入は門頭溝一帯の石炭坑の人夫」による収入で、また、棉花と落花生を移出していた。山間部の王平村では2戸の雑貨店以外はすべて農家で、不足食糧を「宣化方面」から移入し、門頭溝への出稼は「1戸当り2人位の割合でその現金収入をもつて食料購入費に充つるも尚不足」し、また、青白口でもほとんどが農家だったが、食糧が6〜7割不足して粟や高粱の穀物を察哈爾省懐来から移入し、門頭溝への出稼や果実販売の収入を加えても食糧が不足し、この2か村では柳の葉や楡の樹皮を食べ、さらに、東斉堂でも食糧不足を果実販売によって補い、あるいは、杜家庄でも農閑期に門頭溝への出稼者が100名以上いた[3]。

121

第Ⅰ部　平時：民国前期（1912～37 年）

　房山県の 75％は山地で、「部分的に石炭層をな」し、石炭の「運送料が山地の農民の現金収入」となっており、また、「砂地多き為落花生、甘藷の栽培も亦相当盛で」、棉花が「近年急激に増加した」ため、不足する穀類は「張家口方面より移入」した。あるいは、石炭の採取や県外で商売する者からの送金によつて食糧を購入した[4]。

　7 割が「山地」の涞水県では、凶作の年には小麦粉を河南省から移入し、「山地」の蓬頭は 140 戸すべてが農家（雑貨商を兼ねる 1 戸と宿屋を兼業する 2 戸を含む）で、作付率は玉蜀黍・高粱・粟・棉花が 40％・30％・20％・0 ％で、「穀物は略自給可能」だったが、「農閑期に限らず 1 年を通じて」「門頭溝へ石炭採掘のため出稼者」が約 30 人いた。また、蓬頭の南方に位置する板城は宿屋 2 戸・豆腐屋 1 戸・鍛冶屋 1 戸を除く 146 戸（雑貨商を兼ねる 4 戸を含む）が農家で、「穀物は平年作に於ても略 1 割 5 分位の不足を来し易県より移入」し、農閑期に「門頭溝に石炭掘りのため出稼ぎに行く」者もいた[5]。

　易県の「平地は第 1 区の南部、第 2 区及び第 3 区の北部にあ」り、甘藷の生産量が最も多かったが、不足食糧は主に察哈爾省から移入し、県城から「93 支里」の南城司では 70 戸すべてが農業に従事していたが、「糧食は略 3 割方不足にして易州、紫荊関より粟・高粱を購入し」、県城から「54 支里」の大隆華村は農家が70％にとどまり、作付率は粟が 80％を占めたが、「10 分の 3 不足ありて広城県、蔚県」より粟・玉蜀黍を移入した。また、県城から「74 支里」の上陳駅村では農家が 85％で、粟・玉蜀黍を移入したが、山岳地帯の農村や同県城から「139 支里」の塔崖駅では「柳の葉、楡の葉、皮等」を食べた[6]。さらに、堯舜口村（80戸）における作物は主に粟・小麦・玉蜀黍・高粱・棉花・甘藷などで、これに次ぐ煙草が「一大収入」となっており、粟を主食とし、冬期は甘藷が主食となっていた[7]。

　このように、食糧の自給が可能だったとされている宛平・涞水 2 県および約 4割ないし 6 割の食糧が不足していたとされている易・房山 2 県の中にも、果樹や棉花・落花生・煙草などの商品作物を栽培したり、あるいは、炭鉱労働者として出稼ぎに出たりすることによって自家消費用の食糧を購入することができた農村があった一方で、柳の葉や楡の樹皮をも食べざるをえないほど、食糧が不足した村もあり、農村間の較差は大きかった。

　以上のような「山地」である諸県に対して、定興県は「概して平坦なる地勢」

122

で、人口密度が「宛平、房山県の2倍、易県の3倍以上」だったことから、経済的には相対的に発展していたことがわかる。また、同県では土布や手工製紙の副業が盛んで、「10年程前迄は糧食は本県の消費量だけは生産したれども棉花の栽培せらるゝに及び小麦作付が増加したるにも拘らず幾分不足を告げるに至れり。高粱、黒豆の不足額は5割近く」にも達していたが、小麦が天津へ向けて販売された[8]。このように、棉花や小麦が商品作物として生産・販売されるなど、商品経済が展開していた定興県では、食糧が不足したため、雑穀を移入していた。

「平地」の清苑県は「附近各県をその市場圏内におく」「農産物の集散市場をなし」、人口密度は定興県を大きく上回っていた。穀物の不足分については「外部よりの移入ありと云ふがその実状不明」である[9]。このように、近隣諸県との経済関係から「農産物の集散市場」を形成していた清苑県は、人口密度の高さから見てみても、定興県よりもさらにいっそう商品経済が展開し、食糧が不足していたと考えられる。

満城県「西部は山地帯をなすが県城西方約15支里内外の所より東は完全なる平原地帯で」、「穀物は一般に不足」し、保定より移入していた[10]。また、完県も「西北半は山地帯をなし東南半は平原地帯」で、「平原地帯には棉花の作付率が著しく高」く、その「作付率が60%にも及ぶ地方」があったが、「棉花の増産は当然食糧穀物の不足を招来」し、その「不足部分は専ら淶源県地方より移入」した。そして、同県城から「約25支里の山地」の店子水は6戸すべてが農家（店兼営2戸と小舗兼営1戸を含む）だったが、作付率は粟・玉蜀黍・棉花が50%・40%・0%で、穀物は「略々自給自足」していた[11]。さらに、「一面平地」の良郷県も果樹は栽培されなかったが、小麦を「北平」へ移出したこともあり、また、「砂地多きため落花生の栽培に適し」、「北平方面へも移出し」ている[12]。

涿県は「平地」で、食糧は「他県に手間賃仕事をなしに出るものからの送金によって大概収支相償」っており、徐水県もほとんどが「平地帯」で、「農家の金銭収入は棉花と白菜の栽培によ」り、白菜を「張家口、北平地方に移出」した[13]。

ところで、淶源県は「完全に山地帯」で、「人口密度も希薄」だったが、「食料穀物には年々余剰あり易県、保定等」に移出していた[14]。

以上のことから、北京・保定間の平漢線西部沿線地域12県の中には、「平地」でありながら、棉花栽培の拡大が穀物の生産を圧迫して食糧不足になった農村も

第Ⅰ部　平時：民国前期（1912～37 年）

あり、一方、食糧穀物の生産に不向きな「山地」（鉱山）であることから、炭鉱や県外への出稼ぎなどによる収入で不足する食糧穀物を購入していた農民が多数いた農村もあった。すなわち、食糧が不足する農村には、もっぱら雑穀を生産するが、生産量が少なく、食糧が不足する農村があった一方で、商品作物の栽培が自給用食糧穀物の栽培を犠牲にするほど盛んで、零細農化・脱農化が進行したために、食糧が不足するようになった農村もあった。こうして、12 県のうち、棉花作付率で上位 2 位の完・満城 2 県と人口密度で上位 2 位の清苑・定興 2 県はともに食糧が不足していた一方で、唯一食糧に余剰があった浹源県からは易・完 2 県や保定経由で満城県へ食糧穀物が移出されていた。このことから、当該地域では食糧をほぼ自給できた農村はあまり商品経済が発展していないところが多かった。

(2)　望都・石家荘間の平漢線沿線地域

　望都・石家荘間の平漢線沿線地域は、西部「山地」の唐・曲陽・阜平・霊寿・平山・行唐・井陘・獲鹿（東半部は平地）8 県と東部「平地」の望都・藁城・無極・新楽・定・安国・博野・蠡・高陽・正定 10 県に大別されている。そのうち、とりわけ西部「高地は、東部平地に比して気温低く」、棉花の栽培は困難だが、燕麦の栽培が盛んで、西部山地の作付率は粟が 50％ 余り、玉蜀黍と高粱が 10～30％ で、平地の「灌漑せざる耕地」では冬小麦の作付率は 20～30％ だった。他方、平地の灌漑地では棉花の作付率が 60～70％ に達する地方もあり、冬小麦も作付けが多く、粟・玉蜀黍は冬小麦の後作として栽培され、平地の「低湿耕地」は「土壌アルカリ性を帯び、鑿井も不可能であり、単位産量は著しく劣る」が、高粱の作付率が 70％ に及ぶ地域もあった。なお、西部山地の主食は粟で、玉蜀黍がこれに次ぎ、平地では粟を主として高粱・玉蜀黍・甘藷も食し、小麦は「穀物中最高価なるが故に、農戸は之を現金に換へるを一般とし」、多くは都市で消費された。一方、「東部平地帯は棉花作付の増大によつて」、「食料作物は到底本地帯の需要を満た」しえなかった[15]。

　そして、河北省望都・石家荘間の平漢線沿線地域の各県における食糧の生産・消費状況を見てみると、食糧をほぼ自給できたのは博野県のみで、望都県では平年作でも食糧が多少不足したので、小麦粉と粟を各々保定と山西省から移入し、食糧自給が不可能な山地の唐・曲陽・阜平・霊寿・平山・行唐・獲鹿 7 県の東部

124

では「灌漑栽培発展し」、平山県からは米を石家荘へ移出し、平山・行唐2県では小麦を移出していた。また、藁城・無極2県では棉花の作付が増大したことによって「食料作物の生産は県内の需要を満し得ないが、鑿井灌漑の発展は単位産量を増加し食料不足」を緩和し、安国・定・新楽3県でも「甘藷の栽培、鑿井の奨励は食料不足を緩和し」た。また、蠡・高陽2県でも「土地低湿アルカリ土壌多きため産量少く、県内の需要に不足」していたため、小麦粉を保定から移入し、1931年の「満州事変」前には不足穀物の多くを「満州」から移入したが、「事変後関税関係によつて杜絶し」た後は、主に山西省や河南省から移入し、その「移入穀物は粟を最多とし、高粱、包米、大豆が之に次」ぎ、一方、余剰小麦を保定と北京・天津方面へ移出した。阜平でも不足穀物を山西省から移入し、また、霊寿・平山・獲鹿3県で生産された小麦は一部を保定へ移出し、多くの穀物は山西省や石家荘を経由して天津から移入し、さらに、藁城・無極・行唐・正定4県も穀物を石家荘から移入した[16]。

　このように、河北省望都・石家荘間の平漢線沿線地域では、自家栽培した小麦を保定に移出して替わりに製粉された小麦粉を移入する農村もあり、また、1931年の「満州事変」後は「満州」産に代わって山西省産の穀物（主に粟）を石家荘経由で移入するようになった農村もあったことから、食糧が不足していた農村では、農村経済ないし農業経済が停滞ないし衰退したのではなく、むしろ棉花の栽培などによる商品経済の発展を反映していたとみなすことができる。

2．大清河・牙子河流域

　1937年に刊行された河北省農業調査報告書では、大清河・牙子河流域北部19県のうち晋・深沢・容城・東鹿・雄・安新・覇7県を棉産県、また、大城・文安・新鎮・新城・任邱・河間・粛寧・饒陽・安平・深・武強・献12県を非棉産県とし、この12県下36か村のうち食糧の過不足状況がわかる農村が30か村、食糧自給が可能な農村が16か村、余剰食糧がある農村が2か村、食糧が約1～5割不足する農村が12か村だった[17]。

　ところが、大清河・牙子河流域北部19県について棉花の作付率が高い順に並び替えた表2-1を見てみると、非棉産県とされていた新鎮・任邱2県は棉産県とされていた7県の中の覇県よりも棉花の作付率が高いことから、この2県を含む計9県を主要な棉産県として取り上げるべきであろう。ただし、主要棉産県9県

125

第 I 部　平時：民国前期（1912〜37年）

表2-1　大清河・牙子河流域北部19県の農家比率と作付比率

県名	農家の比率(%)		県全体の作付比率（%）			食糧の過不足
	県全体	県城	棉花	小麦	粟・高粱・玉蜀黍・豆類	
晋	96.6	85.9	43.44	4.71	粟（29.89）	不足
深沢	88.7	88.9	21.32	0.36	粟（34.17）、高粱（24.71）	約2割不足
容城	90.24	96.68	12.0	30.0	粟（25）、玉蜀黍（20）	自給
新鎮	96.81	97.03	7.27	25.0	玉蜀黍（54.55）、粟・豆類（各10.91）	自給
束鹿	99.3	95.5	6.99	13.22	豆類（39.33）、高粱（25.28）	1〜2割不足
雄	84.6	93.2	4.73	43.92	玉蜀黍（53.92）、高粱（43.92）	―
任邱	80.8	79.9	2.89	28.85	高粱・玉蜀黍・粟（各28.85）	1〜2割不足
安新	98.69	80.6	2.74	24.47	玉蜀黍（46.36）、高粱（21.98）	約3割不足
覇	75.49	不詳	2.06	0.37	玉蜀黍・高粱（各41.39）	自給
安平	91.4	93.1	1.33	18.78	高粱（44.2）、豆類（30.98）	―
深	87.74	40	1.33	24.57	高粱（29.22）、粟（26.63）	自給
大城	83.31	81.25	1.22	48.33	高粱（31.09）、粟（25.46）	自給
新城	79.9	44.6	1.2	3.76	玉蜀黍（34.13）、高粱（20.83）	―
粛寧	96.17	75.29	1.06	11.71	高粱（46.83）、粟（43.57）	2割方不足
饒陽	79.2	70.6	1.0	12.07	高粱（29.17）、粟（28.41）	―
河間	90.6	44.08	0.3	10.68	粟（37.12）、玉蜀黍（28.74）	自給
文安	82.72	95.72	0.28	61.05	高粱（27.21）、玉蜀黍（27.04）	―
武強	83.09	86.7	0.23	25.68	玉蜀黍（30.39）、粟（29.84）	―
献	94.8	70.9	0.02	26.83	高粱・玉蜀黍（各20.12）	―

典拠）南満州鉄道株式会社天津事務所調査課『河北省農業調査報告（三）―大清河及牙子河流域地帯』南満州鉄道株式会社天津事務所（1936年）10〜357頁より作成。

のうち棉花の作付率が各種作物中で最高だったのは晋県のみだった。一方、19県のうち大部分の県は粟・高粱・玉蜀黍・豆類の作付率が比較的高かったが、容城・任邱（高粱などと同率）・大城・大安・献5県は冬小麦の作付率が最も高かった。また、食糧の過不足状況がわかる12県のうち、余剰食糧があったのは1県もなく、自給できたのは6県で、晋県では不足し、束鹿・任邱2県では1〜2割不足し、深沢・粛寧2県では約2割不足し、安新県では約3割不足しており、以上の食糧不足の6県のうち粛寧県を除く5県は主要棉産県だったことか

126

第5章　河北省における食糧事情

ら、棉花の作付率と食糧不足との間には一定程度の相関関係を見出すことができると言える。だが、県城の農家比率が4割ほどと低かった深・新城・河間3県は県全体の棉花の作付率も低く、食糧はほぼ自給することができていたことから、脱農化率と棉花の作付率および食糧不足との間には相関関係はみられない。

⑴　大清河・牙子河流域北部の非棉産地

　大清河・牙子河流域北部の非棉作地10県下33か村について冬小麦の作付率が高い順に並び替えた表2-2を見てみると、県城までの距離と冬小麦の作付率・食糧の過不足状況との間にはほとんど相関関係はみられない。そして、食糧の過不足状況がわかる28か村のうち、食糧が不足しているのが13か村、食糧を自給しているのが12か村、食糧に余剰があるのが3か村だった。また、農家の比率が100％に達していない6か村（18.1％）のうち、食糧が不足しているのが2か村、食糧を自給しているのが2か村、食糧に余剰があるのが1か村、不明が1か村となっており、また、ほとんどの農村において商業などの農業以外の仕事を兼ねている農家はきわめて少ないことから、脱農化の進行はきわめて緩やかであったと言える。

　大城県白楊橋では不足する粟や玉蜀黍を天津から移入し、南趙扶では約100人が「天津、満州方面」へ出稼に出て、杏葉林では食糧が不足する時は鄧家務・韓村から購入した[18]。

　新城県では棉花（16万〜17万斤）・落花生（約20万斤）・梨（約3万斤）・棗（約2万斤）を天津へ移出していたが、孫家溝では食糧の不足分を雇傭労働や「製縄」（原料麻を県城より購入）によって補い、石家荘では食糧の不足分は出稼や県城への落花生の転売で手当てし、高橋村では穀物の不足分を白溝河鎮から購入した。また、河間県でも落花生（約240万斤）・梨（約20万斤）・棗（約10万斤）を移出していたが、中原大店村では粟・玉蜀黍・胡麻などを計2万〜3万斤移出し、台頭では食糧の「不足部分は果樹収入、労賃収入及び野菜、落花生等の荷担ぎ小売商収入」で手当てした。さらに、粛寧県では粟や高粱を献県や交河県から移入していたが、梁家荘では梨の栽培が多く、東泊荘では「農戸の食料不足は梨、蔬菜等を売つて」手当てていた。さらに、深県羊窩村では穀類「不足の際は旧城、王家井、魏家橋より購入」し、西杜家荘では不足穀物は「桃、落花生による収入及び労賃収入により県城より購入」し、石象村では桃と落花生・梨の作

127

第 I 部　平時：民国前期（1912〜37 年）

表 2-2　大清河・牙子河流域北部非棉作地 10 県下 33 か村における農家比率と作付率

県名	村　　名	戸数と農家比率	作付率（%）					食糧過不足
			小麦	粟	高粱	玉蜀黍	豆類	
新城	白溝河鎮 [30]	380（85.5%）、「商戸」55 戸	50	10	20	50	10	自給
饒陽	大尹村 [18]	380（90.7%）、商業兼営 1 戸	40	20	40	20	5	2 割不足
饒陽	張平舗 [15]	163（100%）、商業兼営 4 戸	40	10	38	38	2	自給
粛寧	庫荘 [10]	69（100%）	35	45	20	20	0	自給
文安	荘頭村 [4]	38（100%）	30	20	15	20	10	自給
文安	囲河村 [21]	220（100%）、雑貨商兼営 3 戸・油房兼営 2 戸	30	10	20	50	10	約 1 割不足
河間	中原大店村 [25]	150（100%）、「小舗」兼営 10 戸	30	45	10	25	10	余剰
河間	米各荘 [40]	260（98.0%）、「商戸」5 戸・商業兼営 6 戸	30	30	20	20	—	—
河間	台頭 [20]	82（100%）	30	25	0	25	15	2 割不足
安平	傅各荘 [15]	200（100%）、「小舗」兼営 10 戸	30	15	35	10	30	自給
安平	西会渦 [10]	450（100%）、「小舗」兼営 3 戸	30	0	45	30	15	—
献	耿家荘 [25]	250（100%）、「小舗」兼営 5 戸	30	20	10	25	30	相当余剰
武強	拝口村 [8]	210（100%）、商業兼営 5 戸	30	30	40	30	—	自給
大城	杏葉林 [20]	110（100%）	20	40	20	30	20	自給
文安	韓村 [16]	120（100%）	20	10	50	30	—	自給
献	樊屯鎮 [15]	205（88.7%）、「商戸」45 戸（半数が兼業農家）	20	40	30	20	0	若干余剰
大城	南趙扶 [15]	240（100%）、商業兼営 6 〜 7 戸	15	10	25	25	25	—
安平	南大良 [5]	125（100%）、「篩子修理工」兼営 14 戸	15	30	25	15	10	—
大城	祁荘 [8]	180（100%）、商業兼営 3 戸	10	30	50	10	10	—
大城	白楊橋 [12]	80 余（20% 未満）	10	30	20	20	25	不足
新城	石家荘 [5]	55（100%）	10	10	10	60	15	約半分不足
新城	高橋村 [20]	120（100%）	10	10	20	50	10	3 割不足
粛寧	梁家村 [25]	260（93.4%）、「商戸」17 戸	10	20	30	30	10	自給
饒陽	楊各荘 [20]	300（100%）、「小舗」兼営 2 戸	10	35	25	10	10	3 割不足
深	大馮営 [42]	325（100%）、商業兼営 8 戸	10	50	30	10	30	4 割不足
武強	劉家廠 [12]	55（100%）	10	20	10	65	5	自給
武強	褚桃園 [12]	50（100%）	8	40	2	40	0	1 割不足
深	西杜家荘 [8]	440（100%）、商業兼営 10 戸	1	38	17	11	1	4 割不足
新城	孫家溝 [7]	35（100%）	0	30	0	20	20	約半分不足
粛寧	東泊荘 [5]	180（100%）、商業兼営 1 戸	0	25	40	15	10	不足
深	羊鬲村 [35]	320（100%）、商業兼営 10 戸	0	60	30	0		自給
深	石象村 [10]	165（100%）、商業兼営 6 戸	0	25	1	1	1	5 割不足
深	西陽台鎮 [20]	420（100%）、商業兼営 9 戸	—	—	—	—	—	自給

典拠）表 2-1 に同じ。なお、[　] 内の数値は県城からの距離（「支里」）を表している。

128

第5章　河北省における食糧事情

付率が25％と各20％にも達しており、不足穀物は「梨、桃、香椿の販売収入により県城より購入」し、大馮営では不足穀物は「小範鎮より購入」した[19]。

饒陽県大尹村では穀類の不足は「商業収入を以て補はれ」、「食料穀物は附近部落の留各仏、恭倹等より集ま」り、楊各荘では「余剰労働ある男は1年を通じて」従事するほど袋づくり（原料は深県より移入）の副業が盛んだった。また、安平県西会渦では全村の約80％が「馬尾緞」（原料は「張家口地方」より移入）を織る副業に従事し、南大良には「篩子の修理工を兼営するもの」が14戸いた[20]。

武強県褚桃園では不足穀物は「労働収入にて補」ない[21]、献県耿家荘では穀物は「県城、臧家橋、商家林」へ移出された[22]。

以上、非棉産地10県33か村のうち、大城県白楊橋を除くほとんどの農村ではすべて農家（数戸の商業などとの兼業農家を含む）であり、脱農化はほとんど進行していなかった。ただし、白楊橋に限らず、食糧が不足する農村もかなり多く、自家消費用の穀物（高粱・粟・玉蜀黍）や豆類以外の棉花・冬小麦・落花生・胡麻・果樹などを栽培・販売するばかりでなく、天津から移入した綿糸を用いたタオルや土布あるいは「縄」「口袋」「馬尾緞」などを生産・販売したり、さらには村外へ出稼ぎに出たりするなど、農業外労働にも従事していた。また、県までの距離と食糧の過不足状況との間にはそれほど明確な相関関係はみられないが、食糧穀物が自給できる農村には特に副業などがないというところが多い。

(2)　大清河・牙子河流域北部の主要棉作地

晋県には棉花の作付率が70％以上に達する農村があり、自家消費用穀物の生産を犠牲にした「棉作のために多額の食料穀物を移入してゐ」たが、「穀価昂騰せば棉田は穀作に移」ったという[23]。また、深沢県西南部にも棉花の作付率が60％以上に達する農村があり、棉作の拡大によって不足する食糧を山西省から移入し[24]、「棉作区の代表的な」梨元村（245戸）と「穀物産区の代表的な」南営村（220戸）の作付面積をみると、梨元村は棉花が最多で、これに高粱と粟が次ぐが、南営村は粟が最多で、これに高粱・小麦・棉花が次ぎ、両村ともに農家の主食は粟と高粱で、「小農家は自家用に供給すべき糧食及び根作物、蔬菜等の作物を多く作り、大農家では該種類の作物は既に自給して余足あり、棉花小麦等の商品作物及び飼料作物を作」っていた[25]。

129

第Ⅰ部　平時：民国前期（1912〜37 年）

　容城県では、穀物が「豊作の時は僅かに移出」されるが、不足時には涿・房山・良郷3県から玉蜀黍や紅高粱を移入していた[26]。

　新鎮県では、「高値の穀類を販売し低価の穀類を天津より購入」し、天津から綿糸を移入して、新陸村では40戸のうち20〜30戸が、また、新揚灘では200戸のうち14〜15戸がタオルや土布をつくっていた。束鹿県では「棉作による穀作地の減少に基」づいて「食料穀物は平年作に於ても尚1―2割の不足」となった。雄県城東北は小麦作に適し、「年2万石位」の小麦を移出し、また、同県西部で栽培された棉花の8〜9割を移出した。「穀作地」の任邱県では玉蜀黍・高粱・粟などを天津から移入していたが、劉河口では不足する食糧穀物を「土布収入」で補った。安新県では、「氾濫地帯にして夏作に非常な損失を蒙る故冬作の小麦に相当力を入れて居」たが、不足する高粱や玉蜀黍を天津から移入していた。覇県では、高粱の作付けが減少したが、玉蜀黍の作付けが非常に増加し、「糧食は本県の需要を略満し」、少量の食糧を天津に移出していた[27]。

　表2-3 は、大清河および牙子河流域北部の主要棉作地である晋・深沢・容城・新鎮・束鹿・雄・任邱・安新・覇9県のうち事例農村があげられていない新鎮県を除く8県下20か村について棉花の作付率が高い順に並び替えたものである。これを見てみると、県城までの距離と棉花の作付率・食糧の過不足状況との間にはほとんど相関関係はみられないが、棉花と作付けで競合する粟・高粱・玉蜀黍などとの間で作付率が相反関係にあるばかりでなく、棉花の作付率の高さと食糧不足との間には県レベルで比較した場合よりもいっそう明確な相関関係がみられる。そして、食糧の過不足状況がわかる19か村のうち、食糧が不足しているのが11か村、食糧を自給しているのが6か村、食糧に余剰があるのが2か村だった。また、2か村で農家の比率が100％にはわずかに達していないが、全体として脱農化の進行はきわめて緩やかで、食糧穀物の栽培を犠牲にして棉花を栽培していることから食糧不足に陥っているものの、各家計の農業依存度は相対的に高いことを窺い知ることができる。

　覇県辛店鎮では不足穀類は天津から購入し、石城村では不足食糧を棉花の販売で手当てしていた。雄県四合荘では余剰穀物を県城の定期市に販出した。容城県紗河村では棉花を販売して雑穀を白溝鎮や新安鎮から移入し、小白塔では穀類の不足量は県城より購入した。安新県楊家荘では食糧不足を「漁業編蓆、農業労働、天津方面への出稼或は河の渡しによる収入にて補」なっていた。深沢県留王

130

第5章 河北省における食糧事情

表2-3 大清河および牙子河流域北部主要棉作地8県下20か村の作付率(%)

県名	村名	農家戸数と割合	作付率						食糧過不足
			棉花	小麦	粟	高粱	玉蜀黍	豆	
晋	北白水 [20]	500 (98%)、「商戸」10戸・「小舗」兼営5戸	60	5	25	0	5	5	約3割不足
晋	龍頭村 [5]	277 (100%)、「小舗」兼営4戸	50	10	25	5	10	0	約6割不足
晋	張里村 [20]	720 (100%)、「小舗」兼営約10戸	30	20	0	15	10	25	約3割不足
覇	石城村 [5]	350 (100%)、商業兼営4戸	30	0	0	15	15	15	約5割不足
覇	辛店鎮 [18]	220 (100%)、商業兼営12~13戸	25	10	18	10	25	18	約5割不足
容城	小白塔 [3]	320 (100%)、商業兼営1戸	25	40	15	10	30	20	約1割不足
雄	大河村 [25]	110 (100%)、「小舗」兼営1戸	20	10	0	40	20	10	—
容城	紗河村 [—]	500 (100%)、商業兼営4戸	20	3	25	15	20	10	自給
安新	大王村 [30]	320 (100%)	20	0	0	25	30	0	約8割不足
安新	留村 [20]	300 (100%)、商業兼営8戸	20	10	0	40	20	10	自給
深沢	周家荘 [20]	210 (100%)、「小舗」兼営3戸	20	25	30	10	20	20	自給
深沢	魏村 [8]	230 (100%)、「小舗」兼営4戸	20	20	0	20	20	20	自給
深沢	留王荘 [10]	168 (100%)、「小舗」兼営15戸	10	10	20	50	0	5	約2割不足
東鹿	錨営鎮 [12]	325 (100%)、商業兼営5戸	10	10	35	35	10	0	自給
雄	四合荘 [5]	100 (100%)、小売商兼営3戸	5	20-30	17	30	20	10	余剰
東鹿	北周荘 [20]	236 (100%)、「小舗」兼営2戸	3	20	35	40	0	10	余剰
容城	小楼堤 [2]	100 (100%)	—	—	—	—	—	—	不足
安新	楊家荘 [30]	217 (99.0%)、「商戸」2戸・商業兼営2戸	0	30	8	50	30	8	2割不足
任邱	劉河口 [16]	150 (100%)、「小舗」兼営数戸	0	0	0	10	50	10	2-3割不足
任邱	辛中駅 [35]	345 (100%)、「小舗」兼営5戸	0	30	10	30	50	5	自給

典拠) 表2-2 に同じ。

荘では食糧不足を「棉産収入、出稼収入等にて補」なった。晋県北白水では食糧不足を「棉産収入を以て充当」し、「自家用」の「織布をなすもの約150戸あり」、張里村では食糧不足を「棉花収入」で手当てした[28]。

　以上のことから、棉作地農村では、自家消費用穀物の栽培を犠牲にしてまでも棉花を栽培して安価な穀物を自家消費用の食糧として購入していたが、晋県の農村の中には穀物価格が上昇すると、自給用食糧穀物を確保するために、棉花から穀物へ転作する農村もあった。

(3)　河北省中部南部望都県以南

　河北省中部南部望都県以南11県下22か村の主要農産物や食糧の過不足状況に

第Ⅰ部　平時：民国前期（1912～37 年）

ついてまとめた表 2-4 を見てみると、玉蜀黍・粟・高粱などの穀物の作付けが最
も多いが、小麦や棉花を栽培する農村も比較的多い。

望都県東陽邱村では、粟・高粱・蕎麦・玉蜀黍・甘藷を主食としているが、
「商品作物は年々増加し、食用作物は年々減少し」、小麦・胡麻・棉花・唐辛子・
蔬菜・落花生・瓜類を販売していたが、「蔬菜の産額が非常に多」かった。平山
県王家窰村では、作物は小麦が最多で、これに玉蜀黍・粟・豆が次いだが、小麦
と粟は「生産額の半ば以上を販売」した。従来、粟や高粱が主作物だった欒城県
段干村では、棉花と小麦が急増し、「棉田が全耕地の半ばを占め」るようになり、
村民の主食は「粟の団子と粟の飯」で、貧農は「精白粟」を食することができな
かった。大名県馬陵村では、「商業戸が頗る多く、又麦稈真田を副業とする」者
もいた。小麦の栽培が最も多かったが、「穀物の生産は僅かに村民の 3 ヶ月の食
料を充すのみで」、「不足糧食として玉蜀黍の移入が非常に多」かった。棗強県杜
雅科村では、作付面積が小麦（880 畝）・玉蜀黍（780 畝）・粟（450 畝）・豆
（248 畝）・高粱（230 畝）の順に多く、小麦・甘藷・棉花などを販売していた。
なお、同村は「農地が狭小で」、「商工業が比較的発達したため、多数の農村労働
者は農業以外の生産工作に従事するやうになつた」という。南宮県徐達村では、
200 人いた成年男子の「半数は離村し」、「作物は元来自家食用作物のみで」、主
に小麦・粟・高粱・豆類・蔬菜だったが、「栽培作物は漸次商品化し」、「推小車
業」（運送業）に従事する者も多くなったという。定県牛村では、粟・「黍子」・
蕎麦・高粱などが「食料」で、「販売」用としては小麦・落花生・白菜・「紫皮
蒜」・葱・西瓜などがあげられ、また、出稼ぎ者は、奉天 10 人、石家荘と新京各
5 人、北平と包頭各 2 人、天津・哈爾浜・上海各 1 人の計 26 人いた。南皮県大
寧荘では、作物は棉花が最多で、麦・玉蜀黍・落花生が次ぎ、「常食は玉蜀黍の
饅頭や団子」だった。賛皇県南郝村では、土布業は 1927～28 年に急速に発展し、
127 戸のうち 59 戸が従事したが、「従来の棉田は殆ど改めて糧穀の栽培にあて」
られた。広宗県北琵琶張村では、「棉花、落花生は穀作に比較して稍々利益が多
いが」、天候不順のために、その「作付が却つて減少し」、副業としては「土布織
をやつてゐる家」がなくなったが、「豆素麺屋が漸次に増加し」た[29]。

次に、滄県下 12 か村について農村経済や食糧事情を見ておきたい。

佟家花園村は、花卉や苗木の栽培が盛んで、毎年の売上額が 4,000 元以上に達
した。戴家園村では、「農家は一般の普通作の農業に従事するが、蔬菜の純経営

第5章 河北省における食糧事情

表2-4 河北省中部南部望都県以南11県下22か村の主要農産物と食糧の過不足

県名	村 名	総戸数	主要農産物（作付率）	食糧の過不足
望都	東陽邱村 [15]	158	粟、高粱、蕎麦、玉蜀黍、甘藷	－
平山	王家窰村	23	小麦、玉蜀黍、粟、豆、蕎麦、高粱、棉花、蔬菜	－
欒城	段干村 [20]	233	棉花、粟、高粱、小麦	
大名	馬陵村	199	小麦、玉蜀黍、粟、緑豆、山薬、高粱、大豆、瓜	9か月分不足
棗強	杜雅科村	98	小麦、玉蜀黍、粟、豆、高粱	余剰
南宮	徐達村 [25]	156	小麦、粟、高粱、豆類、蔬菜	不足
定	牛村	208	－	
南皮	大寧荘 [50]	156	棉花、小麦、玉蜀黍、落花生	－
賛皇	南郝村	127	－	3分の2不足
広宗	北琵琶張村	92		
滄県	佟家花園村 [3]	54	－	
	戴家園村	120	－	
	白兎荘村 [25]	142	小麦、玉蜀黍	－
	北陳屯村	122	玉蜀黍・高粱・粟・小麦（計80～90）	不足
	小朱荘村 [15]	51	玉蜀黍、高粱、棉花	
	白家口村	125	玉蜀黍、麦、粟、棉花	
	許官屯 [3]	68	小麦、玉蜀黍、高粱、米棉、粟	
	南陳屯村 [3]	55	小麦、玉蜀黍、粟、棉花	不足
	王官屯 [4]	40余	玉蜀黍・大豆・瓜菜・粟・高粱	不足
	後辛荘 [2]	50	小麦（35）、玉蜀黍（11）、粟（10）、白菜（10）	－
	李荘	18	玉蜀黍、高粱、粟、豆、大豆、棉花	自給
	白官屯 [3]	52	小麦・玉蜀黍・甘藷・粟・豆類・高粱	

典拠）南満州鉄道株式会社天津事務所調査課『河北省農村実態調査資料（望都県東陽邱村外18箇村）』北支経済資料第34輯・北支農村実態調査報告第4号（1937年4月）・南満州鉄道株式会社天津事務所調査課『河北省滄県農村概況並に全県鹹地調査及び改良意見』北支経済資料第11輯（1936年）より作成。

第 I 部　平時：民国前期（1912〜37 年）

者も少くない」。白兎荘の作物は小麦と玉蜀黍が最多だが、灌漑の便があって肥沃な「滅河の両岸」で栽培されていた蔬菜は「収益も亦少くな」くなく、苦力73 人をはじめとする出稼ぎ者は 184 人おり、「婦女は概ね麦稈真田の細工を副業とし」、20 戸が「新式鉄機」を使用して織布に従事して年間 24,800 元の綿布を販売している。なお、「食事は玉蜀黍の粉で拵へた窩々頭（団子）、副食は粟粥、蔬菜、漬物、豆腐位」だった。北陳屯村では農家の主食である玉蜀黍の栽培が年々増加し、また、肥沃な大運河両岸では蔬菜栽培が盛んになり、農民は玉蜀黍、高粱、窩々頭（玉蜀黍粉で作つた団子）等を主食とした。小朱荘村では玉蜀黍の栽培が最多で、これに粟・高粱・棉花が次ぎ、玉蜀黍が主食で、粟や高粱も食べた[30]。

　白家口村では、玉蜀黍と麦の作付面積が各 400 畝で最も多く、これに粟（200畝）と棉花（130 畝）が次ぎ、30 戸余りが靴底製造の副業に従事していた。許官屯では、作付面積が小麦（936 畝）・玉蜀黍（800 畝）・苜蓿（380 畝）・粟（208畝）・棉花（180 畝）の順に多く、主食は「玉蜀黍粉で作つた餅」で、農繁期は小麦粉を主食としていた。なお、副業として「68 戸中実に 40 余戸」が製粉業に従事し、また、養豚も盛んだった。南陳屯では、すべてが農家で、粟と玉蜀黍を主食とし、冬季における副業もまったくない。王官屯では、「県城に接近して居るため蔬菜類を販売し生計を補ふものが多」く、アメリカ種棉花の作付けが粟と玉蜀黍を侵蝕するようになった。後辛荘では、900 畝のうち 160 畝余りが「菜園」で、その 70〜80％を占める白菜を県城に販売し、作付率が最も多い小麦と玉蜀黍が農民の主食だった。李荘では、玉蜀黍・高粱・粟・豆類・棉花が主な作物で、これらの「農産物は自給を主とし」ていたが、棉花は 5 年間で 2 畝から50 畝に増加した。白官屯では、作付面積が玉蜀黍と小麦（各 280 畝）・棉花（152 畝）・粟（150 畝）の順に多かったが、「玉蜀黍が主要食料であつて粟が之に次」ぎ、棉花・胡麻・落花生のすべてと甘藷・小麦の 60％が売却された。なお、副業としては、全村 52 戸のうち 14 戸が「木炭製造」、6 戸が「車網製造」に従事していた[31]。

　以上、農業外就労機会が拡大したり、自家消費用穀物の生産を犠牲にして棉花を栽培するなど、商品経済が展開していた農村では大量の穀物を移入していたと考えられる。

　このように、大清河・牙子河流域では、棉花の作付率の高い農村ほど、食糧が

134

第5章 河北省における食糧事情

不足する傾向がみられ、棉花を移出して穀物を移入していた。また、穀作地農村の中にも穀物を移出する農村があり、同じ県内でも農村間の較差は広がっていた。このことから、棉作地農村の多くでは、棉作地と非棉作地とを問わず、商品経済が広範に展開していたとともに、農村間における経済発展の格差も拡大していた。ただし、大清河・牙子河流域では、全体として全県における農家の比率が高いばかりでなく、農家の比率が4割ほどだった深・新城・河間3県城を除くと、県城における農家の比率も高いことから、県城および県城近郊農村の脱農化の進行がかなり緩慢であると言える。このことは、県城・農村間の距離と脱農化の進行との間に明確な相関関係を見出すことができないことにも表れている。

3. 冀東（河北省東部）地区

　冀東地区は、土地が比較的肥沃で、「農民の生活にも可成りゆとり」があったが、「従来糧食の自給自足出来ざる地方とて、高粱その他多量に他地方より移入を計る必要あり」、その「不足の補給を満洲国に仰いでゐた」。だが、「満州事変以来一時杜絶」し、「糧食の補給は大部分山西省方面より仰ぎ」、主に「石家荘方面及京綏沿線方面より移入」するようになっていた[32]。

　表3を見てみると、冀東地区農村では玉蜀黍・粟・高粱の作付けが最多で、これに棉花・小麦・落花生が次ぎ、食糧の過不足状況がわかる4県のすべてが食糧不足で、食糧の過不足状況がわかる15か村のうち1か村以外はすべて食糧が不足していた。

　以下に、冀東地区14県下22か村の農村経済や食糧事情について見ておきたい。

　密雲県小営村における農作物の移出割合は、高粱が50％、粟が25％、落花生が90％だった[33]。

　平谷県東部では「地下水深く灌漑の術なく蔬菜の栽培は何処の農家にも見当らず」、「木芽、雑草を食」する農家もあり、蔬菜は主に同「県城付近及其の南方地区」で栽培されていた[34]。夏各庄は「地味痩せ」、粟・高粱・黍を主食とし、胡庄と同じく蔬菜を県城から購入し[35]、また、大北関では棉花・胡麻・粟のうち「粟の販売は比較的富裕な農民がその剰余を貨幣的必要の為に手放すか、或は貧農が収穫と同時に売却し、自分の食用に供する為により廉価なる穀類」を購入した。なお、「土地高燥で野菜類の栽培に適せず、野菜類は県城の市で購入せられ、

135

第Ⅰ部　平時：民国前期（1912～37年）

表3　冀東地区14県下22か村における主要農産物と食糧の過不足

県名	村　名	主要農産物（作付率）	食糧の過不足
昌平	阿蘇衛村	玉蜀黍（35.4%）、高粱（23%）、粟（21%）	わずかに余剰
密雲	小営村［35］	粟、高粱、玉蜀黍、落花生、豆類	余剰
平谷		粟、高粱、玉蜀黍、棉花、黍、胡麻	
	夏各庄	棉花	
	小辛寨	粟、高粱、玉蜀黍、小麦	
	大北関［10］	粟、高粱、玉蜀黍、小麦（30%）、豆類、甘藷、棉花、胡麻	
香河		玉蜀黍、豆類	
	後延寺		不足
薊県	紀各荘［28］		不足
遵化	盧家寨	高粱（約3分の1）、粟（25.3%）、玉蜀黍（10.8%）	2割不足
玉田		高粱、棉花	
	龍窩	棉花（約60%）	不足
	芝麻塋	高粱、麻、小麦	不足
寧河	胡庄［5］	小麦、高粱	不足
豊潤	鴻鴨泊	高粱、棉花、玉蜀黍、白菜	
	蕉家庄［30］	高粱、玉蜀黍	
灤県		落花生、高粱、粟	不足
	八里橋荘［8］	高粱、粟、玉蜀黍、黒豆、小麦、落花生	不足
	雷家荘	粟、小麦、高粱、玉蜀黍	不足
楽亭			約5割不足
	柏庄		不足
	桑園村	食糧作物、棉花、玉蜀黍、胡麻、馬鈴薯	
昌黎	中両山［8］	高粱、玉蜀黍、粟、落花生、甘藷	不足
	前梁各庄［15］	梨	不足
撫寧		高粱、粟	不足
	邴各庄［8］	高粱、粟	
	王各庄	高粱（約50%）、粟（約50%）	3分の1不足
臨楡		高粱	不足
	黒汀庄	高粱（37%）、玉蜀黍（20%）	不足

典拠）『冀東地区内二十五箇村農村実態調査報告』冀東地区農村実態調査報告第一部上（冀東地区農村実態調査班、1936年）・『冀東地区十六箇県県勢概況調査報告書』冀東地区農村実態調査報告第二部（冀東地区農村実態調査班、1936年）より作成。

第5章　河北省における食糧事情

農民でありながら野菜は贅沢品として口に入らず、大多数の農民は柳樹葉、楊樹葉、楡樹皮等の野草類を野菜の代用品とし」、「雇傭労働者に給与する食料は朝食高粱粥、昼食粟飯、夕食高粱粥」だった[36]。

香河県県城付近の農村では「菜園を所有せる農民は少く、農民の多くは野菜を購入」し[37]、また、後延寺では不足する食糧を農外収入で補っていた[38]。

薊県では高値の小麦を天津に移出して粟を購入して食料とし[39]、同県紀各荘では食糧を自給できる農家は平年作で約1割にすぎず、小麦を販売して高粱や粟を購入して食料とした。遵化県盧家寨では「1畝当収入の最も大なる」野菜は他作物に比して労力と肥料をより多く要し、主食は高粱・玉蜀黍・粟・甘藷だった[40]。

玉田県のうち、龍窩は「洪水の被害少く窩洛沽鎮に接近せる関係上」、農民は富裕だったのに対して、小王荘・東小陳荘・西小陳荘・小江荘・孟辛荘5か村の大部分は「高粱栽培地にして土地低く洪水の被害多く麦作には不適」で、「土地生産力の不足」を土布の製造によって補っていた。また、芝蔴塈では棉花・粟・玉蜀黍は栽培できなかったが、土布の製造が盛んだった。以上の7か村は、食糧を自給できず、毎年多量の穀物を移入していたが、「殊に窩洛沽鎮の北方還郷河の東岸は棉花栽培の為食用作物栽培減少し」、土布業の発展が「過剰人口を支へ」、「穀物の一大消費地」となっていた。なお、「農家の常食は紅高粱と乾白菜にして玉蜀黍が安価の場合は紅高粱に代食す」るが、「白高粱、粟等は高価にして農民の常食たるを得ず。菜園面積僅少にして生野菜の生産少く高価なる為乾白菜を常用」していた[41]。

寧河県胡庄では、頻繁に水害を被り、「殊に低地の小麦作付地は概して毎年小麦収穫前後より水に覆は」れ、しかも、同村の農産物のうち同「県城内へ販売せらるゝもの」は高粱のみだった。なお、自家消費用の野菜を栽培する11戸以外はすべて蔬菜を購入していたが、その購入量はわずかで、「野菜の欠乏甚しく凡ゆる雑草雑草中苦味無き草類は殆ど之を菜食」した[42]。

「冀東地区屈指の都市」の豊潤県城は、高粱・蜀黍を移出し、粟・麦類・米を移入し、南部の棉作地が食糧不足だったが、北部は食糧を自給できた[43]。同県南部の平原では主に棉花と蔬菜が栽培され、北部の山岳地帯では「穀菽が主で」、南部の鴻鴨泊では高粱・玉蜀黍を常食とし、蕉家庄の西北部の山地では果樹を栽培していた[44]。同県の農民の主食は高粱・玉蜀黍で、「高粱飯乃至高粱粥か捧子

137

第Ⅰ部　平時：民国前期（1912〜37年）

麺」（玉蜀黍粉）だった[45]。

　灤県では落花生の約半分を移出し、高粱・麦類・玉蜀黍・粟を大量に移入し[46]、同県八里橋荘は「広大土地耕作者は商品作物を多く栽培し、零細農は食糧作物を栽培し」、特に「極零細農は1畝当り収量が多い」「玉蜀黍を最も愛好して栽培する」が、「食糧が不足の故に高粱、玉蜀黍、粟を最もよき商品として売買」し、玉蜀黍・高粱・粟・稗を常食としていた[47]。

　楽亭県でも「生産食糧は住民の需要を6箇月間充たすに過ぎず」、「満州の高粱、粟、（粟は現在平綏地方のもの多し）中南支より米」を移入し[48]、柏庄の常食は高粱に粟が次ぎ[49]、桑園村（51戸）では、「各戸の壮年」の「多くは「跑関東」たる満州出稼ぎ商となり、耕作は多くは雇傭農業労働に頼り、自家労働に依る自耕農」は「僅に2、3戸」のみで、もとより、同村は「天津、秦皇島、唐山等の如き都市に接近し、交通は水陸共に便であり、「跑関東」商人の多き関係上」、「離村者数は非常に多」かった。よって、「作物は自家用の食糧作物を栽培する外、商品作物たる棉花、玉蜀黍、胡麻、馬鈴薯等も少からず栽培されて居」た。なお、同村に隣接する湯家河鎮には労働市場（「工夫市」）があった[50]。

　昌黎県中両山の農産物は「殆ど果樹の間作、下作として作らるゝを以て一般に収量少く」、主食は高粱と粟で、「野草」を食べる者もいた[51]。

　撫寧県も年々「関外」から高粱・粟を移入し[52]、邢各庄の主食は高粱粥で、貧農は漬物すら食べられず、「大部分の農家は高粱、粟、包米の粥を主食とする而も普通は2食」で、農繁期の農業従事者は3食だったが、老人・婦女子・幼少年者は2食だった。「台頭営西北8支里」にある王各庄は「丘陵、傾斜地が多く且つ河畔に砂礫地多い為に、耕地が不足し」、十分には食糧を購入しえず、高粱粥や甘藷を主食としていた[53]。

　臨楡県は、「商工業方面に主体が有」り、「耕地面積は少く大部分山地帯を成す為め、農産物は県内需要を充す能はず、満州国」から移入していたが、落花生を移出し[54]、同県黒汀庄では粟は「殆ど自家用として（食料中高貴に属す）栽培するに止」まり、高粱は「部落内消費の約66％が生産され他は食料移入を必要と」した[55]。

　「通州城の東南6支里」にある通県第7郷小街村の作付率は玉蜀黍が40.4％、棉花が27.9％、豆類が10.4％、粟が6.5％、小麦が5.1％で、玉蜀黍以外はほぼ村内で消費され、小麦を全部販売して小麦粉を購入したが、かつて「穀物売却は

138

第5章 河北省における食糧事情

少からざる数量に上つたが近年棉作の増加と共に漸次減退し終ひに部落自体の消費にすら不足」し、粟は玉蜀黍や高粱よりも「上等食」で、玉蜀黍が農家の重要な主食で、小麦を「平常食として用ふることは少」なかった。また、「近年棉花作付の増加より漸く食料不足を来し之が代用品として単位収量の多い甘藷栽培がにわかに普及」した[56]。

以上のことから、冀東地区の農村では、自給用の食糧穀物の栽培を犠牲にしてまでも棉花を栽培していたために、食糧不足の状況に陥っていたばかりでなく、一部の農村では、急速に脱農化が進行していたために、自家消費用の食糧を自給することができず、食糧不足の状況に陥っていた農村もあったことを窺い知ることができる。

おわりに

民国前期には河北省における食糧穀物の生産量は山西省のそれを大幅に上回っていたが、食糧不足に陥っている農村も多かったことから、農村間の較差はかなり拡大していたと考えられる。すなわち、農業生産力の低さゆえに、穀物の生産量が少なく、食糧が不足していた農村があった一方で、灌漑設備が整備され、穀物の生産量が多く、その余剰穀物を移出する農村もあった。また、商品経済が発展するのに伴って、農家の自家消費用の穀物をも販売して安価な雑穀などを移入する農村や自家消費用の穀物の栽培を犠牲にしてまで棉花などの商品作物を栽培して自家消費用の穀物を移入する農村もあった。さらに、北京市や天津市に近接する冀東地区では、農村経済の発展に伴って、零細農化と脱農化が進行し、食糧不足の状況に陥っている農村も多かった。

ただし、民国前期には河北省のいずれの地域においても、資料の不備ないしデータの欠落もあって、それぞれの県城と農村間における距離、食糧の過不足状況、作付作物の種類などとの間には、必ずしも明確な相関関係を見出すことはできない。だが、一般的に河北省の棉作地農村では農村経済が衰退したために食糧不足に陥ったのではなく、むしろ商品経済が進展したために食糧が不足するようになった農村が多かった。

注
(1) 南満州鉄道株式会社天津事務所調査課『河北省農業調査報告（一）―平漢線「北平―保

139

第Ⅰ部　平時：民国前期（1912～37年）

定」沿線及其西部地帯』北支経済資料第25輯（南満州鉄道株式会社天津事務所、1936年10月）・同『河北省農業調査報告（二）―平漢線「望都―石家荘」沿線及其西部地帯』北支経済資料第26輯（南満州鉄道株式会社天津事務所、1936年10月）・同『河北省農業調査報告（三）―大清河及牙子河流域地帯』北支経済資料第30輯（南満州鉄道株式会社天津事務所、1936年12月）。

⑵　前掲書『河北省農業調査報告（一）』1頁・6～7頁。なお、同書（11頁）によれば、同報告書中で「1畝と称するは240弓を以てする官畝である。1平方支里は540官畝に相当す」るという。

⑶　同上書、12頁・21～22頁・25～30頁。

⑷　同上書、40頁・48～49頁。

⑸　同上書、61頁・66頁・68～70頁。

⑹　同上書、70頁・77～78頁・83～87頁。

⑺　『河北省農村実態調査資料（望都県東陽邱村外18箇村）』125頁・130頁。

⑻　前掲書『河北省農業調査報告（一）』91頁・93頁・95～96頁。

⑼　同上書、108頁・110～111頁。

⑽　同上書、113頁・118頁。

⑾　同上書、122～123頁・128頁・131頁。

⑿　同上書、31頁・35～36頁。

⒀　同上書、52頁・59頁・100頁・105頁。

⒁　同上書、132頁・138頁。

⒂　前掲書『河北省農業調査報告（二）』1頁・4頁・32～33頁。

⒃　同上書『河北省農業調査報告（二）』98～105頁。

⒄　前掲書『河北省農業調査報告（三）』1～357頁。

⒅　同上書、25頁・28頁。

⒆　同上書、82～83頁・91頁・93頁・174頁・176頁・181頁・186頁・194頁・198頁・204頁・319頁・321頁・323～324頁・326頁。

⒇　同上書、223頁・228頁・243～244頁。

㉑　同上書、341頁。

㉒　同上書、356頁。

㉓　同上書、265頁・275頁。

㉔　同上書、254頁・256頁。

㉕　南満州鉄道株式会社天津事務所調査課『河北省農村実態調査資料（望都県東陽邱村外18箇村）』北支経済資料第34輯・北支農村実態調査報告第4号（1937年4月）201頁・222～224頁。梨元村と南営村の調査は1930年11月と1931年3月に行われたという。

㉖　前掲書『河北省農業調査報告（三）』120頁。

㉗　同上書、54～55頁・294頁・97頁・106頁・159～160頁・162～164頁・166頁・135頁・141頁・63～64頁。

㉘　同上書、70頁・72頁・111頁・125頁・127頁・149頁・263頁・283頁・285頁。

㉙　前掲書『河北省農村実態調査資料（望都県東陽邱村外18箇村）』7～9頁・20頁・

140

28〜30 頁・38〜40 頁・57〜58 頁・67 頁・69〜70 頁・77〜80 頁・88〜90 頁・119 頁・124 頁・144〜145 頁・150 頁・153 頁。

(30) 同上書、155〜158 頁・162〜163 頁・167 頁・171 頁・175〜177 頁・181 頁・187〜188 頁・192 頁・197〜198 頁。

(31) 南満州鉄道株式会社天津事務所調査課『河北省滄県農村概況　並に全県礆地調査及び改良意見』北支経済資料第 11 輯（1936 年）3 〜 4 頁・8 頁・11〜12 頁・15 頁・19〜20 頁・27〜28 頁・30 頁・35〜36 頁・44 頁・48 頁・50 頁。なお、同書は、『津南農声』（第 1 巻第 2 期）に掲載された県城近郊 7 か村の調査を邦訳したものである。

(32) 徳武三朗『豊潤県に於ける農村事情調査』大東公司天津支店（1938 年）12 頁・17 頁。

(33) 『冀東地区内二十五箇村農村実態調査報告』冀東地区農村実態調査報告第一部上（冀東地区農村実態調査班、1936 年）93 頁。

(34) 前掲書『冀東地区十六箇県県勢概況調査報告書』45 頁・68〜69 頁。

(35) 前掲書『冀東地区内二十五箇村農村実態調査報告』冀東地区農村実態調査報告第一部上 99 頁・112 頁・143 頁。

(36) 南満州鉄道株式会社『第二次冀東農村実態調査報告書　統計篇』第 1 班：平谷県（1937 年）1 〜 4 頁。

(37) 前掲『冀東地区十六箇県県勢概況調査報告書』83 頁・97〜99 頁。

(38) 前掲『冀東地区内二十五箇村農村実態調査報告』冀東地区農村実態調査報告第一部上、156 頁。

(39) 『冀東地区十六箇県県勢概況調査報告書』冀東地区農村実態調査報告第二部、冀東地区農村実態調査班（1936 年）107 頁・133 頁。

(40) 前掲書『冀東地区内二十五箇村農村実態調査報告』冀東地区農村実態調査報告第一部上、197 頁・222 頁・293 頁・373 頁。

(41) 前掲書『冀東地区内二十五箇村農村実態調査報告』冀東地区農村実態調査報告第一部下 3 〜 4 頁・44 頁・58 頁。

(42) 前掲書『冀東地区内二十五箇村農村実態調査報告』87 頁・101 頁・107〜108 頁。

(43) 前掲書『冀東地区十六箇県県勢概況調査報告書』230 頁・234〜235 頁。

(44) 前掲書『冀東地区内二十五箇村農村実態調査報告』冀東地区農村実態調査報告第一部下 129 頁・132 頁・148 頁。

(45) 前掲書『豊潤県に於ける農村事情調査』12 頁。

(46) 前掲書『冀東地区十六箇県県勢概況調査報告書』254 頁。

(47) 前掲書『冀東地区内二十五箇村農村実態調査報告』冀東地区農村実態調査報告第一部下 202〜203 頁・209 頁。

(48) 前掲書『冀東地区十六箇県県勢概況調査報告書』286 頁。

(49) 前掲書『冀東地区内二十五箇村農村実態調査報告』冀東地区農村実態調査報告第一部下 243 頁・247 頁。

(50) 前掲書『河北省農村実態調査資料（望都県東陽邱村外 18 箇村）』93〜94 頁・97〜98 頁・103 頁・109 頁。

(51) 前掲書『冀東地区内二十五箇村農村実態調査報告』冀東地区農村実態調査報告第一部下

第 I 部　平時：民国前期（1912〜37 年）

　　263 頁・275 頁・281 頁。

⑸2　前掲書『冀東地区十六箇県県勢概況調査報告書』318 頁。

⑸3　前掲書『冀東地区内二十五箇村農村実態調査報告』冀東地区農村実態調査報告第一部下
　　315 頁・325 頁・332 頁。

⑸4　同上書、348〜349 頁。

⑸5　前掲書『冀東地区内二十五箇村農村実態調査報告』冀東地区農村実態調査報告第一部下
　　367〜368 頁。

⑸6　『北支那に於ける綿作地農村事情（河北省通県小街村）』北支経済資料第 13 輯、満鉄天津
　　事務所調査課（1936 年）4 頁・53 頁・123〜124 頁・174〜176 頁。

第Ⅱ部

戦時：民国後期（1937〜49 年）

第1章　華中における食糧事情

はじめに

　1937年に日中全面戦争が勃発すると、興亜院は中国占領地行政を円滑に行うために数多くの調査を行った。その調査報告書の中の1つによると、日中全面戦争時期は「事変と言ふ大きな変革が起り米は戦争遂行の必須物資として統制せられ、反対に敵側の統制は治安妨害となり之が流動は甚だしく制約せらるゝに至」り、「日本軍の現地自活経済の確立には現地米の供給を計らねばならない」という複雑な事情もあったという[1]。そして、日本は1937年12月14日に中華民国臨時政府（1940年3月30日の汪精衛政権成立時に華北政務委員会と改名）を樹立し、汪精衛政権下で1943年3月に占領下の上海と華中において物資統制機構として全国商業統制総会を組織し、その下に粉麦統制委員会・油糧統制委員会・日用品統制委員会・棉花統制委員会・米糧統制委員会を設け、各地にその分支弁事処を置いた[2]。

　中国を占領して「現地自活主義」と「民心把握」を掲げる日本軍とその傀儡として占領地行政を引き継いだ汪精衛政権にとって、食糧（「軍米」）の確保・収奪と「民食」（日本軍占領下の都市民用の食糧）の安定的供給という相矛盾する目的が極めて重要な行政課題となっていた。

　そこで、本章では、まず興亜院が刊行した種々の調査報告書類から興亜院自身が米の主要な生産地・消費地である華中の東部地域（上海市、江蘇省、浙江省、安徽省）における米事情をいかに認識していたのかを概観し、次いで汪精衛政権下中国の食糧事情について米と小麦を取り上げて時系列的に概観したい。

1.　興亜院からみた華中の米事情

(1)　米の生産と流通

　興亜院が作成したいくつかの中国に関する調査報告書からは、華中における日本軍の行動が同地域における米の生産面と流通面に対して直接的に破壊的な影響

第Ⅱ部　戦時：民国後期（1937～49年）

を与えたことを看取しうる。

　まず、1939年に刊行された資料には華中における1939年の米穀需要状況に関わる各種の統計表が掲げられ[3]、また、1940年に刊行された資料には華中における1940年の「稲作ハ全般的ニ播種期移植期ニ於テ降雨量少ク」、「植付不能及水不足ノ水田多ク作柄ハヤヤ不良ナリ」と総括している[4]。そして、1939年に刊行された資料には占領地区の米について1938年度は「極度ニ減作ヲ示シ」、1939年度は「大体ニ於テ4割増産ノ平年作乃至若干平年作上回リヲ予想」されるが、農産物の出回は「事変ニ依ル流通機構ノ破壊乃至停止ノ為」「極メテ困難ナ経路ト犠牲トヲ伴」ない、国民政府「重慶側ヘノ物資流動ハ、当方側ノソレニ比シテ遙ニ容易デアル」とみられることから、「占領地区内農家」の1938年度における経済状態が1939年度「俄ニ好転シタト断定シ得ル資料ヲ持タナイ」と述べられている[5]。

　また、1940年刊行の資料によれば、「事変ハ直接又ハ間接ニ農作物ノ生産手段ニ対シテ諸種ノ不利ナ影響ヲ与ヘ、之ガ為ニ農産物ノ生産量ガ減ジタ事ハ否定シ難イ事実デ」、1939年度の稲の作況については、「安徽省ノ作柄ハ蕪湖ニ於ケル調査ニ依レバ」「皖北、皖南」（安徽省北部・南部）「共ニ著シク豊作デアッテ、巣県及盧州背後地ハ5割増ト迄予想スル者モアリ、又皖南ノ主要米産地ニ於テモ一般ニ豊作デアル事ハ疑フベクモナイ故、省全体トシテ平年作ノ3割増収ト予想」できるものの、一方、「江蘇省ノ調査地ニ於テ平年作以上ノ報告ヲ受ケタ箇所ハ、松江及昆山ノミデアッテ、他ノ調査地ハ一般ニ不作ナリト言フ」「事実」は1939年10月における「豊作見込ト一致シナイガ」、江蘇省では1939年の稲作は平年作以下で、「約1割ノ減収ト予想」された。さらに、浙江省の調査地は嘉興・杭州の2か所のみで、「省全体ノ作柄ヲ判断スベキ材料ニハ不充分デアルガ、全般的ナ干魃ト開花時ノ大風ハ生産ニ悪影響ヲ及ボシ、又海杭線一帯ノ主要米産地ハ一般ニ化学肥料施用ノ慣行アリ、之ガ入手困難ナ為施肥不能トナリシ結果」、「5分内外ノ減収ト仮定シテ大過ナ」い状況だった[6]。

　さらに、1941年の調査報告では「事変以来占領地区と敵地区との2つの経済単位に分れ、生産と消費との均衡を失するに至ったのは已むを得ないことであるが、現在占領地区への出廻は蕪湖付近が約200万石、無錫付近が200万石、上海周辺が150万石で戦前の約半ばに過ぎ」なくなったという[7]。

　なお、1941年に刊行された文献資料は、日中戦争時期の華中について「完全

146

第1章　華中における食糧事情

占領地区ハ所謂、点ト線ノ状態ニシテ米ノ生産量モ実ニ微々タルモノナルガ、茲ニ云フ占領地区」とは、浙江省では「大体銭塘江以北ニテ長興、武康、富陽以東ノ地区」、江蘇省では「宜興、金壇、溧水ヲ結ブ線以北ノ江南地区及如皋、靖江、揚州、高郵、六合以南ノ江北地区」、安徽省では「津浦沿線ノ淮河南段ノ各県、巣湖東南期し各県及南寧線沿線ノ地区並ニ安慶付近揚子江沿岸地区ニシテ以上ヲ下流占領地区トシ、上流占領地区ハ南潯沿線ノ鄱［鄱］陽湖西岸地区揚子江沿岸ノ下辺区及上辺区、信陽南段ノ平漢沿線地区、漢水下流々域及粤漢線岳州北段地区等ノ園部舞台威令下ノ地域」で、「下流地区ニ於テ約 350-360 万市石、上流地区ニ於テ約 50 万市石合計約 400 万市石以上ノ数量上ノ不足ヲ来スモノト考ヘラ」れ、そして、「単ニ数量的ニ莫大ナル不足ヲ来スノミナラズ之等確保民衆ノ深刻ナル食糧飢饉、軍需米買付困難ヲ憂ラルル」と述べている[8]。

　以上、日本軍占領下の華中においては、日中戦争前と比べて戦時期には米産量が減少したばかりでなく、日本軍占領地区では米の流入量も減少していたことがわかる。すなわち、日本軍の行動は華中における米の生産それ自体とともにその流通面にも破壊的な作用を及ぼし、特に日本軍占領地域に極めて深刻な食糧不足の状況を生み出してしまった。そして、このことは中国占領日本軍の「現地自活主義」実現を非常に困難なものにした。

⑵　米の出回状況

　興亜院によって作成された調査報告書の中には、華中における米の出回状況を知ることができるものがいくつかある。

　まず、1940 年の調査では、蕪湖米市場背後地の 80～90％が敵遊撃区であることから、「米穀流通を著しく阻害し」、米穀出回量が激減し、「蕪湖市場背後地も江南に於いては湾沚鎮、高淳、当塗を結ぶ一帯と、上流地帯荻港、旧県鎮及三山鎮一帯が確保されてゐるが、江南後背地域の宜城、南陵一帯が敵地にある為め、当地方よりの移出が減少」し、「巣湖、裕渓口間の内河航行路が未だ敵地にあり、然も運漕鎮一帯には強力なる新四軍の蟠居がある為め、当地域よりの出廻りは皆無で」、蕪湖への米の出回りは滞っていた。蚌埠については「戦後の特殊な現象として特記すべき事は毫県の殷賑を極め居ることにして奥地物資の大部分は同地に集貨され隴海線商邱を経て北支方面に搬出されて居り淮河貿易の一般を蚌埠より奪へるが如き感あ」り、蚌埠への米の出回量は「事変後」は約 2,400 トンに半

147

第Ⅱ部　戦時：民国後期（1937〜49年）

減し、鎮江では「事変後は専ら蕪湖米を移入し辛じて需要を充たして居」た[9]。

　また、1940年の調査では、「事変後ニ於ケル蕪湖米市場ノ背後地ハ、安徽省全産米地域ノ約80—90％ガ非占領地デアル関係上、著シクソノ出廻ガ極限サレテ狭少トナ」り、南京では蕪湖・当塗の米が「軍統制下ニアルタメ、自由搬入ヲ許サレザルモ許可搬入数量ヨリ見レバ、此ノ両者ノ米ガ大部分ヲ占メ」、鎮江でも「事変後ハ安徽米ノ出回殆ンドナク、更ニ江北モ占領地域狭少ノタメ搬出ヲ望ムベクモナ」く、また、無錫でも「事変後ハ安徽省産米ハ京滬鉄道ニ依リ多少出回ッタノミニテ、郎渓付近及皖南北ヨリ帆船ニテ輸送サレルモノ、皆無ナルハ鎮江市場ト同様デ」、「江北ヨリノ出廻リモ勿論ナク、唯常州、金壇及宜興ノ産米ガ辛ジテ搬入サレタ程度ニシテ、新米ノ搬入ハ宜興県産ノモノガ和橋鎮ヨリ相当数量出廻ッタ模様デ」、同市場における搬出禁止は江蘇省「江南各市場ニ先ンジテ」1939年4月頃に「決行サレ、自［地］場ニ於ケル米価ノ調節ニ当ツタ」という。なお、上海では「事変後」に米の「一般搬出ヲ禁止シタル為ト、治安ノ不良ニヨリ内河輸送ノ危険ナルトニヨリ、集散地ヨリ消費地ヘノ輸送経路ハ一大変化ヲ来シ」、1939年8月〜9月に蕪湖で買い付けられた「第1次軍納米ハ、上海ニ於ケル米価調節並ニ難民救済ヲ目的トシテ上海ニ輸送サレタ」という[10]。

　さらに、1941年の調査報告では、松江市場に集まる米の量は「事変前の約半数」の約20万石で、松江と上海では1石当たり「20元以上の開きがある為」、上海への「密搬出が誘発され」、青浦の米の出回量も「事変前」の約半分の7万〜8万石で、かつて青浦・朱家角に「出回たものの半数は上海に密搬出され」た。嘉興には「事変前」の3割にあたる35万石の米しか出回らず、その原因は「県下の治安が悪いと云ふことが主たるもので、四囲は殆ど遊撃地区となり南方は海岸で至る処敵地への途が開けて居る地理的条件があることと、更に敵側が米に対する搬出統制の厳重なる結果占領地区内へ流入することが困難なると、敵地の米価が割高なる為逆に敵地への流出を誘発する等」によるという。昆山における「約10万石の出回り不足」は上海への「密搬出量と断定しても差支な」く、「上海が米価120元のとき昆山は80元で40元の差があつた」ことが「密搬出の原因となる」という。呉県の米は約30万石を移出できたが、蘇州「周辺の産米地が遊撃地区である為敵側の手に入るものが相当多数に上」り、一方で、「普通の民家でも金があると米を買つて貯蔵し自家の食米にする外値上りを待つて売る」者もおり、「売惜みする結果出廻が悪く、延いては米価の高騰を来し」、蘇州

148

と上海の米価は 20～30 元の「開きがある為勢ひ流出する虞があり、大体呉江付近から敵地又は上海へ」約 60 万石の米が流出するという。無錫では「事変後」「統制下に於ける取引」が「来源地の範囲を限定せられるに及んで」「外地からの出廻は皆無となり専ら無錫付近のもののみとなつたので事変前の半数に激減し」、「宜興付近は敵側が強制買付を行つて居る為割合に少」なく、常熟では「殊に近郷の出廻は少く無錫、常州等からは全然来なくなつた為取扱量も激減し」ているが、「匪賊の軍用に供する外上海、江北方面に密搬出し」たり、「農家に貯蔵して居るものが多く敵が之を持ち出させない」ようにするなど、「常熟周辺の生産地は大部分匪賊地帯となつて居り、其の敵が極度に米の搬出を禁じて居る為常熟及他の土地から買付人が入ることが出来な」かった。鎮江では米の出回りが「年合計 10 万石に達しない状態で」「蕪湖米の搬入が杜絶し、蘇北からの搬出を禁じられた為」食米不足が生じた。揚州では「産米地区が大部分敵地であり而も敵側が軍米の獲得を重視して経済の統制を厳重にして居る関係上之等の出廻が減少」し、南京では「事変後は蕪湖米の他市場への搬出が制限され」、「一時南京は米飢饉が叫ばれ」、「米価は日に日に騰貴して購買力なき市民は安価な代用食を採る」ことになった[11]。

1941 年に刊行された資料によれば、1941 年は「三角地帯ニ於テハ秈、粳共ニ出回順調」だったのに対して、「淮南、蕪湖地区ニ於テハ豊作ニモ不拘、出回並ニ獲得状況極メテ不良」だった[12]。また、『中支米ノ獲得状況並ニ配給統制状況』（1942 年 1 月 30 日）を見ても、「蘇松地区 15 県ニ於ケル買付」は 1941 年 11 月以降「極メテ順調ニ進捗シ」、「特ニ清郷地区ニ於ケル買付成績ハ甚ダ良好」だったが、華中における米の主要な供給地だった「蕪湖対岸地区、蘇北地区並ニ杭州地区ニ於ケル軍ノ買付ハ各種ノ事情（治安状況、買付価格及対敵経済封鎖ノ為メノ物資搬出制限等）ニ制約セラレ極メテ実行困難」となっていた[13]。

以上のように、華東地域における米の出回りは蕪湖米の出回不足によって大きな影響を受けていた。すなわち、蕪湖は 700 万～800 万石の「余剰米を生ずる支那第一の米産地」だったが、1940 年の出回総量は 220 万石にしかすぎなかった。このような米不足は米の最大の消費地の上海できわめて深刻で、米の密輸入を促し、密輸入米は上海に近い松江・青浦・楓涇・金山・昆山・太倉・嘉定・常熟「産米」だった[14]。

149

第Ⅱ部　戦時：民国後期（1937〜49年）

2．汪精衛政権下の食糧事情

⑴　米

　汪精衛政権档案の中に米に関する記載が現れるのは、実業部の下に糧食管理委員会が組織された1940年以降である。そこで、以下に1940〜45年の米事情を年別に見ていきたい。

1）1940年

　端境期の6〜7月には主要な産米地の江蘇省や浙江省でも米不足が発生した。

　6月、南京市の米価が1石（60kg）50元を突破し、貧民は米を買えなくなったが、その原因について、南京市総商会は奸商による買占め・売惜しみ以外に、米産地の米穀統制が米の供給を阻止しているとみなしていた[15]。

　蘇北の儀徴はもともと非産米地で、6月に米価が高騰し、1石が60元を超え、民食の恐慌状態が極点に達したので、日本軍当局に安徽省蕪湖・当塗の米の買付ができるように求めた。また、蘇南の武進でも貯蔵米が少なくなって米価が高騰し、さらに、儀徴や武進の近隣の丹徒・丹陽・江都でも米が不足し、7月に江蘇省政府は安徽米を放出して民食を維持することを求め、丹徒では米不足によって米価が1石45元に急騰し、貯蔵米がわずか1,000石余りとなり、2〜3日分の需要にも足りなかった[16]。

　浙江省でも、7月に食糧が異常な恐慌状態となり、民食の問題が深刻化して治安にも影響を与えかねないという不安の声が上がるようになった[17]。

　干害に見舞われて南京市の米がほとんどなくなりかけると、南京市長は日本の関係機関に無錫で2万石の米を買い付けることを求めたが、蘇州・無錫一帯の米を軍糧としていた日本軍は移出を禁止していたので、工商部が南京市の民食用として日系商社の三井洋行を通してサイゴン米2万7,546包（3万5,250石4斗8升7勺）を買い付けて販売を始めた[18]。

　日本軍による直接的な管理であれ、汪精衛政権を通した間接的な管理であれ、米に対する統制政策は日本軍占領下中国における民食の不足をいっそう深刻にしていった。

2）1941年

　2月、杭州市では米価が高騰し、供給が不足したので、糧食管理委員会を通じて5,000担の外国米を輸入して廉売するように求め[19]、また、3月、浙江省台州

では米不足によって多くの人が餓死したので、上海・台州間を封鎖していた日本海軍に対して台州への米の通過を許すように求めた[20]。

蘇北の江都県は産米地だったので、米価が低かったが、1担当たりの米価が1939年に1担30元近くまで上昇し、1941年には100元に達し、隣接する揚州市街地では貧民はまったく米を食べることができず、雑穀を食べ、最貧困者は穀物の胚芽や碾き滓で作った麺さらには観音粉と俗称される白土で飢えをしのいだ。こうした中で、突然、5月に揚州に6,000包の輸入米が搬入されて、1担の価格が当初は90元だったが、8月には150元と定められた。実は、これに先立つ7月31日に江都県米業同業公会が国産米の揚州への移入・販売を許可しないと通告し、また、国産米を値下げして販売することを許さなかったため、揚州や隣接する産米地も豊作だったことから、揚州市郊外では新米の価格が60～70元に低下したが、揚州市街地の米価との差は1担につき30～40元のままだった[21]。

湖南省や江西省から食用米を移入していた湖北省は、1937年の抗日戦争後は輸送が困難になり、各地の農村が破壊されて農産物の生産量が激減したために、食糧の供給がしばしば欠乏し、端境期に米価が日増しに高騰したので、漢口市政府は米の買付が困難だったので、雑穀の代理購入を委託するとともに、日系商社に輸入米5,000トンの代理購入を委託したが、政府が手持ちの米を廉売する平糶を実施して在庫米が少なくなったので、9月、再び日系商社の三菱公司に委託して2万石の輸入米を代理購入した[22]。

安徽省蕪湖は米を移出していたが、「事変」後は各地に盗賊が出没し、交通が不便となり、蕪湖米が急減したうえ、1940年秋には「江北淮南路一帯」が「皇軍軍米之区」に編入されてから1粒の米も蕪湖に運送されず、蕪湖の貯蔵米は往年の10分の1になった[23]。

糧食管理委員会の皖南区辦事処や松太（松江・太倉）分辦事処から、各地で検問所を設置して米捐（税金）を徴収していたことが米商人の合法的な米の運輸・販売を阻害し、民食に与える影響も大きいので禁止してほしいという声が上がっていた[24]。

11月、無錫の三泰米行など11の米商人の米を積載した船18艘が黄埔欣付近で差し押さえられた[25]。

1940年に成立した糧食管理委員会は、1941年には安徽省南部・江蘇省北部・浙江省湖州区の各産米区で積極的に収買したが、民食・軍米を供給するには到底

151

第Ⅱ部　戦時：民国後期（1937〜49 年）

足りず、外国米を買い付けて補充した。だが、12 月に日米戦争が始まると、海
上運輸による外国米の輸入が日増しに困難になった[26]。

　江蘇省武進では秋の収穫が他県よりも遅く、供給が少なくなり、在庫がなく
なって米価が再び上昇したので、豊作だった句容・金壇・丹陽で米を買い付ける
ことを許可するように「友邦機関」に対して請願したが、許可されなかった[27]。

　12 月、各地の米価が高騰した最大の原因は商人の買占め・売惜しみで、安徽
省南部の蕪湖・当塗や江蘇省北部の高郵・宝応で米の買占め・売惜しみが非常に
多かった[28]。

3）1942 年

「事変」後、外国米を輸入して食糧不足を補給していたが、1941 年 12 月に日
米戦争が勃発してからは海運が滞り、食糧問題が深刻になったので、1 日 3 食を
2 食に減らし、その 2 食のうち 1 食は雑穀とし、唯一の米食は精米せずに玄米の
ままで食する（白米に比して 10％の節約となる）という節約が提唱されるよう
になった[29]。

　2 月、安徽省では糯米の消費を節約するために醸造を制限して、主要な糯米の
生産地だった金壇・丹陽・溧陽で糯米 20 万石を購入して民食に充てることに
なった[30]。

　蘇北の泰県・東台・興化・高郵・宝応・塩城は米産量が多かったために米の買
上地区に指定されたが、「事変」後、匪賊が増え、到る所で略奪が行われ、農村
の余剰食糧は都市部へ流入しにくくなっており、米を買い付けるには障碍が多
かった[31]。

　2 月、米産量が比較的多い地域で糧食管理委員会が直接管理することができる
範囲は狭く、しかも、以前は食糧不足を輸入米に頼っていたが、米の輸入も滞っ
ており、また、代替するに足りる大量の雑穀もなかった[32]。

　3 月、江蘇省江浦では日本の三光洋行大同公司が橋林西江口辦事処を設置して
農民の食糧を強制捜査して米を安く買いたたいたことに憤慨して命をおとした者
がいた[33]。

　浙江省東部は以前から食糧が不足していたが、8 月、避難先から帰郷する者が
日増しに多くなっており、食糧事情も日増しに厳しくなっていた。しかも、7 月
に台風に見舞われて早稲の収穫に大きな被害があり、晩稲も旱害で収穫の見込み
が難しくなっていた[34]。

第1章　華中における食糧事情

4）1943 年

　米糧統制委員会の成立による統制強化の反映であろうか、1943 年には米の闇取引や買溜め・売惜しみが各地で発生するようになり、4 月以来、米の「統一収購轄区」に指定された蘇松常嘉区でも闇取引がしばしば発生していた[35]。

　また、5 月に南京の中華桟・建華桟・天華桟の 3 つの米問屋が米の買溜め・売惜しみの嫌疑をかけられて「霉米」（かびの生えた米）・玄米・インディカ種米を押収された[36]。

　さらに、1940 年秋、嘉興・湖州の食用米が枯渇して杭州へ運送されなくなった際に、杭州市内の少数の糧行（米穀商人）が杭州市内の米を買い集めて米価を吊り上げたため、民食の「恐慌現象」が造成され、1941 年からもそれらの糧行は米糧同業公会の名義をかりて杭州市内の食用米を操作し続けて買溜め・売惜しみを実施し、民食の「恐慌」をもたらした。さらに、1943 年 5 月には嘉興で米を買い付けて闇取引しようとしたところを押収され、闇米 1,800 石を没収されたうえに、罰金 74 万元を徴収された。ただし、闇取引の容疑が誤りであり、1945 年 7 月に没収された米 1,800 石とその包装用の麻袋 1,800 枚を現金に換算して返還することが認められた[37]。

　以上から、杭州市の米業（糧行業）同業公会内部に対立が生じていたとともに、地方レベルで官側が政府の収買米を輸送途上で強奪するという混乱が生じていたことがわかる。

　糧食部は、5 ～ 6 月の端境期に米の買付が困難になって各産米区の米の貯蔵量が不足したので、小麦や雑穀も買い付けて配給に備えざるをえず、南京・上海・蘇州・無錫で小麦粉 57 万袋余りを買い入れ、また、蘇北の泰県・東台・塩城・興化で 6 月末～ 8 月に小麦を買い入れた[38]。

5）1944 年

　1943 年 12 月に華北に駐留する軍隊の必要とする軍米 5,000 トンを至急供出するように求められたのに対して、糧食部は蕪湖の貯蔵米 5,000 トン（62,500 石）を華中米穀組合を通して代理運送し、米価を実際の買付コストから 1 石につき 850 元と計算した。だが、1944 年になって最高軍事委員会からの通達によって 1 石につき 700 元と決められてしまったので、糧食部の損失額は 1 石につき 150 元となり、62,500 石全体では 937.5 万元にも達した[39]。

　非米産地だった浙江省杭州市は外からの食米の供給が中断して 1 月に食米の

153

第Ⅱ部　戦時：民国後期（1937～49年）

「恐慌」が発生したので、民食を補給するために、鼎豊泰など11の「米商」と海寧県硤石鎮の各米行が海寧県政府の許可を得て硤石鎮で米を買い付け、杭州市へ運送しようとした時、海寧県境の長安鎮で日本の山根部隊に「揚了江下游封鎖弁法」に違反しているという理由で押収されて浙江省政府に引き渡され、浙江省政府は没収した米のうち4,200担を浙江省非清郷区の軍警食米に充て、その他を公務員特殊公糶米として支給した[40]。

　一方、米産地の江蘇省でも1月に食米の「恐慌」は深刻となっており、米の闇取引は宜興や泰州（泰県）に限らず各地で依然として猖獗だったとされている[41]。

　2月、各地の米価は暴騰し、給料の少ない郵便局員は「断炊之虞」があり、南京・上海では「計口授糧」制度があったものの、配給米はきわめて少なく、不足分は闇市場で購入せざるをえないが、闇市場の米価は高くて郵便局員では購入できなかった。ちなみに、3月、南京市では闇市場の米価は1石が2,400～2,500元に達していた[42]。

　非米産地の南通では、「事変」後、生産が激減し、民食が不足し、3月、輸送の困難に加えて統制によって隣県の海門・啓東の米も輸送が困難になったため、食糧パニックが発生し、密輸の取締も困難になった[43]。

　この他に、食糧に関わる汚職も発生していた。例えば、江蘇省糧食局局長の后大椿と糧食部水産処理局局長兼建設部郵政儲金匯業局局長の胡政が、軍糧の買付に関して「重大舞弊情事」を引き起こしたとして3月に失職させられている[44]。

　糧食部が6月分として上海に供給した民食米15,000トンの価格は必要諸経費から勘案すると1石850元にする必要があり、国庫から損失補填される軍警米と違って民食米は1石が650元では巨額の損失が出ると訴えていたが、上海食米配給委員会委員長がすでに1石650元と決めており、日本側も可能な範囲内で価格高騰を防止するように要請していた[45]。

　以上のように、1944年も端境期を迎えて米不足が深刻となるとともに、米の買溜め・売惜しみや闇取引が多数発生していた。

　安徽省蕪湖は、「事変」後、「内地」で戦争の影響を受けて食糧の生産が減少し、運輸も不便となり、食糧問題が日増しに深刻になっていた[46]。

　蘇北の泰州（泰県）には軍隊が入り乱れて集まり、共産党勢力が蠢動し、途中には検問所が林立して何重にも徴税するなど[47]、蘇北の主要な米産地からの米の

154

第1章　華中における食糧事情

買付・運送には常にさまざまな危険と障碍がつきまとっていた。

実業部から行政院への呈文によると、各地の米価が高騰し続けていたのは、運輸の困難以外に、奸商の買占め・売惜しみによる価格操作と途中で軍警が検査していいがかりをつけて足止めをすることが最大の原因であるという[48]。

6月、主要な米産地の常熟は軍糧の買付によって在庫米がなくなり、米不足となって白粳（うるち米）1石が5,000元を超えていた[49]。

7月初め、南京市の米価は1石が13,000元にまで暴騰したので、国民党海員特別党部執行委員会は「米禁」を開放して配給を強化するとともに、闇市場を抑制して買占め・売惜しみを厳重に処罰するように求めていた[50]。

上海の深刻な食糧不足と関連してのことであろうか、上海市周辺で闇米が数多く摘発されていた。松江では3月に闇米の三等白粳31石8斗を押収して採辦商（買付許可を与えられた商人）の大興糧号に買い取らせ、5月には日本の警備隊沖中尉が闇米の白粳2石・玄米1石3斗を没収して当地の同泰豊米行に軍米に充てるために2,246元で買い取らせ、6月にも小山部隊が闇米を没収して採辦商に買い取らせ、その他にも3度にわたって合計で玄米21石7斗・白米10石6斗9升5合の闇米を没収して採辦商の祥元豊米行に買い取らせて軍米に充てた。金壇では5月に糯米2,135担を押収して米糧統制委員会の指定商人に1担285元で買い取らせた。呉江では3月15日に呉江県震澤鎮警察隊小早川中隊長が闇米200石を押収して米糧統制委員会呉江県辦事処の採辦商の福記洋行に買い取らせ、その後、4月末までに合計6件の闇米に関する案件を処理しており、合計118石2斗5升の米を没収した。昆山では8月に合計2,958石1斗4升の闇米を押収して採辦商に買い取らせ、軍米・民食・軍警食米に充てられた[51]。これらにはすべて2割（昆山では4割）の密告奨励金が支払われており、闇取引量としてはかなり少量のものが多く、すべてが闇米だったのか疑わしい面もあり、闇取引であると故意に決めつけて事実上強奪していた事例もあったかもしれない。

7月7日付の上海市特別市政府からの公函によると、上海市特別市政府はしばしば米の買占め・売惜しみを取り締まったが、依然として解決せず、米糧統制委員会が「食米搬入辦法」を公布してからは、米商人が5斗以上の米を上海市内に持込む場合には1石につき3斗を買い上げるという規定を口実に米価を吊り上げ、連日、米価が高騰したという[52]。

6月21日付の極秘文書には「登1629部隊ニ対スル軍米ノ未納入高ハ5月22

155

第Ⅱ部　戦時：民国後期（1937〜49 年）

日現在 97,642 屯ナル処、其ノ内 4 万屯ハ特ニ必要アルニ付 7 月末日迄ニ確実ニ
同部隊ニ納入シ得ル様致度旨軍側ヨリ通牒有之タルニ付テハ右米統会ニ御指示賜
リ度」と記されており[53]、日本軍が最優先で確保しようとした軍米さえも手当て
できない状況だったことがわかる。

　6 月、各地の米価は暴騰して公定価格の数倍を超え、米の買付工作は停滞し、
在庫米がすでに配給不足しており、端境期にあたって速やかに米の買付効率を強
化しなければ、軍糧の供給を維持し難い状況になっていた[54]。

　7 月、米の買付所定価格は当初より農民の生産コストにも足りず、その後、物
価は日増しに高騰するにつれて農民の生産コストも増加して数倍になっているに
もかかわらず、米の買付価格は堅持されて変わらなかった。一方、市場の米価は
暴騰して民食の恐慌を引き起こし、上海市の米価は 1 石が 1 万元以上に高騰して
いた[55]。

　安徽省の銅陵・無為・廬江・巣県・廬州・繁昌と浙江省の杭県・海寧・石門・
桐郷は、「敵区」に接近しており、米糧統制委員会の買上区域として設定されて
いなかったので、9 月に日本軍が直接買い付けることになった[56]。

　12 月、蘇北の主要な米産地である宝応県からは、米の買付について購買価格
が高ければ遠来の商人を招き、近隣の匪区の米が流出しないだけでなく、匪区の
米も続々と吸収することができると指摘されている[57]。

　政府の認可を得て食米を収買していた商人がその収買米の運送途上で没収（事
実上、強奪）された例を 1944 年秋の安徽省でも見ることができる。すなわち、
安徽省蕪湖の大興糧号経理の張孝銘は買付を請け負った俸米（俸給米）がしばし
ば「悪勢力」によって略奪されたので、厳格に処罰するとともに、奪われた米を
大興糧号に返還するように求めている。そして、張孝銘自身の説明によれば、9
月 6 日、安徽省含山区の銅城閘・三岔河・黄神・運漕で俸米を収買し、稲（籾）
1,842 石余り・玄米 611 石余り・精米 63 石 2 斗を積んだ船が裕渓口を通過した
時、安徽省和県保安団長の曹亮文がすべての米を押収し、その後も 2 度にわたっ
て運送途中の俸米を押収したという。ただし、1945 年 2 月になってようやく押
収した米を大興糧号に返還することが公的に承認された[58]。

6）1945 年

　江蘇省政府は、1 月に米の闇取引や買溜めを管理するため、「江蘇省取締米穀
私収私運筋積暫行辦法」を制定していることから、米の闇取引・買占めが依然と

156

第1章　華中における食糧事情

して止んでいないことを窺い知ることができる。しかも、闇取引の取締・検挙を奨励するための密告奨励金については、米の公定価格の1石4,500元は市価との差が大きく、公定価格の50%は闇市場価格の20%にも及ばないことから、奨励金が少額すぎて意味をなしていなかった[59]。

首都中央各機関の公務員の俸米は、1945年1月分より実業部が処理することになり、その俸米はすべて安徽省からの5,000石と江蘇省からの1万石の献米を予定していたが、1月分の俸米の支給は事実上間に合わず、また、2月分の俸米については、実業部が米糧統制委員会南京辦事処と共同で蕪湖で1,100石、当塗で3,250石の合計4,350石を受領したが、首都中央機関配給俸米管理委員会が1944年に配給することを決めた1か月分が6,000石余りだったことからすると、安徽省からの献米4,350石は1か月分にも及ばず、さしあたり半月分を配給することとなり、3月・4月分の俸米も半月分しか配給することができなかった。しかも、江蘇省政府からは田賦の徴収だけでも負担が過重であるのに、江蘇省に駐留する軍隊の食米として毎月350石も負担しており、さらに献米1万石を差し出すのは困難であると訴えが出されていた。なお、6月分からの俸米は米糧統制委員会が統一的に処理することになったが、7月13日付の米糧統制委員会からの公函では、米糧統制委員会が命令を受けてすでに米穀の購入をしばらく停止しており、しかも在庫も少ないので、俸米をどのように処理すればよいのか指示を仰いでいる[60]。約1か月後の8月15日に日本は敗戦を迎えるが、公務員への俸米配給体制はすでにほぼ崩壊していたと言える。

行政法院林院長の1944年10月分の官邸米を米糧統制委員会南京区辦事処の「暫借之米」と差し引き計算し、さらに、1944年11月と1945年2〜4月の官邸米を上海にまわし、5月分の官邸米からは南京にまわすことになった[61]。

6月、米価の変動が「異常」な状況になったのを受けて、行政院は実業部に対して以下のような緊急措置を実施するように命じた。①米糧統制委員会とその他の一切の団体による米の買付を暫く停止する。②現行の米穀移動制限を即時に撤廃する[62]。

7月18日付で浙江省政府から行政院へ出された呈文によれば、浙江省は食糧を江蘇省や安徽省に頼ってきたが、近年は運輸が困難となり、食糧の供給量も少なくなって、食糧価格は極度に高騰し、特に杭州市は在庫が不足し、民食の恐慌が非常に深刻となったので、浙江省政府は蘇州・常熟・南京・安徽省で当地の糧

157

第Ⅱ部　戦時：民国後期（1937〜49年）

行に委託して小麦・雑穀を買い付けて杭州市で販売することを粉麦統制委員会に申し入れしていた[63]。

(2) 小　麦

　汪精衛政権档案の中に食用小麦（小麦粉）に関する記載が現れるのは、全国商業統制総会の下に粉麦専業委員会が組織された1943年以降である。以下に1943年から1945年までの小麦に関する食糧事情について見ていきたい。

1）1943年

　7月、日中戦争が勃発して以降、中国国内の食糧の供給が需要に追いつかないのはすでに一般的な現象となっており、小麦価格の上昇・下降は米の取得と連繋しているばかりでなく、その他の農産物とすべての物価にも影響していた[64]。

　8月、上海では食糧事情の逼迫が深刻となり、上海特別市麺製熟食業公会理事長王秉から行政院長汪に対して何度か救済を求めて請願書が出された。すなわち、上海市の米価が異常に高騰し、一般庶民は麺類を主食にしていたが、最近、小麦粉統制配給組合が小麦粉の配給を停止し、粉麦専業委員会と糧食局が処置するように改められたが、いまだに配給がなく、「麺製熟食」同業者は営業を停止し、上海市の民食は「恐慌現象」を発生していた。そして、10月、米が高すぎて貧民は買うことができず、苦力・乞食・人力車夫・行商人は主食の1つとしている「大餅・油条・饅首・熟麺」を買うことができなった[65]。

　他方、小麦の標準収買価格は100公斤で700元と定められているが、主要な小麦の生産地だった蘇北の蚌埠では小麦の収買が順調には進まなかった。そもそも、蚌埠は蘇淮特区や華北と境を接していたため、100公斤700元では蚌埠の小麦は華北に流入して買い付けるすべがなくなるので、淮河流域で900元、津浦鉄道北段で800元、同南段で750元に引き上げることが検討された[66]。

2）1944年

　2月、米・小麦・雑穀の価格は公定価格の数倍以上にまで暴騰して、全国商業統制総会による小麦の収買工作に非常に影響を与えていた[67]。

　全国商業統制総会粉麦専業委員会の1944年2月21日の呈文によれば、全国商業統制総会が小麦の統一的収買工作を実施してから9か月の間、小麦価格は次第に上昇し、小麦の収買は困難になった。各種の食糧価格が日増しに高騰し、ほとんど抑制することができなくなり、小麦収買定価との差は拡大した。各地の農民

第1章　華中における食糧事情

はみなためらって売り出そうとはせず、小麦の収買工作を継続するすべがなくなったという[68]。

3月、雑穀の価格が激しく上昇して小麦の収買が困難となっており、また、各地の闇市場の米価が暴騰していることが小麦の収買に影響していた[69]。

4月、全国商業統制総会が前年秋に小麦の収買工作を行ってから一般の物価は次第に高騰したので、交換物資収買小麦辦法をまず蕪湖の「特殊地区」から実行し、委託商に実施の責任を負わせ、収買の効果を増進することを期したが、このような小麦収買計画は相当の交換物資がなければ、進展するのは難しいと指摘されていた[70]。

前年の新麦収穫時の米価は1石（160市斤）800元だったが、7月、産米区の最高米価は8,000元を超えており、また、小麦価格は粉麦専業委員会が100公斤700元と定めていたが、7月、100公斤の小麦収買価格を暫定的に蘇州・無錫・常州で2,300元、丹陽で2,200元、鎮江・南京で2,100元、蕪湖で2,000元、蚌埠で1,800元と定めた。だが、8月には蘇州・無錫で2,600元、常州で2,500元、丹陽で2,350元、鎮江で2,200元、南京で2,150元、蚌埠で1,970元に引き上げている（蕪湖は2,000元のまま）。さらに、9月、各種の物価は上昇を続けて止まるところを知らず、特に米価の上昇は大きく、上記で定めた小麦収買価格は低すぎて小麦収買工作を進めることができなくなったので、小麦100公斤の収買価格を蘇州・無錫で3,600元、常州で3,500元、丹陽で3,300元、鎮江で3,100元、南京で3,000元、蚌埠で2,200元、蕪湖で2,000元へ引き上げざるをえなかった[71]。

全国商業統制総会粉麦統制委員会は1944年から小麦粉の製粉を委託することになり、その費用は小麦100市斤につき154元7角（工場の利潤も含む）としていたが、各種物価の高騰とコストの激増によって委託した工場からしばしば費用の増加を請求されて委託費用を280元に引き上げることにして、9月から実行することになった[72]。

11月、各種の物価が上昇を続けて止まるところを知らないので、小麦価格の上昇も非常に大きく、定価による収買が困難になっている。もし市価で収買すれば、米糧やその他の物価に影響を与えるおそれがあるので、米糧統制委員会の「行政収買法式」を参照して関係する行政機関の協力の下で各地の麦類を米糧と連繋を保持しながら並行して収買しようとした。すなわち、粉麦統制委員会が各

159

第Ⅱ部　戦時：民国後期（1937〜49 年）

収買商を任命して収買証書を与え、江蘇省の各産麦地区に赴かせ、直接収買工作を実施することによって、市場と関係を隔絶して市場の操作や売惜しみを免れさせることができるとしている[73]。

　安徽省蚌埠では、市民の多くが麺類を主食としており、往年、宝興・信豊の2つの工場で生産された麺類はすべて当地で消費され、従来は欠乏のおそれがなかったが、小麦の統制収買を実施してから、この2工場は操業を停止し、供給が需要に応じきれなかったので、市場への供給が欠乏し、人心は異常なまでの「恐慌」状態となり、「民需」の小麦粉が数か月間も配給されていなかったので、民食の欠乏はきわめて憂慮すべき状況になっていた[74]。

3）1945 年

　3月、全国商業統制総会粉麦統制委員会が各製粉工場に委託した小麦粉の製粉費は、小麦 100 市斤につき 700 元としていたが、物価が高騰し続けたため、1945年3月からは 1,326 元に引き上げ、さらに、5月には 1,326 元から 4,000 元に引き上げられた[75]。

　経済の統制を強行したが、経済をコントロールすることができず、インフレを抑制することができなかったことがわかる。そして、このような高い小麦粉加工費は、小麦粉の配給価格にも直接的に反映されたはずである。

　全国商業統制総会粉麦統制委員会の「粉麩」配給価格は 1944 年 12 月に調整して以来、数か月間改訂していないが、小麦収買価格や運輸・製造・包装の費用は1944 年 12 月と比べて数倍に上昇しており、原価を維持しようとしても事実上不可能であり、生産を維持するために「粉麩」価格を 1945 年4月より引き上げたが、6月現在、原料の小麦が 100 公斤で3万円とすると、前回の原価の 4,350 元と比べて上昇が非常に大きかった[76]。

　6月、上海市では雑穀の価格も急に激増して止まらず、民生や治安に与える影響が深く大きいと不安の声が上がっていた[77]。

おわりに

　日本軍占領下の中国においては、民衆は常に食糧不足におびえ、飢えに苦しみ、食糧事情は当初より一貫して厳しく、日本軍占領下中国における食糧管理体制は破綻していたと言える。

　日本は、軍隊による直接的な米穀の収奪を当初の期待どおりには実現できず、

160

第1章　華中における食糧事情

それを汪精衛政権を通じた間接的な収奪によっても実現できなかった。しかも、中国占領地の「民心把握」のために最低限必要な食糧さえも手当てすることができなかった。日本軍は中国への侵略戦争によって中国の農業生産過程とりわけ食糧生産過程を破壊して食糧生産量を減少させ、その経済統制政策によって流通過程を混乱させると同時に食糧価格を暴騰させ、その消費面での手当て（食糧の配給）を民食は言うまでもなく、俸米さらには軍米をも確保・実現することができなかった。

　食糧不足による食糧価格の高騰は、食糧買付価格の低位固定化（食糧の強制的低価買付）によって抑制することは不可能であり、いわゆる公定価格と実勢価格（闇市場価格）との乖離の拡大は日本軍占領地域（実効支配地域）への穀物の流入を阻害し、食糧統制管理体制を揺るがす闇取引を横行させることになった。

注

(1)　「中支那に於ける米の流動経路」（大東亜省『調査月報』第1巻第9号、1943年9月、華中調査資料第279号）2〜3頁。

(2)　叶世昌・潘連貴『中国古近代金融史』復担大学出版社（2001年）348〜353頁。ただし、汪精衛政権档案資料によれば、粉麦専業委員会は1944年6月15日に粉麦統制委員会へ改組している（主任委員は孫仲立）というから、1943年3月には粉麦専業委員会が組織されていたと考えられる。典拠は、中国第二歴史档案館所蔵・汪精衛政権档案全宗号2003-案巻号4585（以下、汪档案2003-4585のように略す）「全国商業統制総会粉麦統制委員会呈行政院」（1944年6月）。なお、「档案」とは公文書のことである。

(3)　興亜院華中連絡部『中支ニ於ケル米、小麦及小麦粉需給状況ニ関スル資料』（1939年11月）［支那事務局農林課『昭和14・15年度食糧対策ニ関スル綴（其ノ1）』農林水産省農林水産政策研究所所蔵］。

(4)　興亜院経済部第4課『昭和15年度ニ於ケル中支米穀状況ト需給』（1940年12月）［支那事務局農林課『昭和14・15年度食糧対策ニ関スル綴（其ノ1）』農林水産省農林水産政策研究所所蔵］。ただし、同資料には頁数が付されていない。

(5)　興亜院華中連絡部『中支ニ於ケル農業政策ノ動向』興亜華中資料第67号・中調聯農資料第8号（1939年11月）13〜14頁。

(6)　興亜院華中連絡部『中支那重要国防資源食糧作物調査報告書』華中連絡部調査報告シアリーズ第61輯・国防資源資料第17号・農産資源資料第11号（1940年3月）7〜9頁。なお、調査は1940年1月下旬〜3月上旬に実施された。

(7)　前掲「中支那に於ける米の流動経路」3頁。

(8)　興亜院政務部第3課『支那農産物ノ生産需給ニ関スル資料』（1941年6月）。ただし、同資料には頁数が付されていない。

(9)　「中支に於ける物資移動経路及数量に関する調査報告」（興亜院『調査月報』第2巻第6

161

第Ⅱ部　戦時：民国後期（1937〜49 年）

　　号、1941 年 6 月）129〜142 頁。なお、調査は 1940 年 1 月に実施された。

⑽　前掲書『中支那重要国防資源食糧作物調査報告書』52〜75 頁。

⑾　前掲「中支那に於ける米の流動経路」20〜98 頁。

⑿　興亜院華中連絡部『昭和 17 年中支米穀作柄、収穫高並ニ出廻予想』（1941 年 12 月）〔支那事務局農林課『昭和 17 年度食糧対策ニ関スル綴（其ノ 3）』農林水産省農林水産政策研究所所蔵〕。

⒀　興亜院華中連絡部『中支米ノ獲得状況並ニ配給統制状況』（1942 年 1 月 30 日）〔支那事務局農林課『昭和 17 年度食糧対策ニ関スル綴（其ノ 3）』農林水産省農林水産政策研究所所蔵〕1〜 2 頁。

⒁　前掲「中支那に於ける米の流動経路」117 頁・119 頁・135 頁。

⒂　汪档案 2003-2832「南京市総商会籌備会呈行政院」（1940 年 6 月 18 日）。

⒃　汪档案 2003-2844「江蘇省政府代電行政院」（1940 年 6 月 18 日）・「江蘇省政府代電行政院」（1940 年 6 月 22 日）・「外交部呈行政院」（1940 年 7 月 18 日）。汪档案 2003-2845「江蘇省政府代電行政院」（1940 年 6 月 4 日）。

⒄　汪档案 2003-2773「浙江省政府代電行政院」（1940 年 7 月 15 日）。

⒅　汪档案 2003-2826「南京市政府呈行政院」（1940 年 9 月 10 日）。汪档案 2003-2920「糧食管理委員会呈行政院」（1942 年 1 月 15 日）。汪档案 2003-2920「糧食管理委員会呈行政院」（1941 年 9 月 20 日）。

⒆　汪档案 2003-2909「糧食管理委員会呈行政院」（1941 年 3 月 4 日）。

⒇　汪档案 2003-2834「国民政府文官処公函　文字第 349 号」・「国民政府振務委員会呈行政院」（1941 年 4 月 17 日）。

㉑　汪档案 2003-2909「江都県人民呈行政院」（1941 年 8 月 7 日）。汪档案 2003-2851「楊濤等電呈行政院長汪」（1941 年 8 月 31 日）・「糧食管理委員会呈行政院」（1941 年 9 月 27 日）。

㉒　汪档案 2003-2909「漢口特別市政府呈行政院」（1941 年 6 月 6 日）・「漢口特別市政府呈行政院」（1941 年 9 月 18 日）。

㉓　汪档案 2003-2909「蕪湖梅鴻泰等米廠鄭行政院」（1941 年 12 月 3 日）。

㉔　汪档案 2003-2841「糧食管理委員会呈行政院」（1941 年 6 月 16 日）。

㉕　汪档案 2003-2821「江蘇省政府密代電行政院院長汪」（1941 年 11 月 24 日）。

㉖　汪档案 2003-2926「糧食管理委員会呈行政院」（1942 年 1 月 5 日）。

㉗　汪档案 2012-6005「武進県商会整理委員会代電実業部」（1941 年 10 月 3 日）。

㉘　汪档案 2012-2909「糧食管理委員会呈行政院」（1941 年 12 月 30 日）。

㉙　汪档案 2003-4722「提倡糧食消費節約案」（1942 年）。

㉚　汪档案 2003-2909「糧食管理委員会呈行政院」（1942 年 1 月 15 日）・「安徽省政府密呈行政院」（1942 年 2 月 12 日）。

㉛　汪档案 2003-2909「糧食管理委員会呈行政院」（1942 年 10 月 19 日）。

㉜　汪档案 2003-2926「糧食管理委員会呈行政院」（1942 年 2 月 21 日）。

㉝　汪档案 2003-2909「江蘇省政府呈行政院」（1942 年 4 月 6 日）。

㉞　汪档案 2003-5811「浙東行政公署呈行政院」（1942 年 8 月 13 日）。

㉟　汪档案 2003-2855「糧食部呈行政院」（1943 年 7 月 2 日）。

第 1 章　華中における食糧事情

⑶⑹　汪档案 2003-2619「首都食米稽査委員会呈行政院」（1943 年 6 月）・「首都食米稽査委員会
　　　呈行政院」（1943 年 7 月）。
⑶⑺　汪档案 2003-2620「監察院密咨行政院」（1943 年 10 月）、汪档案 2003-2621「鍾謂泉呈行
　　　政院」（1943 年 11 月 30 日）・「実業部長陳君慧呈行政院」（1945 年 7 月 12 日）・「行政院長陳
　　　令実業部」（1945 年 7 月 21 日）。
⑶⑻　汪档案 2003-1913「糧食部呈行政院」（1944 年 3 月 8 日）。
⑶⑼　汪档案 2003-2910「糧食部呈行政院」（1944 年 3 月 2 日）。
⑷⓪　汪档案 2003-2849「全国商業統制総会呈行政院」（1944 年 1 月 15 日）。汪档案 2003-2915
　　　「糧食部呈行政院」（1944 年 1 月 24 日）。
⑷⑴　汪档案 2003-2849「全国商業統制総会呈行政院」（1944 年 1 月 15 日）。汪档案 2003-2838
　　　「米糧統制委員会呈行政院」（1944 年 1 月 17 日、1944 年 2 月 4 日）。
⑷⑵　汪档案 2003-5122「建設部呈行政院」（1944 年 3 月）。汪档案 2003-2888「米糧統制委員会
　　　呈行政院」（1944 年 3 月 31 日）。
⑷⑶　汪档案 2003-4627「米糧統制委員会呈行政院」（1944 年 3 月）・「全国商業統制総会呈行政
　　　院」（1944 年 5 月）。
⑷⑷　汪档案 2003-2626「国民政府主席訓令行政院」（1944 年 3 月 10 日）。
⑷⑸　汪档案 2003-2671「糧食部呈行政院」（1943 年 9 月 3 日）・「財政部呈行政院」（1943　年 9
　　　月 24 日）。
⑷⑹　汪档案 2003-2868「安徽省政府呈行政院」（1944 年 7 月 26 日）。
⑷⑺　汪档案 2003-2873「米糧統制委員会呈行政院」（1944 年 1 月 12 日）。
⑷⑻　汪档案 2003-2876「実業部呈行政院」（1944 年 6 月 6 日）。
⑷⑼　汪档案 2003-2877「常熟県公民黄炳元等電呈行政院」（1944 年 6 月 21 日）。
⑸⓪　汪档案 2003-2765「中国国民党海員特別党部執行委員会呈中国国民党中央執行委員会」
　　　（1944 年 7 月 4 日）。
⑸⑴　汪档案 2003-2880「江蘇省政府省長陳群呈行政院院長汪」（1944 年 6 月 1 日、1944 年 5 月
　　　25 日、1944 年 7 月 8 日）・「江蘇省政府呈行政院」（1944 年 7 月 8 日）・「江蘇省政府省長陳
　　　群呈行政院院長汪」（1944 年 5 月 31 日）・「江蘇省政府呈行政院」（1944 年 7 月 8 日）・「江蘇
　　　省政府省長陳群呈行政院院長汪」（1944 年 7 月 8 日）・「江蘇省政府呈行政院」（1944 年 8 月
　　　17 日、1944 年 11 月 3 日）。
⑸⑵　汪档案 2003-2909「米糧統制委員会呈行政院」（1944 年 7 月 14 日）。
⑸⑶　汪档案 2012-6128「極秘：経極秘第 217 号」（1944 年 6 月 21 日）。
⑸⑷　汪档案 2012-6003「行政院令実業部」（1944 年 6 月 27 日）。
⑸⑸　汪档案 2012-5990「上海特別市商会呈実業部」（1944 年 7 月 27 日）。
⑸⑹　汪档案 2012-6002「上海特別市商会呈実業部」（1944 年 7 月 15 日）。
⑸⑺　汪档案 2003-5121「実業部・物資統制審議委員会呈行政院」（1944 年 9 月）。
⑸⑻　汪档案 2003-2635「宝応県公民劉翰臣等呈行政院」（1944 年 12 月 6 日）。汪档案 2003-
　　　2624「首都中央機関配給俸米管理委員会呈行政院」（1944 年 11 月 25 日）・「蕪湖大興糧号経
　　　理張孝銘呈行政院」（1944 年 12 月 12 日）・「全国商業統制総会呈行政院」（1945 年 4 月 11
　　　日）。

163

第Ⅱ部　戦時：民国後期（1937〜49年）

⑸　汪档案 2003-2778「江蘇省政府呈行政院」（1945 年 1 月 8 日、1945 年 3 月）。

⑹　汪档案 2003-2899「実業部呈行政院」（1945 年 1 月 29 日、1945 年 2 月 16 日、1945 年 5 月
　　9 日）・「江蘇省政府呈行政院」（1945 年 5 月 31 日）・「全国商業統制総会呈行政院」（1945 年
　　7 月 17 日）。汪档案 2012-6247「行政院院長陳公博令実業部」（1945 年 5 月 24 日）。

⑹　汪档案 2003-2909「全国商業統制総会呈行政院」（1945 年 6 月 16 日）。

⑹　汪档案 2012-5983「行政院代電実業部」（1945 年 6 月 15 日）。

⑹　汪档案 2003-2914「浙江省政府呈行政院」（1945 年 7 月 18 日）。

⑹　汪档案 2003-4570「国民政府行政院糧食・財政部呈行政院」（1943 年 7 月）。

⑹　汪档案 2003-4577「上海特別市麺製熟食業公会理事長王秉代電行政院長汪」（1943 年 8
　　月）・「上海特別市麺製熟食業公会理事長王秉代電行政院長汪」（1943 年 10 月）。その後も、
　　1943 年 11 月と 1944 年 2 月に救済を求めている。汪档案 2003-4577「上海特別市麺製熟食業
　　公会理事長王秉代電行政院長汪」・「上海特別市麺製熟食業公会理事長王秉代電行政院」
　　（1943 年 11 月・1944 年 2 月）を参照されたい。

⑹　汪档案 2003-4582「全国商業統制総会呈行政院」（1943 年 8 月）。

⑹　汪档案 2003-4570「全国商業統制総会呈行政院」（1944 年 2 月）。

⑹　汪档案 2003-4571「全国商業統制総会呈行政院」（1944 年 3 月）。

⑹　汪档案 2003-4571「行政院物資統制審議委員会呈行政院」（1944 年 3 月）。

⑺　汪档案 2003-4570「全国商業統制総会呈行政院」（1944 年 4 月）。

⑺　汪档案 2003-4573「全国商業統制総会呈行政院」（1944 年 8 月）。汪档案 2003-4581「全国
　　商業統制総会呈行政院」（1944 年 9 月）。汪档案 2003-4574「全国商業統制総会呈行政院」
　　（1944 年 10 月）。

⑺　汪档案 2003-4581「全国商業統制総会呈行政院」（1944 年 10 月）。

⑺　汪档案 2003-4574「全国商業統制総会粉麦統制委員会呈行政院」（1944 年 11 月）。

⑺　汪档案 2003-4576「安徽省政府呈行政院」（1944 年 11 月）。

⑺　汪档案 2003-4581「全国商業統制総会呈行政院」（1945 年 5 月、1945 年 7 月）。

⑺　汪档案 2003-4581「全国商業統制総会呈行政院」（1945 年 6 月）。

⑺　汪档案 2012-6131「上海特別市経済局呈実業部」（1945 年 6 月 21 日）。

第2章　山東省における食糧事情

はじめに

1937年に勃発した日中全面戦争の時期に日本軍は占領下の中国において食糧を収奪したが、その食糧の管理体制が破綻していったことはすでに前章で明らかにした[1]。

ところで、1940年に刊行された調査資料によれば、山東省は小麦の生産量が全国総生産の14%を占め、河南省に次ぐ小麦の生産地で、しかも、「小麦作ニハ比較的多クノ単位労働ヲ必要トスルガ」、山東省の「人口ハ最モ稠密デ労賃モ亦低廉デ」あることから、山東省は「自然的方面ニテモ社会的方面ニテモ各種ノ地理的要素ヨリ見テ小麦ノ栽培ニ最適セル区域」とされており[2]、日中戦争期に日本が特に山東省の小麦に対して強い関心を寄せていたことがわかる。そして、山東省では「以前の農村に於ける自給経済の未だ破壊しない時代には、農民は自作の小麦を常食とした」が、1940年では農民の常食としては高粱・粟・玉蜀黍・甘藷などの「劣質な雑穀」が代わり、高価な小麦は主に済南と青島で製粉されたとされている[3]。このため、山東省の小麦については、日中戦争期における日本の調査が膠済線の両端に位置する済南と青島および各々の「背後地圏」(「収貨圏」・「蒐荷圏」)に集中しており、それに関わる文献資料・調査報告書なども多いが、日中戦争期における山東省食糧事情についてこれらの資料・報告書を全面的に利用して本格的に論じた研究は見当たらない。

よって、本章では、日中全面戦争時期における日本軍占領下中国のうち華北における食糧事情を明らかにするために、さしあたり山東省を取り上げたい。そして、まず、小麦を中心とする食糧事情について考察し、次いで、高粱・粟・玉蜀黍などの雑穀についても言及し、さらに、農村社会経済構造の変容を分析するために、いくつかの農村を取り上げたい。

第Ⅱ部　戦時：民国後期（1937～49 年）

1.　小麦を中心とする食糧事情

⑴　膠済線沿線における小麦の争奪状況

　1940 年刊行の調査報告書によると、山東省産小麦は「青州以東産ハ概ネ青島ニ積出シ夫レヨリ西ハ済南ニ向ケラレ」、「青島製粉工場トノ買付競争ニ依リ産地価格カ昂騰シ採算不引合トナツタ為」に、済南市場への「膠済線出回モノハ津浦線到著モノノ増加トハ対蹠的ニ激減傾向ニア」り、済南の小麦獲得にとって「膠済沿線モノノ東行スルニ従ツテ青島系トノ競争カ激シ」く、「殊ニ良質ノ小麦カ集散サレル高密市場ハ近来完全ニ青島市場ノ背後地トナ」ったという[4]。また、1942 年刊行の調査報告書によると、青島の「独占的背後地圏」は高密・膠州・即墨を中心に形成され、「相場ノ良好ナ場合ハ済南ノ勢力ハ高密地区マデ伸ビ、同地帯ヲ中心ニ花々シイ買付戦ガ演ゼラレ」たという[5]。

　そもそも、1938 年刊行の調査報告書によれば、「済南ノ麺粉生産高ハ年額約 660 万袋ニシテ之カ原料小麦ハ約 380 万担ニ達シ、青島ヲ遙ニ凌駕」[6] していた。だが、「元来青島地区内工場ノ原麦ハ事変前後ヲ問ハズ海州、徐州地区ノ小麦ニ依存シ、シカモソノ数量ハ地場背後地小麦ヨリモ大」で、また、1942 年度は「収買実績ガ不良」で、青島市場の「直接的ナ背後地タル膠済沿線乃至山東半島沿岸地帯ノ蒐貨量ハ事変前後ヲ問ハズ狭小デアリ青島市場ハ全ク他地区ニ依存セザルヲ得ナイ」状況で、「最モ重要ナ来源地」だった蘇淮地区が「特殊ノ事情カラ流出ヲ禁止」されたために青島に大きな影響を与えたという。このような「地場背後地ノ狭小性ハ青島ニトツテ一ツノ脆弱性デア」り、「地場背後地」の一部を形成していた海州の済南市場との関係は「極メテデリケート」で、そもそも、「事変前後ヲ通ジテ蒐貨サレタ食糧ハ青島ノ消費ニ大部分供出サレ食糧ニ就テハ青島ハ消費市場デアリ集散市場タル性格ガ希薄」だったという。さらに、「青島粮桟ノ粮穀取引部門ノ活動ハ蚌埠、徐州、台児荘方面ヲ対象トシ鉄道ニヨル集荷ガ主体」で、「海路ハ海州、青口方面トノ連絡ガ深」く[7]、隴海線「東部沿線ハ海州麥トシテ青島向ケ移出サレ」ていた[8]。

　以上のように、膠済線鉄道沿線では、済南市場と青島市場の小麦買付競争が青州（益都）で衝突していたが、済南への小麦の集貨量は青島をはるかに凌いでいた。

　だが、1942 年 4 月からの 1 年間に益都駅に到着した食糧の大部分は玉蜀黍・

166

第 2 章　山東省における食糧事情

大豆・高粱で、小麦は微量だった。一方、同時期の小麦出荷割当による買付は、「小麦生産稍多しと認められる地方」のうち、第 6 区と第 10 区の「治安地区からでさへ却々予定通りの現品は集め得なかつた。殊に匪地区に屬する第 7 区等からは殆んど出品がない」うえに、「治安地区（それは葉煙草栽培地帯が多い）内に於ては、稍自由に物資を運ぶことが出來るが、匪区地帯（それは食糧作物栽培地帯が多い）より治安地区に食糧等を搬出すること」は非常に困難で、さらに、1942 年度「第 3 次治安強化運動の際提唱された食糧搬出入制限は治安地区内に於ても食糧の移動を或る程度窮屈にした」にもかかわらず、出荷割当や強制収買によって移出した小麦の約 7 倍に当たる「小麦或はメリケン粉」を移入し、この出荷割当や強制収買は相当無理な状況下で敢行されたとしている。こうして、元来、益都一帯では移出小麦の大部分は済南の青豊・永豊などの製粉会社や青島の中興・双福などの製粉会社に流れていたが、1943 年には「完全に食糧の移入地帯化」してしまった[9]。

　そもそも、膠済線鉄道沿線 15 県と経済的に関係する近隣 30 県の計 45 県における 1940 年の調査によると、済南付近の平度・諸城・寿光・泰安・歴城 5 県は小麦生産量の比較的多い県で、その他の県でも県外移出量は相当量に達していたが、「小麦が地方の需要を満たして県外移出の余裕がある訳ではな」かったという[10]。

(2)　済南・済寧の小麦「背後地圏」（「聚貨圏」・「蒐貨圏」）

　1940 年の調査によると、済南小麦市場の「聚貨圏」は「津浦、膠済両鉄道沿線、黄河、小清河沿岸及済南附近ノ馬車輸送可能地帯」で、津浦線南段の泰安・兗州・済寧・寧陽・鉅野・単県・曹県・滕県が主要な背後地で、これに次ぐのが章邱・益都・高密の膠済沿線と蒙陰・樓県の南部で、寿光・広饒・昌邑の「常年移出能力」は「豊年ニハ多量ノ小麦ヲ移出」し、また、河南省では隴海線西段の商邱・馬収集、江蘇省では津浦・隴海両沿線の碭山・黄口・徐州・新安鎮・沛県・豊県、安徽省では隴海線徐州以南の符離集・蚌埠・宿州・固鎮も背後地となっていた[11]。

　以上の済南小麦市場の「聚貨圏」のうち「済南市場カ特ニ依存シテキル出回地帯ハ津浦線南段及両河水運ノ出回モノ」で、津浦線北段では、徳州に出回る小麦の大半は船運によって天津市場に出回り、徳州・済南間の東部産小麦は「天津筋

167

第Ⅱ部　戦時：民国後期（1937～49年）

商人ノ買付映盛ナルト同地方カ棉作地帯ヲ控ヘ地場消費多キニ依リ量的ニ期待シ得ナイ」のに反し、「西部ノ夏津、高唐、恩県一円ノモノハ生産量多ク沿線出回小麦ノ南下モノノ大部分ハ該地帯産ノモノ」だった。一方、津浦線南段では、泰安・大汶口市場の背後地は「泰安府」をはじめ、西は肥城、東は莱・新泰・蒙陰で、曲埠・兗州・鄒県市場は津浦線「沿線ノ4県（磁県ヲ含ム）及済寧ヲ間接背後地トスルモノ」で、滕県・臨城市場の「聚貨区域」は「滕県ヘハ金郷、魚台、黄県産モノカ臨城ヘハ嶧県、台児荘、魚台各県モノカ集リ主トシテ津浦、隴海両線ノ夾角地帯産ノモノ」で、東部産のものは嶧県・台児荘に出回り、徐州の背後地は河南・江蘇・山東・安徽の各省にわたり、蚌埠に次ぐ小麦集散市場だったとされている[12]。

隴海線鉄道西部沿線では、黄口・碭山までが済南の背後地で、それより西は河南省開封市場の背後地だったが、「事変後」は隴海線沿線一帯は食糧不足によって河南省外への移出が禁止され、また、膠済線沿線一帯も「食糧飢饉ノ為差シタル出荷」もなくなった[13]。

黄河沿岸の主要な小麦生産地は東阿・長清・寿張・阿城鎮・陽谷・東壺・范県・濮県で、河南省開封付近の小麦が出回る場合もあったが[14]、「黄河決潰以前即チ事変前ニ於テハ黄河沿岸ノ荷沢、日城、東平ノ諸県ハ済南ノ背後地テアツタモノカ、決潰後ハ減水ノ為済寧ヲ背後地ニ転化シ」た[15]。

こうして、済南市場には「事変前ハ黄河及小清河ノ舟運ニヨツテ楽口並ニ黄台橋ニ出回ルモノガ相当数量アツタガ、事変後ハ杜絶シ」[16]、1943年には済南地区の小麦の「出回りは各地とも非常に奮はず」[17]、黄台橋に出回っていた小麦は、日中戦争以前の状況から推察すると[18]、龍口を経由して東北へ流れたか、小清河流域の小麦生産地だった高苑・博興・桓台・寿光・広饒・斉東[19]およびその周辺農村で消費されたと考えられる。

1940年の資料によれば、済寧は山東省西部の麦作地帯の中心市場で、「元来済寧ニハ西路貨（旱路貨）ト称シ壽張、日城、鉅野ノ各地小麦及水路貨（湖路貨）ト称スル南陽物」、「大運河ヲ利用シテ出ルモノ（黄河北部及東阿産小麦ノ南下）」、豊・沛・単・碭の各県および金郷・魚台・城武・曹の各県産ものが微山・南陽湖を経由して北上するものの3つの「出回系統」があったが、「事変後」は「出回経路ヲ異ニ」するようになった[20]。

1943年の調査によれば、済寧市場の主要な背後地である魚台・嘉祥・汶上・

168

鉅野・金郷・曰城は大体日本側の支配下にあったが、従来の中国側蒐荷組織が「事変後破壊サレルコトナク根強ク活動ヲ続ケ」、他地区に比べて「事変後進出セル合作社日本側商社ノ地位カ軽」かったという。また、同地区では、小麦・粟・高粱・馬鈴薯・甘藷・豆類が多く生産され、「小麦、雑穀（三品）ノ生産比率ハ各50％テアルカ出回比率ハ小麦70％、雑穀30％」だったことから、済寧市場の背後地では雑穀・豆類が農民の主食で、小麦の商品化率が高かったことがわかる[21]。

(3) 小麦の作況と雑穀事情

1940年度の山東省における小麦作は、旱魃と水害の両災害に見舞われたために、平年の約6分作、1941年度は8分作、1942年度は7.6分作だった[22]。このように、小麦の生産は1940〜42年の3年連続で平年作を下回った。

済寧県は、「県内ニ運河ヲ有スル関係上済寧県城ハ農産物其ノ他物資ノ集散地トシテ従来ヨリ著名」だが、1938年の小麦の作況は平年に比して30％の減収とみられていた[23]。

泰安県では、「事変以来交通杜絶シ物資ノ欠乏ヲ来シテ価格モ相当ニ騰貴シ」、特に小麦粉はほとんど皆無となり、しかも、農民は「事変突発ヲ知ルヤ中耕、除草、補肥等ノ肥培管理ヲ為サス」、1938年には旱天が続き、小麦は平年作の約30％減と予測され、「食料ノ欠乏ヲ訴ヘテ居ルカ落花生生産地テハ之ヲ粉ニ砕キ餓ヲ凌イ」だという。また、滋陽県（兗州）でも、「鉄道ノ不通ハ済南方面ヨリノ物資ノ移入ヲ完全ニ杜絶」させたために、「一般物資ハ勿論、県城附近ニ於ケル穀物モ相当ノ騰貴ヲ示シ」、兗州地方の小麦は1938年になって「降雨僅少ナル関係上、多少生育ニ影響ヲ来タシカ結局作柄ハ平年作」だった。さらに、滕県の小麦は約9分作だったが、「西方ニ低地ヲ有スル」滕県臨城一帯は、「収穫期ニ於ケル降雨ニ依リ滞水状態トナリ収穫不能ニ陥」り、だいたい6分作だったという[24]。

膠済線沿線では、1938年に「事変ノ影響ヲ受ケ小麦以外ノ商品農産物ハ殆ト全部価額暴落セルモ、独リ小麦ハ他ノ食糧作物ト等シク事変中ト雖価額ノ変化ナク、事変後ノ今日ニ於テハストック品ノ品切レ状態ノ為漸次騰貴」しつつあったが、膠済線沿線はもともと「棉花ノ作付僅少ニシテ、小麦・大豆・高粱・野菜類等ノ生産地ナレハ食糧品ハ殆ト自給自足ノ状態ニ在リ。従テ事変ニ因ル流通機構

第Ⅱ部　戦時：民国後期（1937～49年）

ノ杜絶ニ依リ自給食糧品ノ欠乏ノ危険ヲ感セサル」状況にあった。逆に、その食糧作物の仕向地では、「事変ニ依ル膠済線ノ破壊ハ沿線農産物ノ出回ヲ杜絶セシメ」、「各省農民ニ対シテモ間接的ニ経済的打撃ヲ与ヘ」た[25]。

　一方、1939～42年の益都一帯における小麦・雑穀類の作況は、1940年が平年作に近かっただけで、旱魃や水害などのために不作に陥り、とりわけ1942年度における不作の程度ははなはだしく、特に小麦の収量は「事変前」の1割にも達しなかった[26]。

　通常、山東省のみならず、華北の小麦は生産量の約1割が市場に出回るとみられていたが[27]、以上の事情から出回量が減少していたと考えられる。

　ところで、1943年9月に山東省西部の済寧・汶上・嘉祥・鄆城・鉅野の5県において行われた調査は、農民が「往々にして飢餓販売を行つ」ていたとみなしている。すなわち、「農家の大半が自己生産の食糧のみでは食ふにことかくために、不足分は現金をもって購入するか、富農層から借り入れてこなければなら」ず、「他から購入するためには現金を必要とし、従つて、農業生産以外の現金取得の方法を講ぜねばならぬことにな」り、「亦農家が生活する為には、食糧と現金は同時的に必要なる為、食糧購入以外の使途に充当さるべき現金取得の為に、農家は自己生産の食糧を売却しなければならず、従つてますます食糧不足を惹起する」としている[28]。

　だが、泰安・兗州・済寧・寧陽・鉅野・単県・曹県・滕県などでは小麦の生産・過剰量が最も多いとされ[29]、この山東省西部（兗済道・曹州道）は「豊穣なる穀作地帯」で[30]、特に冬小麦の作付率がきわめて高かった[31]。また、高粱・粟・玉蜀黍・黍・大豆などについても、山東省の華北全省の雑穀作付面積に対する比率は30.7％を占め、山東省全体の「作付面積ノ27.5％ハ曹州、兗済ノ両道ニヨッテ占メラレ」ていた[32]。しかも、土地の生産性は「主要食糧生産に関する限り山東省内に於て兗済道は最高であり曹州道は中等であ」り、農業人口1人当たりの生産量も兗済道は最高で、曹州道がこれに次ぎ、「消費余剰」があり、「主要食糧のすぐれたる供給地帯」であるとみなされていた[33]。

　陵県・臨邑・斉河・莱蕪などの諸県では、単位面積当たりの生産量は小麦よりも粟の方が多かったために農民は小麦よりも粟を好んで栽培する傾向があったという[34]。また、このような事情から、諸城県と歴城県は山東省における粟の最大の生産地だったが、「市場に出回るものは割合に少量で、大部分はそのま、農村

170

で消費され」[35]、粟の商品化率は低かった。

　また、山東省における高粱の生産量は東北を除くと全国第１位だが、省内の需要を満たすことができず、さらに、玉蜀黍も山東省産のみによっては省内需要を満たしえず、毎年、山東省全体で小麦約500万市担と雑穀約2,500万市担が不足し[36]、「豊年時ニ於テスラ需要量ノ70％ヲ充スニ過ギス残余ノ30％ハ省外ヨリ搬入サレ」、「大体不足量ノ6―7割ハ満州ヨリ、3―4割ハ江蘇、安徽、河南ノ北部地区ヨリ補給サレ」た[37]。

　玉蜀黍は、山東省東部の「農民の最も普通たる常食」で、１日３食中２食までが玉蜀黍だった。また、甘藷は山東省東部各県で生産され、「即墨物は青島、済陽に、歴城物は済南に、徳県物は天津に」移出され、即墨・膠県・高密の３県の農民の主食となっていた[38]。

　雑穀の集散市場の済南は、「事変後」２年連続の「不作ノ為、一般雑穀ノ生産ガ激減シタ」こと、「治安ヤ輸送取締リ等ノ関係デ済南ヘノ出回リガ円滑ニ行ハレテキナイ」こと、「渇水ノ為ニ黄河ハ舟運ノ便ヲ失ヒ、奥地ヨリノ出回リガ不可能トナツタコト、北支ノ食糧政策上、平衡倉庫的ナ操作ガ京津ヲ中心トシテ行ハレテ居リ、其ノ結果、従来済南ヘ出回ツテオツタ地方ノ雑穀ヲ天津方面ヘ吸収サレタコト、済南市内ノ食糧確保ノ必要上一度済南ヘ搬入サレタ雑穀ヲ他所ニ搬出スルコトガ制限サレタコト等ノ原因ニ依テ取引ガ激減シ」、1942年には「不作見込ノ影響ヲ受ケテ雑穀ノ相場ハ未曾有ノ高値ヲ示現シ、小麥ノ出回ニモ影響シ」たという[39]。

　ところで、1940年の資料によれば、泰安県では年に小麦20万担・落花生12万担を移出し、粟・高粱・大豆などを隣県から移入し、済寧県では大量の小麦・粟・高粱・大豆・緑豆を特に青島・天津へ移出し、滋陽県では小麦18万担・大麦1,500担・落花生1,000担・煙草2,000～3,000担を県外へ移出し、粟２万担・高粱52,400担を県外から移入し、曲阜県では「小麦及落花生は年々移出ありて他作物は殆んど移出入な」く、鄒県では相当の小麦・粟・高粱・落花生・煙草・大豆が移出された[40]。

　日本の侵略によって、山東省における小麦「蒐貨圏」が縮小・変化し、また、雑穀の出回量も減少し、膠済線沿線一帯を中心に食糧不足と食糧価格の高騰をもたらした。

第Ⅱ部　戦時：民国後期（1937〜49年）

2．各農村単位から見た食糧事情

(1)　省中部——益都・潍県

　益都を中心とする膠済線沿線地域は華北最大のアメリカ種葉煙草生産地で、益都県孟家炉ではアメリカ種葉煙草を栽培して以来、食糧を購入するようになった農家が葉煙草栽培農家の3割余りに達したが、それらの農家には食糧の不足する者が多かったという[41]。

　そこで、以下では、益都県城や益都駅の近くに位置していた3か村（五里堡、杜家荘、小田家荘）における食糧事情について農村経済との関連から概観してみたい。

　まず、益都「県城西門から西5支里」にあった五里堡（全23戸）では、作付体系は、第一作が高粱か粟ないし玉蜀黍、第二作が麦、第三作が玉蜀黍か豆類という2年三作型だったが、灌漑がまったくなかったために「煙草は愚か蔬菜の栽培が不可能で、村民は蔬菜を皆菜市で買」っていたという。また、村民の主食は高粱・粟・大豆で、小麦は多く販売するが、1939年は小麦価格統制の影響を受けて販売量が減少したという[42]。

　また、益都「県城の西方約10支里」にある「山村型穀作農村」の杜家荘（全81戸）は、主要な農産物が小麦・高粱・粟・大豆で、玉蜀黍・黒豆・甜瓜・西瓜・煙草も若干つくられ、「農家の自給用として極めて僅かに蔬菜類が作られる外」、2戸が販賣用の蔬菜を栽培するだけで、甘藷はつくられなかった。作付率は小麦が最も高く（31.2％）、これに豆・高粱・粟が次ぎ、「土地の相対的に少い農家群は小麦の作付歩合が低く、土地が消費単位に対して相対的に多くなるに従つて、小麦の作付は多くな」ったという。また、当該村の商品作物は煙草・瓜類・蔬菜・小麦・高粱だったが、小麦・高粱は余剰のある農家がわずかに販売する程度で、むしろ甜瓜や西瓜が「最も多額の現金を本村に持ち込」んだという[43]。

　一方、「山村型の杜家荘と全く対蹠的な」「平野部の煙草作地帯農村」の小田家荘（全30戸余り）は、益都駅から「東へ1つ目の楊家荘站の北方約3支里」にあり、民国初年には多くの農家が行商（主に野菜の「販子」）を副業とし、「耕地不足から起る現金不足を補なつてゐた」という。寿光県で買い入れた野菜を益都県下の野菜不足地へ販売していたが、その後、当該村で煙草が栽培され、現金収

172

第2章　山東省における食糧事情

入の増加によって耕地を買い取ることができるようになり、純小作農は一戸もなくなった。ただし、「煙草作によつて生じた食糧作物作付面積の減少と、家族労働強化に加ふるに雇傭労働の増加によつて齎された食糧消費量の増大は食糧を今迄よりはるかに多く村の外に依存せねばならなくなつ」た[44]。

　小田家荘で作付率が最も高いのは小麦で、これに高粱・大豆・粟・煙草が次ぎ、「零細な経営群」では小麦の比重が大きく、粟より高粱が多く、「零細経営になる程高粱が重要性を帯びる傾向にある」が、これは「杜家荘に於ける場合と全く同様の理由に依る」のであり、高粱は小田家荘でも「貧農的作物」であるとされている。煙草は「夏作大豆の代わりに比較的小面積に作られて居」たのは「就中労働力と経営運轉資金の制約に依つて、煙草を自由に拡大する事が阻止され、一定のところに止つてゐる」からだという[45]。

　そもそも、当該報告書の著者は、「従来、吾々の常識は華北否中国農業の一般的後進性を認め」、その「後進性を齎した原因の究明」が「中国農村問題の中心課題となつて来た」が、「農業と言ふ一つの生産技術行程を通じてその「おくれ方」を究明する」必要があり、かつ、「技術と経済乃至は社会経済の綜合された形として表現される経営を透して」「中国農業の「おくれ」の究明」を行う必要があるとしたうえで、「華北農業の凡てがそうである様に農業経営の方向が、農家の食糧自給原則貫徹の上に決定されてゐる」として、以上の2つの村を「山地農業」（「自給地帯」の杜家荘）と「平原農業」（「商品化地帯」の小田家荘）に分類して分析を行った[46]。だが、「自給地帯」の杜家荘においてすら、商品経済に巻き込まれて食糧を自給することができず、多くの食糧を移入していた。

　さて、商品経済が深く浸透していた灘県第一区中和鎮高家楼村は、「純農業のみでは存在を許されず、農業外労働を多分に取入れ」ている。すなわち、高家楼村は、総戸数85戸のうち、「農業群」が17戸、「準農業群」が18戸、「農業外群」が50戸で、「農業、準農業、農業外へと農業依存度の薄くなるに従ひ戸數は増加し」、出稼者が52戸・59人おり、逆に、「農業外労働に全然従事しないものは3戸を数へるに過ぎな」かった。このように、高家楼村は相当程度に脱農化が進行しており、当該調査者をして「本村を農村と称することが妥当であるか否かの問題すら起るであらう」と言わしめるほどだった[47]。

　高家楼村の作付率は、大豆と小麦が各32%、粟が19%、高粱が14%で、また、「生産消費の一番均衡の保たれてゐるものは小麦で消費量の87%は生産に依

173

第Ⅱ部　戦時：民国後期（1937～49年）

るもので買入は5％に過ぎなく、次に平均してゐるのは粟であつて生産74％の購入振当18％で」、「最も不足を告げてゐる」高粱は「生産の44％に対し購入は47％の多くを占めてゐ」た[48]。

　なお、高家楼村の村民は「粟粥の外に煎餅を食する、農閑期には1日2食」だが、農繁期には3食となるという[49]。

(2)　省西部──恵民県・済寧県・泰安県

　満鉄調査部は、1939年5月23日から3週間にわたって恵民県第一区和平郷孫家廟荘で調査を実施し、報告書を作成しているが[50]、この調査班に参加した国立北京大学農学院中国農村経済研究所の山県千樹も別の報告書を作成している[51]。同じ調査に参加しながら、この両報告書から見えてくる山東省農村社会像には違いがみられ、非常に興味深い。以下では、この両報告書を比較検討しながら、孫家廟荘の食糧事情を中心とした農村経済を分析したい。

　山県千樹の報告書では、孫家廟荘は土地の痩せた「純然たる農村」で、棉花（濱州棉）は土質の関係からであろうか意外に少なく、また、恵民県の棉産量も県内の需要を満たして余りある程度だったので、「事変によつて棉花売却のルートが不円滑になつたのと相俟つて、土粗布の織布が稍々盛んにな」ったとされている。これに対して、元来、恵民県は平年作でも辛じて食糧を自給自足しうるか少し不足する程度で、粟をわずかに移出するものの、「大抵の場合は満州方面から高粱を輸入して居る」が、それが「事変によつて杜絶し陸路輸入される麺粉も入らなくな」り、食糧価格が異常なまでに高騰し、「日用必需品が仮りに約2倍の昂騰をなしたとすると、食料品の類は3倍乃至4倍」へ「上騰」したという[52]。

　このような状況は、脱農化や商品経済の発展の流れに逆行しており、また、食糧に対する需要も増加させ、食糧価格の昂騰にもつながったと考えられる。

　一方、満鉄の報告書では、恵民県内は棉花の栽培が微々たるものであることから「農家経済には自給主義的色彩が多分に見られる」が、孫家廟荘の「農産物仕向事情」を見ると、これとは全然異なる傾向があるとしている。すなわち、甘藷は「生産物の大部分を販売して居るが主要食糧農産物に至つては小麦以外は販売量より購入量多く、高粱等は販売量の十倍以上を購入し、又高粱及粟に於ては生産量より購入量の方が多い」ことから、「村内の大多数が農業に従事する農村で

174

第 2 章　山東省における食糧事情

ある」が、孫家廟を「純農村と迄は云ひ得ぬ」としている。そして、恵民県農村にも「資本主義経済は漸次浸透し来り、農家は次第に自給第一主義を抛棄して作物の換金に努めんとする傾向現れ来つゝありその一班が孫家廟荘の成績に示され」ており、孫家廟荘でも「県城に近い関係から他地方よりも農産物の換金化熱が一足先に興り偶々その土質が甘藷栽培に適する処から、他作物の栽培面積を或る程度犠牲にし、自家用農産物を購入しても甘藷栽培が換金作物」として栽培されたという[53]。

　2 つの報告書の目立った違いは、孫家廟荘が「純然たる農村」か「純農村と迄は云ひ得ぬ」かという点にあり、商品経済の浸透度に対する認識に差異がみられる。

　農家の広範な階層において商品生産が主要な状況となり、大量の食糧を購入していたことから考えれば、恵民県孫家廟荘で生じていた事態は、他の農村でも広範にみられていたと推察できる。

　また、満鉄の報告書は、孫家廟荘の作付率について、甘藷が 23.8％、小麦が 2.6％、高粱が 15.2％、粟が 15％、豆類が 12.6％、玉蜀黍が 6.1％などで、甘藷は「換金作物として食料作物作付面積を蚕食し」、自家消費率は 2％にすぎず、「小作料仕向を控除せる残は殆んど全部売却し」、甘藷に次いで販売率が高かった小麦でさえ、その自家消費率は 26％だった。さらに、小麦の自家消費率は地主が 44％、自作農・自小作農が 25％、兼業農家が 23％、小作農が 0％で、上層農家ほど小麦の自家消費率が高かった。孫家廟荘では高粱と粟が主食で、その需要量が生産量を超えていたために、大量に移入せざるをえなかった[54]。

　一方、山県千樹の報告書では、高粱は「碾子で精白して食ふのであるが、貧乏人は殻のまゝ磨にかけて粉にして食べ」、粟も「貧乏人は矢張り碾子をつかはないでそのまゝ磨にかけて粉にする」が、孫家廟荘では「普通のものは帯皮児（皮ごと製粉したもの）を食ひ 100 戸のうち 10 戸位の富裕な農家が精白したものを食ひ得るに過ぎぬ」としている。また、旧暦 3 月〜10 月は 1 日 3 食だが、冬季は 1 日 2 食になるという。そして、山県千樹は食糧について「北支那の農民はほんとうに貧しいと或る人が言つて、其の相違を食物の上で述べたが、これは全く正しい。満州の農民も兎に角貧しいが、物を精白して食ふ。高粱でも粟でもそうである。北支那の農民は精白しない。糠の出過ぎるのが惜しい訳で、何んでも粉に磨り潰して麺にして食べてしまふ」と総括している[55]。

175

第Ⅱ部　戦時：民国後期（1937〜49年）

　だが、東北と比べて華北とりわけ山東省の農民が「貧しい」ことは商品経済の展開の一面であるとみなすべきである。あるいは、農村経済の遅れ（自給自足経済のままで商品経済が十分に展開していないこと）が農民の貧困化をもたらしているのではなく、むしろ逆に農村経済の発展（商品経済の展開）が多数の貧困な農民を生み出しているのであり、農村経済の発展や商品経済の展開はそのような面を不可避的にもたらすと理解するべきである。しかも、その商品経済の展開とそれを支えていた商品流通市場が日本の侵略によって破壊されたことを再確認しておく必要がある。

　ただし、山県千樹の報告書が満鉄のそれよりも優れている点は日中戦争が中国農村経済に及ぼした悪影響を分析した点にある。一方、満鉄の報告者が山県千樹のそれよりも優れている点は下層農民の主食となっていた甘藷を取り上げて分析した点にある。

　次に、済南の小麦「背後地圏」となっていた農村について見ておきたい。

　済寧県城より「約20華里」の地点にあった第三区安居鎮史家海村は、自作農が100%に近く、主要な作物は小麦と豆類で、高粱や粟は少なかった。このうち小麦は、経営面積が多いほど商品化率は高かったが、「第一に自家消費に供せられ」、また、村民が主として購入していた食糧穀物の高粱は自給作物としての傾向が小麦や豆類に比してきわめて強かった。よって、農産物価格の異常な昂騰は、「糧穀販売農家層」にとっては有利だが、「糧穀購入農家或は賃金労働者層」にとっては逆に不利になった[56]。

　また、済寧「県城ヨリ南ニ去ル5支里」にある総戸数約450戸（人口約4,000人）の東正村は、小麦の作付割合が70%を占めていた[57]。

　さらに、泰安「県城の西南約7支里」にある総戸数108戸の第一区下西隅郷滂窪荘は、地主を含む専業農家が74.1%、自小作農を含む兼業農家が10.2%、農業外就労戸が15.7%を占めていた。作付率は、小麦が39%、粟が28%、豆類が12.3%、玉蜀黍が10.1%、落花生が9%で、高粱・甘藷・蔬菜・大麦は計1.6%にすぎなかった。そして、年間所用食糧は小麦・粟・玉蜀黍・豆類・高粱・大麦が計17万斤余りで、その他に甘藷約4,000斤と蔬菜類が自家消費され、平年作であれば、自給自足ができたが、調査が行われた1939年の生産量は、旱魃の影響を受けて穀類が約12万斤（5万斤余りの不足）、甘藷が4,000斤となった。このうち小麦は、自家消費が63.9%、販売が26.2%、小作料支払いが9.9%と

176

第 2 章　山東省における食糧事情

なっており、特に小作農はすべてを小作料と自家消費に充てた。一方、主食の粟
は、自家消費が 85.2%、販売が 6.5%で、購入割合は専業農家が 30.2%、兼業
農家が 56.5%、農業外就労戸が 73.4%となっており、粟に次ぐ主食の玉蜀黍は
購入が 64.9%、「食料仕向 94.3%、販売 2.2%」だった。また、主食の 1 つだっ
た高粱は粟・玉蜀黍を栽培するほうが有利であるため、村内ではほとんど生産さ
れず、大部分を村外から購入していた[58]。

　以上のことから、山東省における最大の小麦集貨地だった済南の小麦「背後地
圏」となっていた農村では、意外にも生産した小麦の大部分を販売せずに自家消
費していたことがわかった。これは、小麦の出回量が減少した原因の 1 つだった
と考えられる。

(3)　省東部──青島・高密県

　高密県第一区西三里庄と青島特別市膠県第三区麻灣鎮三官廟という「生産諸条
件或は立地条件を異にする」2 か村[59]を見てみたい。

　「県城南方 3 支里」にあった西三里庄は、「農産物の販売、必需物資の購入、農
業労働力の雇傭等は全て県城の市場に依存し」、「部落戸数 54 戸、内、農業を主
業とする専農は 47 戸であり、総戸数の 87%を占めてゐる」のに対して、「県城
東南方約 20 支里」にあった三官廟は、「販売、購買、雇傭等は主として近村小麻
灣市場に於て行はれ、県城市場に対する依存度は低」く、「部落」戸数 58 戸のう
ち「農業を主業とする専農は 39 戸、67%に過ぎず、西三里庄より相当低」かっ
た[60]。

　また、両村ともに小麦の作付率が最も高いが、西三里庄では小麦は上層農ほど
より多く栽培する傾向があるのに対して、三官廟では「各階層間の小麦作付割合
の差が西三里庄の場合よりも相当大きく、零細農の小麦作付の如きは大農等に比
すれば遙かに低くなつてゐるが、西三里庄では零細農と雖も大農にさして劣ら」
ず、これは西三里庄の小作料は定額物納で、小麦・大豆・粟・高粱を「各幾何宛
納入すべしと定め」た「四班糧」と呼ばれるものが存続し、「経営耕地の大部分
は小作地によつて占められてゐる西三里庄に於ては、小作地割合の低い三官廟に
比し下層農も小作料現物としての小麦を或る程度保持せざるを得ぬ」からである
と説明されている。そして、西三里庄では、上層農が大豆粕を主に蔬菜に施用し
たのに対して、下層農では小麦に施用した結果、1 畝「当り小麦収量は（零細農

177

第Ⅱ部　戦時：民国後期（1937〜49年）

の粗放経営を除けば）下層農ほど高くさへなつて居り」、三官廟とはまったく逆だった[61]。

　三官廟では土地の生産性が低く、自作農が多いので、「微細な自作地しか所有せず」、「農業は自家食糧を補充する程度にしか行へぬ」ために、食糧の自給度を高めるためには甘藷栽培が最も有利であるので、農業を副業的に営む「兼農は甘藷の作付に主力を注ぎつゝあ」り、「甘藷作付面積の増加した農家の大部分が、その理由を家族員数増加のための食糧確保に在ると供述している」という[62]。家族員数増加の原因は、先述の恵民県の状況から類推すれば、出稼ぎ者の帰村であろうか。とすれば、三官廟でも脱農化（農村経済発展の一面）の流れが逆流していることになり、しかも小作地割合が低いとされている三官廟にとっては、危機的な状況を惹起しかねないことになる。

　なお、西三里庄と三官廟の2か村の主食は「粟、小麦及び主として購入になる玉蜀黍であり、それに幾許かの高粱及び豆が加えられ」、小麦は上層農ほど消費が多く、各階層の穀物消費割合も類似している。ただし、三官廟では「食糧補充を第一義とし、総作付面積の6割までは甘藷を栽培し、主要穀物の大部分は購入しつゝある兼農」の消費穀物のうち、零細農と同様に玉蜀黍が最も多かったが、その割合は零細農の2倍以上の68.4%に達し、逆に、その他の穀物の割合は約半分だった[63]。しかも、その統計表には甘藷が除外されているから、実際には兼農の小麦・粟・高粱の消費割合はよりいっそう低かったことになる。

　そして、「農産物価の事変後に於ける高騰率が他の一般物価のそれよりも甚しく高」かったうえに、農産物中の小麦価格の高騰割合が低かったため、多数の農民が「小麦を売り雑穀を購入して食ふよりも、割安の小麦なら可成之を食」べ、小麦の商品化率を低下させた。こうして、高密県城に出回る小麦の数量は「事変前」の6割程度にすぎなくなった[64]。

　以上のことから、西三里庄では、農外就労や副業の機会が少なかったために、下層農は小作農となって地主が求める小麦を栽培した。地主が小作料現物として小麦・大豆・粟・高粱を求めたのは、自家消費分の確保（購入するよりも安上がりになるため）が第一の目的であり、副次的にはもし余剰分があれば販売することができたためと考えられる。その余剰分をより高く売って利益を上げることを第一に考えていたのであれば、小作料現物を穀物の中で最も高価で販売できる小麦のみに限定するか、上層農が大豆粕をも施して熱心に栽培していた蔬菜を小作

178

料現物として求めたはずだからである。また、小作農は小作料として納めた分以外の余剰小麦を高価で販売することができるので、小麦の生産性を上げるために大豆粕まで投入して小麦生産に励んだわけである。一方、三官廟は西三里庄に比べて脱農化が進行して農外就労や副業の機会が多かった。そのために、下層農は、最も高価で販売することができる小麦の栽培に専念・特化するのではなく、食糧購入コストを省き、かつ副業ないし農外就労に専念するために、自家の狭小な耕地に粗放的栽培が可能な、すなわち、肥料や労働力を多投しなくてもすむ甘藷を植えていた。そして、甘藷を自家消費して余剰分は販売したと考えられる。

近現代中国における農村経済の発展が、さしあたり商品経済の展開、販売目的の食糧生産、耕地配分の不均衡、脱農化などとして表れると考えると、日本の侵略は農村経済の発展方向を逆流させたと言える。

さて、西韓哥荘は「青島その他の商工業都市を近くに控へてゐる関係上、多くの過剰人口は各種の農業外労働に従事し、農家経済が之に依存する程度は極めて強く、従つて純農村部落とは称し難く、都市近郊に於ける特殊な部落としての相貌を呈してゐ」た。すなわち、「農業戸は全村 262 戸中 9 割以上の 240 戸」だったが、そのうちの 150 戸が「純農業戸ではなく、農業以外の職業に従事するもの、又は兼業のもの」だった[65]。

西韓哥荘の作付率は主食の甘藷が約 50％、小麦が 27％、粟が 14％、落花生が 8％、大豆が 6％で、「小麦、落花生及蔬菜の一部分は普通の農家に於ては主要なる換金作物であつて、前二者はその大部分が商品化されてゐ」たが、「事変後」は、落花生の値段が低下し、「食糧自給のための甘藷その他の作付が稍増加した」ために、落花生の作付けは半分以下に減少したという。また、冬作物の中で、甘藷は「自作農群、自小作農群に於ては約 5 割、地主自作農群では 3 割 5 分を占めてゐるが、小作農群に至つては 7 割余を占めてゐる。即ち、小作農群に於ては食糧たる甘藷が絶対的に大部分を占め、他の作物が極めて少ないのに対し、地主自作農群の如きは甘藷の比重が減少し」ており、また、雑穀は「自作農群、自小作農群は何れも約 3 割余を作付けし、小作農群は 2 割足らずであるが、地主自作農群に於ては 4 割以上を占め、彼等の食物が甘藷重点から雑穀を加へた上級のものとなつてゐると同時に、自家消費以外に販売の余地を有してゐる」とみなされていた[66]。

なお、青島・四方・滄口などの紡績工場の大部分が「事変」によって破壊され

第Ⅱ部　戦時：民国後期（1937〜49年）

たことは西韓哥荘にも「極めて重大な打撃を与へた」とされているが[67]、それは、他村と同じく、多数の工場労働者を帰村させることになったと考えられる。

　また、以上に見てきたように、西韓哥荘の農民は甘藷を主食とし、大根の漬物を副食物とし、冬季は甘藷を主とする2食であるが、農耕期間は3食で、甘藷の他に少量の雑穀と小麦を食し、とりわけ農繁期には2日に1食は小麦を食したとされている[68]。

おわりに

　民国前期の山東省では、膠済線沿線を中心に済南と青島の製粉工場が激しい小麦の買付合戦を展開していたために、小麦は高価で買い付けられた。そのため、小麦作に適する農村とりわけ山東の穀倉地帯と呼ばれていた魯西地区（山東省西部）では、小麦を販売して安価な雑穀を購入し、自家消費に充てる農民も多かった。しかし、日本軍の侵略によって、流通ルートが遮断され、さらに、戦争による直接的な生産破壊と自然災害によって穀物生産量が減少していたうえに、日本軍による小麦の低価強制買付によって小麦の出回量も減少した。小麦の市場での品薄感と食糧不足の状況下で食糧としての雑穀への需要が急増し、雑穀価格の高騰をもたらした。農村の生産現場から見れば、小麦販売農家は上層農であり、自家消費した後の余剰分を販売していたが、小麦の生産量が減少したためにその販売量も減少した。また、本来、高価な小麦を販売して安価な雑穀を自家消費用として購入していた農家は、雑穀の価格が高騰すると、生産した小麦を自家消費に充当して販売しなくなった。このようにして、小麦の出回量が減少し、日本軍による小麦収買量も減少してしまったと考えられる。あるいは、出稼ぎ者の帰村者や都市から農村への避難民の増加に対処するために、単位面積当たりの生産量の多い甘藷への栽培を拡大していった。こうして、農村は自給自足の傾向を強めていった。総じて、日本軍の山東省への侵略は、農村経済発展の方向を逆行させ、農村経済構造にも変化を生じさせた。

注
⑴　関連する先行研究については、拙稿「なぜ食べるものがないのか—汪精衛政権下中国における食糧事情」（弁納才一・鶴園裕編『東アジア共生の歴史的基礎—日本・中国・南北コリアの対話』御茶の水書房、2008年）を参照されたい。

第 2 章　山東省における食糧事情

(2)　東亜研究所『山東省ニ於ケル農産物地域ノ研究』資料丙第 106 号 D （1940 年）12〜14 頁。

(3)　東亜研究所『山東省の食糧問題（一）―膠済鉄道圏 45 県の食糧調査』資料丙第 125 号 D（1940 年）4 〜 5 頁。

(4)　満鉄・北支経済調査所『北支製粉業立地調査―済南・済寧』（1940 年）43 頁・51 頁。

(5)　華北綜合調査研究所緊急食糧対策調査委員会『済南地区食糧対策調査委員会報告書（済南地区ニ於ケル食糧事情並ニ蒐貨対策）』（1943 年）10 頁。なお、満鉄北支経済調査所『山東省ニ於ケル主要農産物（棉花、小麦、雑穀）ノ生産並出回事情』（1942 年 12 月）36 頁に同様の記述があり、刊行年月から見て、これを参照したと考えられる。

(6)　満鉄・北支事務局調査室『膠済線沿線ニ於ケル事変後ノ農業調査報告』（1938 年）27〜28 頁。

(7)　華北綜合調査研究所緊急食糧対策調査委員会『緊急食糧対策調査報告書　青島地区』（1943 年）10〜12 頁・22 頁・24 頁・28 頁。

(8)　前掲書『北支製粉業立地調査―済南・済寧』51 頁。

(9)　華北綜合調査研究所緊急食糧対策調査委員会『緊急食糧対策調査報告書　益都地区』（1943 年）5 〜 8 頁・12〜13 頁・25〜26 頁。

(10)　前掲書『山東省の食糧問題（一）』4 頁。

(11)　前掲書『北支製粉業立地調査―済南・済寧』30〜31 頁・43 頁。

(12)　同上書、43〜48 頁。

(13)　同上書、51 頁。

(14)　同上書、53 頁。

(15)　華北綜合調査研究所緊急食糧対策調査委員会『緊急食糧対策調査報告書　済寧地区』（1943 年）24 頁。

(16)　注(5)に同じ。

(17)　華北綜合調査研究所緊急食糧対策調査委員会『華北各地区食糧収買事情（地区委員会幹事長会議報告要旨）』（1943 年）40 頁。

(18)　この詳細については、本書第 I 部第 5 章を参照されたい。

(19)　前掲書『北支製粉業立地調査―済南・済寧』53 頁。

(20)　同上書、49 頁。

(21)　前掲書『緊急食糧対策調査報告書　済寧地区』5 〜 6 頁・9 頁・25〜28 頁。

(22)　前掲書『済南地区食糧対策調査委員会報告書』8 〜 9 頁。

(23)　岸本清三郎『済南・徐州間ニ於ケル戰後ノ農業調査報告書』満鉄・北支事務局調査室（1938 年）26〜27 頁・30 頁。

(24)　同上書、3 頁・11〜12 頁・18 頁・22 頁・45 頁。

(25)　中野正雄『膠済線沿線ニ於ケル事変後ノ農業調査報告書』満鉄・北支事務局調査室（1943 年）3 頁・8 頁・32 頁。

(26)　前掲書『緊急食糧対策調査報告書　益都地区』3 〜 5 頁。

(27)　前掲書『済南地区食糧対策調査委員会報告書』10 頁。

(28)　華北綜合調査研究所緊急食糧対策調査委員会『魯西地区農村ニ於ケル食糧偏在ノ実情トコレガ食糧政策ニアタヘル暗示ニ就テ―魯西地区農村ニ於ケル食糧供出可能條件報告覚書ソノ

第Ⅱ部　戦時：民国後期（1937～49 年）

一』（1944 年 2 月）23～25 頁。

⑳　前掲書『北支製粉業立地調査―済南・済寧』30 頁。

㉚　大橋育英『山東省済寧県城を中心とせる農産物流通に關する一考察』研究資料第 11 号、
　　国立北京大学附設農村経済研究所（1942 年）9 頁。

㉛　前掲書『山東省済寧県城を中心とせる農産物流通に関する一考察』19 頁。

㉜　前掲書『済南地区食糧対策調査委員会報告書』32～34 頁。

㉝　前掲書『山東省済寧県城を中心とせる農産物流通に関する一考察』21 頁。

㉞　前掲書『魯西地区農村ニ於ケル食糧偏在ノ実情トコレガ食糧政策ニアタヘル暗示ニ就テ』
　　23 頁。

㉟　前掲書『山東省の食糧問題（一）』7 頁。

㊱　同上書、8 頁・29 頁。

㊲　前掲書『済南地区食糧対策調査委員会報告書』37 頁。

㊳　前掲書『山東省の食糧問題（一）』11～13 頁。

㊴　満鉄・北支経済調査所『山東省ニ於ケル主要農産物（棉花、小麦、雑穀）ノ生産並出回事
　　情』50～51 頁・55 頁。

㊵　「山東省魯西道各県事情（上）」（興亜院『調査月報』第 1 巻第 11 号、1940 年 11 月）132
　　頁・150 頁・167 頁・183 頁・200 頁。

㊶　華北綜合調査研究所緊急食糧対策調査委員会『緊急食糧対策調査報告書　益都地区』
　　（1943 年）1 ～ 2 頁。

㊷　西山武一『山東の一集市鎮の社会的構造（益都県五里堡の調査記録)』研究資料第 8 号、
　　国立北京大学附設農村経済研究所（1941 年）1 頁・6 ～ 7 頁。

㊸　渡辺兵力『山東省膠済沿線地方農村の一研究―益都県杜家荘及小田家荘調査』研究資料第
　　9 号、国立北京大学附設農村経済研究所（1942 年）3 頁・7 ～ 8 頁・10 頁・14 頁・17 頁。

㊹　同上書、92～95 頁。

㊺　同上書、101～102 頁・107 頁・139 頁・141 頁。

㊻　同上書、1 ～ 3 頁。

㊼　満鉄・北支経済調査所『北支農村概況調査報告（三）―濰県第一区高家楼村』満鉄調査研
　　究資料第 17 編・北支調査資料第 17 輯（満鉄調査部、1940 年）はしがき・95 頁・105 頁・
　　118 頁・189 頁。

㊽　同上書、167 頁・180～181 頁。

㊾　同上書、196 頁。

㊿　満鉄・北支経済調査所『北支農村概況調査報告（一）―恵民県第一区和平郷孫家廟』北支
　　調査資料第 14 輯・満鉄調査研究資料第 8 編、満鉄調査部（1939 年 12 月）。

(51)　山県千樹『山東省恵民県農村調査報告―日支事変の農村経済に及ぼしたる影響』研究資料
　　第 1 号、国立北京大学農学院中国農村経済研究所（1939 年）。

(52)　同上書、はしがき・16～18 頁・45～46 頁。

(53)　前掲書『北支農村概況調査報告（一）―恵民県第一区和平郷孫家廟』46～47 頁。

(54)　同上書、159 頁・170 頁・174 頁・178 頁・182 頁。

(55)　前掲書『山東省恵民県農村調査報告』57～58 頁・68～69 頁。

第 2 章　山東省における食糧事情

⒃　大橋育英『山東省済寧県城を中心とせる農産物流通に関する一考察』研究資料第 11 号、
　　国立北京大学農学院中国農村経済研究所（1942 年）73 頁・78〜80 頁・87〜89 頁・110 頁。

⒄　前掲書『済南・徐州間ニ於ケル戦後ノ農業調査報告書』35〜36 頁。

⒅　北支経済調査所編『北支農村概況調査報告（二）―泰安県第一区下西隅郷澇窪荘』満鉄調
　　査研究資料第 19 編・北支調査資料第 15 輯、満鉄調査部（1940 年）53 頁・61 頁・140 頁・
　　153〜154 頁・158 頁・165〜166 頁・177 頁。

⒆　服部満江『小麦の生産・消費・販売とその事変前後の変動―山東省高密県・青島市膠県農
　　村調査成績を中心として』満鉄調査資料第 54 編・北支経済調査資料第 27 輯、満鉄調査部
　　（1942 年 4 月）前言。

⒇　同上書、1 〜 2 頁。

(61)　同上書、8 頁・11〜12 頁。

(62)　同上書、22 頁。

(63)　同上書、24 頁。

(64)　同上書、46〜48 頁・53 頁。

(65)　福留邦雄『青島近郊に於ける農村実態調査報告―青島特別市李村区西韓哥荘』北支経済調
　　査資料第 7 輯（1939 年）1 頁・11〜13 頁。

(66)　同上書、31〜32 頁・47〜48 頁・81 頁。

(67)　前掲書『山東省済寧県城を中心とせる農産物流通に関する一考察』19 頁。

(68)　前掲書『青島近郊に於ける農村実態調査報告―青島特別市李村区西韓哥荘』126 頁。

183

第3章 河北省における食糧事情

はじめに

　日本軍占領下の華北において占領地行政の必要性から数多くの農村実態調査が実施されて報告書が刊行されたが、華北でも沿海部の河北省・山東省と内陸部の河南省・山西省とでは、農村経済状況や食糧事情はかなり異なっていた。そのうえ、前者については数多くの調査報告書が刊行されているが、後者に関する調査報告書は相対的に少ない。

　ところで、日中戦争期、日本軍占領下の華北に新たに設定された真渤特別行政区は、「河北省真定道10県（冀・深・安平・饒陽・武強・新河・寧晋・束鹿・晋・深沢）渤海道12県（寧津・呉橋・東光・南皮・交河・献・阜城・景・故城・棗強・衡水・武邑）」に山東省の「東臨道1県（徳）」を加えた計23県によって構成されていた。しかも、当該地区は「対敵経済封鎖ノ完璧ヲ期シ得ル段階ニ達スレハ従前ノ天津・石門・済南ノ各地区ヘノ分割帰属ヲ約束セラレテ居ル暫定的ノモノ」だった[(1)]。

　また、河北省内の各地区・県・農村の食糧事情を知ることができる文献資料は比較的多いが、河北省全体の食糧事情に言及した文献資料は1つだけである。すなわち、河北省では1943年10月下旬～11月上旬に「多少上昇気構ヲ見セテキタ農産物価格ハ雑穀出廻ノ順調ナルニ従ツテ漸次下落シ」、翌1944年1月からは「棉花ノ出廻ト競合シテ雑穀ノ出廻ガ急激ニ低下シ供給量ノ減少セルニ反シ、旧正前ノ需要増大ニ影響サレテ雑穀価格ハ急騰シ、旧正以後ニ於テモ未ダ此ノ傾向ヲ増大シテキ」たという[(2)]。

　そこで、本章では、山東省と同様に農村調査報告書などの資料が比較的豊富な河北省の食糧事情について分析したい。ただし、まとまった調査資料がほとんどない滄州地区については分析対象から除外し、逆に、食糧穀物の集散地・大消費地である北京市と天津市を河北省に含めることにした。

185

第Ⅱ部　戦時：民国後期（1937～49年）

1．北京地区・天津地区

　1942年2月から天津・北京を中心とする雑穀「搬出入制限ノ撤廃ニヨリ価格
カ安クナルト思ハレタカ」、同年10月を境にして雑穀価格が高騰したのは、「搬
出ノ自由ニナツタ事ニヨリ高イ天津地方ノ相場ニ釣ラレテ北京管下ノ価格カ上
リ」、穀物を生産する「現地農民ヤ糧桟ハ天津ノ市価ヲ敏感ニ関知シ」、「北京ノ
相場モ已ムナク現地ノ相場ニ釣ラレテ昂騰シタ」からだという[3]。このように、
北京地区と天津地区は食糧需給関係に基づく食糧価格の変動における関連性が非
常に強いことがわかる。

⑴　北京地区概況
　北京市近郊農村における主要な農作物と主食には、都市近郊農村としての共通
点が多い。
　大興県（現北京市大興区）の主要作物は玉蜀黍・大豆・小麦・粟・高粱・棉花
であり、農民は玉蜀黍・粟に次いで高粱・大豆を主食としていた[4]。順義県（現
北京市順義区）の主要な農作物は玉蜀黍・高粱で、棉花の作付けがこれに次ぎ、
玉蜀黍を主食とし、落花生を移出していた[5]。懐柔県（現北京市懐柔区）の主要
作物は粟・玉蜀黍・豆類・胡麻・落花生で、玉蜀黍でつくった玉米麺（棒子麺）
と粟を主食としているが、これらは豊作時にかろうじて自給できるにすぎず、落
花生を移出していた[6]。良郷県（現北京市房山区の一部）の主要作物は小麦・玉
蜀黍・高粱・黒大豆・粟・胡麻・落花生・棉花・甘藷だった[7]。苑平県（現北京
市門頭溝区の一部）は、「半工業半農業」の県で、主要作物は粟・玉蜀黍だが、
北京市街地に比較的近いので、蔬菜を栽培し、粟でつくった小米麺を主食として
いた[8]。
　ただし、北京地区は、日本側の食糧「蒐貨」組織である「合作社ノ交易場カ活
発ニ働イテ居ル地区」すなわち「治安良好ニシテ合作社組織ノ進展セル地区」
（「通・順義・香河・大興・昌平等ノ各県」）と「治安関係ニ基ク蒐荷困難ナル地
区」（「薊・平谷・懐柔・密雲等」）とに分かれ、「収貨サレル食糧ノ数量ハ寧ロ従
前ヨリモ増加シテ居」たが、「統制圏内乃至最終消費者乃至加工業者ノ処迄ニ達
スル率カ低下シ」、「戦争ニヨル輸移入ノ閉塞」と「満州・蒙疆・中支等ヨリ移入
額ノ減少」による「華北全域ニ於ケル糧食需給関係ノ不均衡」、「通貨不安ヨリ来

186

第3章　河北省における食糧事情

リシ換物人気ノ跳梁」、「各地区別ニ依ル物資対策上ヨリスル搬出入ノ諸制限」などから、食糧価格は高騰し、しかも、1943年2～3月頃には消費地の北京よりも生産地の涿県における穀物相場が高くなることもあった[9]。

華北の食糧については、1943年6月から「一様ニ国家管理ノ形態ヲトリ、食糧管理局ヨリ其ノ食糧ノ収買ハ採運社、合作社ノ2本建ノ新機構ニヨル統制収貨ノ方法ヲ実施」したが、「小麦ノ収貨ハ微々トシテ振ハズ、北京ヘノ統制機構ニヨル食糧ノ流入ハ茲ニ一瞬吐絶スルカノ観ヲ呈シタ」のに対して、「統制外機構ニヨル取引ハ益々顕著トナ」った[10]。

北京市における「統制外食糧ノ来源地ハ多クハ燕京道管内ノモノ大宗トサレ大体通県、順義、昌平、懐柔、密雲、大興、宛平、三河等ノ順位ノ如クナレドモ京南地区タル涿県、新城、雄県、容城、定県、新安ノ諸県タル保定道地区ヨリモ流入シ亦蒙疆、満州産ノモノ鉄路、畜力ニ依リテ流入」したという[11]。

以上のような事情から、1943年6月以降の「北京市公署ニ於ケル華人一般ノ食糧ノ特配」は、「華人1名1ヶ月消費量ヲ仮ニ38.24斤」として計算すると、同年6月はその約5分の1、7月はその約15分の1にしかすぎなくなっていた[12]。

(2)　天津地区概況

天津地区でも、「事変前」の「小麦ノ集荷圏ハ極メテ広大ナ地域ヲ包括シ」、「製粉会社ノ買付網ニ至ツテハ蒙疆、山西ハ勿論、遠ク長江筋ニ迄拡大」していたが、「事変後」は背後地が縮小し、出回り量も著しく減少した[13]。例えば、1942年度天津地区における小麦の収買目標は「地区内9万瓲、地区外3万瓲合計12万瓲」だったが、実際の収買実績は「地区内2,980瓲、地区外21,929瓲」にすぎなかった[14]。

すなわち、天津地区では、「統制収買の収買価格が他の物価との均衡に於て余りに廉きに過ぎた」ことが密輸を助長し、また、「従来都市に集中して来てゐた機織の機械等」の「地方分散」が「地方の雑穀、小麦などの自家消費の増高となり」、統制収買を阻害した。ただし、天津地区委員会は、密搬入を防止するために強権的な取締りをすれば、「更に密搬入の搬入経路を複雑にし、市場をより撹乱させることになる」ので、密搬入を「封鎖する手段は中央に集積された強制収買の食糧を逸早く市民に配給」し、かつ、「華商の資本に正常な活動の途を与へ」

187

第Ⅱ部　戦時：民国後期（1937〜49年）

るべきであると提案しており、「自由市場の取締りを厳にせねばならず」とする
北京地区委員の考え方とは大きく異なっていた[15]。

　なお、武清県（現天津市武清区）における一般民衆の主食は玉蜀黍・高粱・粟
で、少しゆとりのある家は小麦粉も食べていた[16]。

(3)　北京地区個別農村事例

　1941年に調査が行われた河北省通県（現在の北京市通州区）紅菓園村の「模
範的農家」として選択された王鈺氏宅で自家消費された穀物のうち、生産量が最
も多かったのは甘藷4,800斤で、そのうち1,800斤（37.5%）が消費され、次い
で玉蜀黍が4,250斤（自家消費が3,950斤、92.9%余り。以下、同様）、大豆が
2,500斤（600斤、24%）、小麦が1,410斤（520斤、36.8%）、粟が1,211斤
（1,102斤、90.9%余り）、高粱が1,158斤（323斤、27.8%）などとなってい
た[17]。このことから、経営規模のやや大きな当該農家は主食を確保するために玉
蜀黍と粟を生産し、小麦ばかりでなく、一般農家の主食だった甘藷・大豆・高粱
も販売を主目的として生産していたことがわかる。

　また、1943年に調査が行われた掛甲屯（現北京市海淀区内）では、戦時期に
は農家戸数が80戸に増加していた。同村における作付率は、稲が55.7%、玉蜀
黍が25.1%で、主食は玉蜀黍・高粱・粟だったが、農家の多くが米を販売して
安価な雑穀を購入していた。しかも、農業収入は総収入の42.5%を占めるにす
ぎなかった[18]。このように、都市近郊で脱農化が進行していた掛甲屯では5割を
超える農業外収入と主に米を商品作物として生産・販売することによって自家消
費食糧として安価な雑穀を購入していた。

　一方、1942年6月と1944年9月に調査が行われた総戸数91戸の昌平県（現
北京市昌平区）第1区馬池郷水屯村は、同「県城南門外、西南1支里」にあり、
主要な作物は稲・玉蜀黍・小麦・豆類・粟で、1941年度の商品化率は、稲が
92.1%、小麦が63.3%だったのに対して、玉蜀黍・粟・黍子・豆類の販売量は
きわめて少なかった。一方、農家が購入した食糧で最も多かったのが玉蜀黍で、
これに粟・高粱・豆類が次いでいた。1942年以降は、同「県城東方20支里の湯
山（此の一帯も水田が多い）から来る小販子」に対して「全部庭先売りをするや
うにな」ったので、同「県城内の集市には米が出回らなくなり」、1936年に1斗
約1元の米価（1石の米が約2.5石の粟と交換されていた）は、1943年秋には

188

約60元に高騰した[19]。このように、県城に近接していた水屯村では、商品作物となっていた米・小麦の栽培に特化し、安価な玉蜀黍を購入して自家消費に充てていた。

また、1943年5月に調査が行われた河北省大興県（現北京市大興区）では、食糧価格の高騰、棉花収買価格の低廉、播種用棉実の不足などによって、棉作農家が「自家消費食糧（雑穀、甘藷類）確保のために、申告以外の土地に食糧作物の作付が当然行はれ」、棉花の作付が「播種計画目標面積（12万畝）に対する50％の減少」となったという[20]。このように、大興県でも戦時期には商品作物から自給穀物へ生産が変化していた。

そして、大興県「南苑鎮より西南12支里」にある前高米店村は、都市「近郊農村の特性」を備えていたと言われ、「農産物販売、生活必需品の購入、労働力需給等の為に近村との関係も又深」く、「殊に西紅門、黄村鎮は集市、家畜市、人市の立つ関係で本村の農業生産、農民生活と切り離して考えることは出来ぬ」が、北京市天橋は本村民の「蔬菜販売上密接な関係にあるが、南苑鎮との関係は希薄」だったという[21]。すなわち、前高米店村の経済には、県城の南苑鎮を介さず、北京市街地と直接結びついている面もあった。

そもそも、本村の「西方耕地は砂地で落花生等の一毛作多く（本村の灌地は砂地に多い）東方耕地は鹹地であつて、玉米、高粱、黍子、糜子等の一毛作が多」く、村民の主食だった玉蜀黍の作付率が約35％を占めていた。だが、「事変前と比較して井戸の数が約倍加した」ことによって、「玉米単作より小麦（或は大麦）玉米の二毛作或は高粱、粟の単作より小麦（或は大麦）玉米（或は粟）の二毛作へ変化し」、さらに、「馬鈴薯、玉米、或は馬鈴薯（或は瓜類）羅蔔（或は白菜）の園芸作物への変化が顕著」となり、大麦が増加した原因は本村の「東北20支里に北京競馬場があり、その飼料を西紅門集市より購入せるによる。又園芸作物の増加は北京よりの人糞尿（稀糞）の購入を増加」させた。本村は「経営耕地が比較的大なる」にもかかわらず、「農業外職業を有する者極めて多く」、農家197戸に対して、農業外職業を有する228戸（290人）のうち22.4％は「北京市に依存する職業」で、その他は本村や「集市（黄村、西紅門）近村に依存」していたという[22]。

以上から、北京市街地近郊農村の経済が都市との関係を深め、商品作物の生産を拡大して商品経済を深化させ、脱農化が進行し始めていたことがわかる。そし

第Ⅱ部　戦時：民国後期（1937〜49年）

て、都市近郊農村では脱農化の進行や農業外就労機会の拡大に伴って自給食糧穀物が不足して安価な食糧穀物を大量に購入したり、あるいは、商品経済の展開に伴って商品作物ないし米・小麦の高価な食糧穀物を販売して安価な食糧穀物を大量に購入するようになった。

2．石門地区

(1)　概　　況

　石門地区（現在の石家荘市を中心とする地域）は、1902年に北京と湖北省漢口を結ぶ京漢線が開通すると、一寒村にすぎなかった石家荘が停車駅となり、また、1907年には石家荘と山西省太原を結ぶ石太線も開通し、日中戦争中の日本軍占領下の1939年に「近在の諸部落を合し、休門、石家荘の名を取」って石門市が誕生し[23]、周辺の「獲鹿県53ヶ村、正定県12ヶ村が同時に石門市の管轄に帰」することになった[24]。なお、「休門は在来よりの定期市たる休門集が陰暦の4の日9の日に開かれる処で」、休門西大街付近には周辺農村で穀物の取引を行う「糧店」が多かったのに対して、規模の大きな「糧桟」は「事変前は自ら買付員を山西各地に派遣して収買し、これを石門に搬入、天津・北京・保定等の大都市の糧穀商人に売り捌い」ていた。また、「石門は糧穀集散の中継地市場として重きをなすと共に、それ自体が一の消費都市」となっていった[25]。

　石門地区は「棉作地帯ナルカ故」に、食糧が不足しており、しかも、「石門並ニ周辺県ノ農産品」価格を対比すると、「逆ニ、産地高ノ現象ヲ呈」し、1942年には不作によって「農村飢饉ノ声ハ各地ヲシテ異口同音ニ叫ハシムルニ至」った[26]。

　以上のように、急速に脱農化・都市化した石門地区は棉作が盛んだったこともあって、食糧不足が常態化していた。以下では、石門地区に属するいくつかの農村の経済状況と食糧事情について見ておきたい。

(2)　獲鹿県東蕉村

　獲鹿県の主要作物は大麦・小麦・粟・豆・高粱・玉蜀黍・棉花で、主に粟と高粱を主食としていた[27]。

　石門市街地からわずかに約0.5kmしか離れていなかった獲鹿県東蕉村では、商品経済が発展し、野菜がよく売れるようになり、売るために蔬菜を栽培する者

190

第 3 章　河北省における食糧事情

が出てきた。東蕉村には梨・棗の果樹も多かったが、それらを正定県城の市まで
担いで売りに行った。だが、棉花の栽培は年々減少していった。それは、東蕉村
が「現金獲得のために必要とされる何等かの商品化を農産物の商品化によつてで
はなく労働力の商品化によつて行ふといふ近郊農村の 1 つの型」に転化しつつあ
り、主に土建事業の日雇い労働者として「売らるべき労働力の再生産のために自
家消費」分の食糧作物を棉花に代わって栽培するようになったからだった。さら
に、「石家荘に於ける労働力市場の生成発展と共に各地から種々雑多な、自己の
労働力以外には何物ももたない人々が石家荘を目指して集つて来た。これらの人
間にとつて」、東蕉村は「家賃が廉く、生活資料も街よりは若干廉価であり、而
も街に近かつた」ために、「絶好の居留地」となった。そして、東蕉村が 1939 年
に石門市に編入され、1941 年に都市計画事業のために耕地が買収されると、東
蕉村の所有する耕地は半減してしまい、買収されないで残った耕地は地価が暴騰
し、1941 年の地価は 1939 年の約 3 倍となってインフレが進行し、食糧価格が高
くなり始めたものの、山西省からの雑穀は以前ほど豊富には流入しなくなってい
た[28]。

　このように、東蕉村では、自家消費食糧を確保するために棉花から穀物への転
作が起こり、作付けにも大きな変化がみられた。そして、豆類とりわけ黒豆（役
畜の自給飼料）と「高級作物」の粟・黍・大麦の栽培が減少したのに対して、
「低級作物」の玉蜀黍・甘藷の栽培が増加した。あるいは、「より多くの労働力投
下が必要とされる作物―蔬菜、甘藷、玉蜀黍が増加し、之より少い労働力投下で
充分な作物―豆類、粟が減少し」た。2 年三作が行われていた東蕉村では全階層
で「冬作物には小麦に代り得るものがないためにその作付歩合には変化がな」
かったが、夏作物では「上層では変化はないが中下層特に 30―10 畝」層では粟
に代わって玉蜀黍・甘藷・蔬菜が増加した。粟は東蕉村の農民の主食で、1941
年には上層農家では依然として粟が主食だったが、中下層では「高粱（これはこ
の地方では生産されていないから全部購入する）玉蜀黍にその地位を譲つてゐ」
た。また、「単位面積当最も多くのカロリー量が獲得される」甘藷の作付率は
「階層を下るに従つて累増」し、蔬菜の作付率も「下層に行く程規則的に高率と
なつてゐ」た。そもそも、東蕉村の土壌は粘土質だったので、豆類や棉花の栽培
には適さなかったという[29]。

　そして、1941 年に東蕉村で商品として販売された農産物は小麦・蔬菜・粟だ

191

第Ⅱ部　戦時：民国後期（1937〜49年）

けだったが、小作料のほとんどが物納だったこともあって小麦の商品化率は華北の普通の農村よりかなり低い 24.2％にすぎず、また、華北農村に一般的にみられるように、「小麦は農民の主要食糧ではなく、自家生産の小麦の大部分を売却して、この代金を以て食味価格共に之に劣る所の粟、高粱、玉蜀黍を主要食糧として購入」していた[30]。

　華北の平均的な農村と比すると、東蕉村では中下層農民（農外収入獲得の機会が多い東蕉村では下層が貧困層であるとは限らない）も自作小麦を食糧として消費する割合が高かったことになる。山東省の農村でもみられたように[31]、小麦の自家消費率の上昇は、戦時期の華北農村に生じた一般的な変化であるかもしれない。

　このように、東蕉村においても、戦時期には食糧穀物価格の高騰、農家の自家消費食糧穀物の確保・自給化（穀物の商品化率の低下）、商品作物から自家消費食糧の自給自足化をはかる穀物への転作などの変化が生じていた。

　次いで、同じく獲鹿県の第2区馬村における「農産物の内商品化を目的とするものは棉が主なるもの」だったが、生産された小麦の約半数は売却されており、「其他穀物は何れも極めて小量」であり、主食は粟・玉蜀黍・甘藷だった[32]。

(3)　正定県柳辛荘

　正定県の主要作物は全耕地面積の 66％を占める棉花で、粟でつくった小米麺を主食としていた[33]。

　石門市第三区第一坊柳辛荘は、京漢線柳辛荘駅の東方約 2 km のところにあり、石門市と正定県の境界を東西に貫流する滹沱河の南方約 4 km に位置する村落である[34]。

　当該村の土質はもともと棉作には適していなかったが、小麦・粟・玉蜀黍・高粱・甘藷の栽培には非常に適しており、作付けは冬小麦と夏作物の粟が多く、甘藷と棉花がこれに次いでいた。そして、石門市の発展に伴う需要の増大によって蔬菜の作付けが急増したという。すなわち、作付率は粟が 31％、小麦が 26％、棉花が 14％、甘藷が 10％以上で、「食糧作物の作付歩合は下層に行く程高くなつて居り、棉花のそれは逆の傾向にあ」った。この点について、「農家がその耕地を先づ食糧作物の生産に向け、その残余を棉花の生産に当てんとする、換言すれば、農家が、あくまでも先づ自己の必要とする食糧を確保せんとする一般的傾

192

第 3 章　河北省における食糧事情

向」があったとしている。棉花の作付けは 1925〜26 年には棉花価格が上昇したのを受けて他作物を圧倒していたが、戦時期には「政策的作付奨励と価格関係の変化」が「棉花の作付を不利ならしめ漸次食糧作物への転換」をもたらした。また、「事変前までは殆んど作付されてゐなかつた」甘藷は、「栽培に労力、肥料を要することが少ないと云ふこと、比較的収量が大であると云ふこと、且つ、食糧としてのみならず家畜の飼料としても用ひられる」ことなどから、「事変後、驚異的な増加を示し」た。さらに、1942 年度には華北交通株式会社警務段の奨励によって大根が栽培され、それを石門市と北京市の漬物製造業者に販売すると、1 畝当たりの粗収益が棉花の約 2 倍となった[35]。

　当該村では、棉花の商品化率が 67.9％に達し、それに次ぐ小麦の商品化率は 23.4％となっており、「中層以上の農家群では、小麦を生産する農家も多いが、売却する農家も多くこれに反して下層の農家群では生産する農家も比較的少ないが、売却する農家は更に少な」く、逆に、最上層の農家で小麦の売却率が低かったのは「一方に於て小麦の自家消費をより多く必要とし、他方に於て小麦の売却による現金獲得の必要性が他の群に比し小であると云ふことの為、より多くの量を自家消費に向け」ていたためであり、また、最下層の農家で小麦の売却率が高かったのは「現金獲得の必要に迫られて已むを得ずその生産する小麦の大部分を売却し」、雑穀を購入して自家消費に充てていたためだった[36]。

⑷　晋　県

　晋県（現在、石家荘市晋州市）は、「河北省保定道に属し京漢線に沿ひ、石門東南方約 13 里（日里）の地点に位置し」、「事変と共に地方の大地主、富農は危険と重圧に堪へ兼ねて、北京、天津、石門等の都市に逃亡せるため、中下層農家の負担が増大し農家経営全般の貧窮化から現金支出の多い、労働集約的な棉作を減少し、現金支出の少い粗放的な穀作に転換し、小麦、大麦を作付して耕地の利用度を集約化し、一方賃金労働によつて生活を維持し経営の自給化に向」かっていた[37]。

　また、1939 年の調査によれば、華北平原における代表的な棉作地帯だった晋県は、食糧作物としては粟に小麦・玉蜀黍が次ぎ、「中位以上の経営のものには商品作物である棉花が相当の割合で入つてゐるが、零細経営では棉花は著しく減少して食糧作物たる小麦・玉米、粟等が圧倒的」だった。しかも、「棉花販売の

193

第Ⅱ部　戦時：民国後期（1937～49 年）

事変に依る杜絶」などによって、「農民は食糧、其他の自給化の方向をたどり、棉花減産に導く働きが強くな」っていた[38]。

　そして、1944 年 2 月の調査でも、河北省では「食糧問題逼迫ノ折柄、棉作ノ減反ハ必然ノ勢デ」、晋県丁家荘の「小農群ハ小麦ヲ販売シ粟、玉米等ノ雑穀ヲ購入シテ食糧トシテキルノデ、小麦ト雑穀トノ価格差ノ大ナル時程小農群ノ小麦販売状況ハ多」くなり、「粟及玉蜀黍ニ就テハ生産量ノ 80％以上ガ自家食糧トシテ消費サレ」たという[39]。

　さらに、晋「県城西門外」西方約 2 km に位置する秘家荘は、58 戸 375 人の小村で、「光緒 3、4 年頃より油房の盛況によつて、土地の購入所有は著しく増加し約 5,000 畝の土地を所有し民国の初年迄は極めて裕富なる村であつたが、その後農民生活は驕奢に流れ経営は雇人に委ねる状況にて土地の村外流出が始まり逐年土地所有は減少し、大地主の存在はなくなり」、1941 年には農地はわずか 740 畝にまで激減したという。また、戦時期には「棉花、食糧の昂騰及び食糧、飼料の」「自給のため自家経営乃至借入経営を行ふ者が増加し、その経営面積も増大し」て小作地が増加した。しかも、棉作は穀作に比して 1.8～2.6 倍の労力を必要とするため、「棉作適地にも作付は労働粗放的な穀作を主にし余剰労働力はその時々現金収入のある賃金労働」をするようになった。同村では、棉作に特化していた戦前に「多額の食糧穀物並家畜飼料を県城を中心に隣県より移入」していたが、戦時期には価格が昂騰した「食糧、飼料をある程度自給し、経営の安全性を企図して粟その他普通食糧作物が増加し、棉作を少くして」いった。たしかに、「経営規模が大きくなるに従つて棉花作付の絶対面積は増加するが作付歩合は漸次低下する傾向にあ」り、「事変前」に作付率が約 70％だった棉花は 1941 年には 55.4％にまで減少し、33 戸の農家（その他の 25 戸は非農家）のうち「食糧を自給し得るものは僅か 4 戸に過ぎず其の他大部分の農家は多かれ少かれ県城を中心に隣県より移入せられたる食糧を購入してゐ」た[40]。

　一方、県城の東北方約 12 km の地点にあった東宿村でも、棉花の作付率は 1936 年の 78％から 1941 年には 38％に激減し、さらに、「接敵地区」にある農村の南小吾でも同じく 29％から 7％に減少し、しかも、冬小麦が 12.7％から 4.7％に減少したが、粟が 37.8％から 50.2％に増加するなど、穀物の作付率は増加していた。これらの点から、戦時期には「棉作地帯中間地帯たるとを問はず棉花の作付は減少し、普通作物殊に粟の作付が増加してゐるが、県城より遠くなる

194

第3章　河北省における食糧事情

に従ひ集約作物たる棉花作付は減少し、之れに反しその減少率の大なる地域程、換言すれば治安の悪い地域程労働粗放的な自然経済的食糧作物の作付面積が増加し」たとされている[41]。

(5) 小　結

日中戦争前に棉作が盛んだった石門地区では、戦時期には食糧不足によって食糧価格が高騰したことから、商品作物である棉花の作付率が低下して自給作物である穀物の作付率が上昇した。そして、多くの農家が食糧の自給化を実現するために、甘藷の栽培を増加させると同時に、都市近郊農村では蔬菜を生産して現金を獲得する農家も増加していった。

3. 保定地区

(1) 概　況

石家荘市が日中戦争期に急激に都市化して拡大発展したのに対して、河北省の中部に位置する保定市はかつて河北省の中心的な都市だったにもかかわらず、その保定市を中心とする保定地区農村における脱農化・都市化の進行は相対的に緩慢だった。

1941年の調査では、「背後地農業地帯」の清苑・高陽・安新・蠡県・博野・完県・満城・徐水と河南省・山西省から消費都市の保定市へ食糧穀物が搬入されたという[42]。

また、1943年の調査でも、小麦と粟を食糧生産の基調とする保定地区の「蒐貨圏」のうち清苑・徐水・定興・定県・新城・雄県・安新・高陽・新楽・満城は主な小麦生産地で、「事変前より消費都市としての保定は、更に山西、河南、或は京津地方よりの糧穀に依存するところが大きかった。小麦に就いて言えば地場産は30％で、他地区よりの移入は約70％と推定されて居り、事変後に於ては地区外よりの移入は極めて不円滑となってゐるが、それでも」、1942年度は「現地製粉工場の消費原麦の53.7％が移入され」、また、同年度の「小麦統制収買はその実績より見て極めて不成功」だったが、「公定価格を以って統制収買された小麦は全出廻量の約30％で自由価格で自由取引されたものが約70％を占めてゐ」た。さらに、「匪区地帯より流入するものは全出廻量の約20％に達」し、「収買価格の低位は農村に於ける先高見越による隠匿、奥地糧桟地主の買占め、他地区

195

第Ⅱ部　戦時：民国後期（1937〜49年）

への流出とな」った[43]。

　保定地区では、小麦収買の「暫行価格の発表以来、市価が混乱して来たことで、価格差が大きくなり自然農民は高い方に行ってしまふこと」が「非常に収買を不良にし」、「匪区地帯に流失したものが多かった」[44]ので、小麦が不足していた。

(2) 完県

　保定市完県王各荘村は 244 戸 1,367 人の「純農村」で[45]、「住民ハ大部分農業者ニシテ他ニ僅ニ木匠4戸、瓦匠1戸アルニ過ギナイ」が、農閑期には「食糧、果物、蔬菜等ノ小規模売買ニ従事スルモノ多ク発生シ、多キ時ハ全村農家ノ3分ノ1ニモ及」び、とりわけ 1943 年度は「食糧統制ノ不徹底ト、食糧ノ地域的偏在ノタメニ」、上述のような「食糧、果物、蔬菜等」の「少量搬出ノ現象ガ農閑期ニ於ケル余剰労働力消化ノ一手段トシテモ発生シ」、さらに、「王各荘其他ノ集市ヨリ穀類2—3斗ヲ購入シ4—5名組ヲ作リテ石門方面ニ搬出、利鞘稼ヲナシタ」という。他方、同村は「耕地面積ニ比シテ人口ハ過剰デアル」ために、「約200名位満州ニ出稼ニ行ツテキ」た。そして、戦時期における主要な農作物の作付率は、小麦が約 30％で変化がなかったが、高粱は高稈作物のために公路の西側1km で栽培を禁止されて約 30％から約9％へ激減したのに対して、玉蜀黍は棉花からの転作によって約 20％から約 30％へ増加し、粟は高粱と棉花からの転作によって約 10％から約 40％へと約4倍に増加し、また、棉花は約 25％から日中戦争勃発直後の2〜3年間は奨励策もあって約 33％へ増加したが、1944 年には旱魃のために約2％まで激減した[46]。

　このように、王各荘村では耕作体系上の制約から冬小麦の作付面積には変化が生じなかったが、「棉花ノ激減ニ伴フ普通食糧作物ノ増加ヲ一時的ニ招来シ」、粟・玉蜀黍を主食としていた「各々農家ノ生産ハ何ヨリモ多クノ比重ヲ食糧ノ自給ト云フ点ニ置」いていた。また、蔬菜の「有名ナル生産県」だった完県では、相当量の蔬菜が移出されていたが、1944 年には「地域的交流ノ切断ニヨリ殆ンド移動セズ」、王各荘村でも蔬菜は「単ニ主食ノ補充ノミニ供サレテキ」た[47]。

　王各荘村には「長工 50 名位（他村ニ於ケル長工ヲ含ム）短工約 80 戸位存シ、雇傭スル方ハ 15 戸位存在」し、短工には「冬ハ食事ヲ給スルノミ」で、短工は「低賃金ナルモ食事ヲ給セラレルコトヲ寧ロ希望シテキル」のであって、「短工ノ

196

第3章　河北省における食糧事情

場合ハ寧ロ食糧補給ヲ図ルコトガ根本動機デアルガ如クデアル」とされている[48]。

とりわけ貧困層を中心として高価な小麦を売って安価な玉蜀黍・粟などを買うということが行われていると同時に、「比較富裕ノ場合ニ於テ、短工ヲヨリ多ク使用スル第3期第4期ニ高価ナル食糧ヲ売ツテ安価ナル包米ヲ購入スル」こともあった[49]。

近隣の「棉作農村デアル亭郷村（王各荘村ノ北3支里ノ距離ニアリ）」でも、「棉花ハ強制供出ナルニ引換ヘ（即チ価格ハ低位）食糧作物ノ方割高ナル為ニ」「一般農家ハ他ノ作物ニ転換セントスル傾向ガ顕著」だったという[50]。

(3)　その他

清苑県の主要作物は高粱・大麦・小麦・粟・玉蜀黍・黍稷・胡麻・甘藷・棉花で、粟・玉蜀黍で作った小米麺・玉米麺を主食としていた[51]。このうち、張登鎮は「保定を去る約24粁、南方に位置」する「一寒村」で、「概して肥沃」で、866戸のうち816戸が農家だった。「大麦、高粱等自家用に消費する穀物類を農村経済の深刻化するに従ひ出来秋に於て販売し春季端境期に於ては自ら購入するの傾向にあ」った。すなわち、農民は棉花・粟・白菜・高粱・玉蜀黍・肉類・木綿切を販売し、粟・高粱・大麦・玉蜀黍・肉類・木綿切を購入していた[52]。

満城県城の「東北方約5支里」にあり、県城北関から徒歩で40〜50分を要した眺山営村は、主要作物の作付率は粟（32.2%）・小麦（28.5%）・玉蜀黍（27.7%）・棉花（10.6%）・甘藷（10.1%）・白菜（8.9%）・ニンニク（8.3%）で、「事変後僅か」に「棉花の作付増加傾向」があり、「小麦作は減少しつゝあ」った。また、小麦・玉蜀黍・粟が主食で、甘藷が補助食糧だったが、前作に多くニンニクを作付する白菜栽培戸数が最も多かった。そして、「全く農業から離脱してゐる家が1戸もな」く、「全村が農業者と看做し得る」「純農村」だったが、食糧の不足量が「必要消費量の約半ばに達する」ほどで、棉花・ニンニク・白菜を販売して食糧を購入していた。そもそも、同村では、土質の良好な西部・西南部では蔬菜などの「高級作物」を植えたのに対して、アルカリ性が強く相対的に土質が劣る東部・東北部では自給食糧作物を植える傾向があったという[53]。

定県の主要農産物は棉花と小麦だったが、主食は粟や甘藷で、これに次ぐのが玉蜀黍・高粱・蕎麦だった[54]。よって、小麦は主に販売目的で栽培されていたこ

197

第Ⅱ部　戦時：民国後期（1937～49 年）

とになる。

　定県李店村は、総戸数が 309 戸で、「定県城より東南方約 30」km のところに
位置する「純農村」であるとされているが、「事変前」に 75％に達していた棉花
の作付率も「事変」後は 10％足らずとなり、「穀価昂騰による自給食糧確保の緊
急性」が生じ、棉花に替わって粟（約 40）・甘藷（約 20％）・落花生（約 10％）
が多く栽培されるようになった[55]。

　徐水県の主要農産物は小麦・玉蜀黍・棉花だったが、小麦粉・米穀を常食と
し、凶作時には関外や張家口から米穀を移入していた[56]。望都県の主要農産物は
粟・高粱・棉花で、主食は粟に次ぐのが小麦だったが、豊作時でも食糧は自給す
ることができなかった[57]。定興県の主要農産物は高粱・粟・玉蜀黍・小麦・棉花
で、高粱・粟・小麦が主食だった[58]。

4．その他

(1)　冀東地区

　「冀東道管内ハ国境線一帯ノ山岳ト南部湿地帯、開灤炭坑及唐山市等ノ消費地
ヲ擁シテキル関係上、元来自給自足不可能」で、全需要量の 3 分の 1 は「他ヨリ
補給ヲ必要トスル地区」、とりわけ「鉄道以北主トシテ遵化、興隆、遷安等ノ山
岳ヲ有スル県ハ敵匪ノ蠢動ト相俟ツテ相当深刻ナル食糧難ノ現状ニシテ鉄道以南
は灤県南部一帯ニ特ニ著シ」く、「食糧不足地帯ニ於ケル農民生活状況ハ、白薯
抉（芋ノ茎）揚樹菜（揚ノ若葉）、水礼草（藻）等ヲ、代用食と為シ不足ヲ
補」っていた[59]。

　また、楽亭県の主要農産物は小麦・粟・豆類・玉蜀黍・棉花で、平年作でも半
年分しか自給することができず、不足分は東北などから移入し、高粱を主食とし
し[60]、昌黎県の主要農産物は高粱で、高粱・粟を主食とし[61]、豊潤県の主要農産
物は落花生・棉花・麻・白菜で、玉蜀黍・粟・高粱を常食としていた[62]。灤県の
主要農産物は麦類・粟・豆・高粱・玉蜀黍・落花生・棉花で、不足分を東北など
から移入し、貧困層は粟粥を常食とし、豊年時には高粱を食べたという[63]。

(2)　邯鄲地区

　1942 年には、「糧穀不足地帯タル「河北省」ニ在リテハ邯鄲地区特ニ甚シキ不
足状況ヲ告ゲ、清豊、南楽ニ於テハ総人口ノ 4 分ノ 1 ヲ留ムルノミト云フ惨状ヲ

198

呈シ」たという[64]。

　邯鄲県「城を距る17華里」にある河辺張庄（戸数77戸、人口492人）の主要作物は粟・棉花・小麦・高粱・玉蜀黍・大麦・豆類で、作付率は粟が34.8％、棉花が28.8％、小麦・大麦が20.8％で、食糧は不足していた。粟はすべて自家消費に向けられ、小麦は若干商品化されていた。棉花の商品化率は88.5％で、上層農家群ほど商品化率は高かった。ただし、1931年にアメリカ種棉花が導入される以前は食糧はほぼ自給状態にあった。しかも、「冬麦作が単に棉花栽培地に代替せしめられたのではなく、それ以上の小麦及び大麦作の減少」をもたらした[65]。

　「邯鄲県城より南5支里」にあった邯鄲県乾河溝村は、夏作の粟と冬小麦の他に、棉花栽培が経営面積の30％に達している[66]。

おわりに

　食糧を自給できず、大量の穀物を移入していた河北省の農村は、商品経済が発展し、農業外就労の機会が拡大し、脱農化が進行していたと言える。

　日中全面戦争期に河北省農村経済において生じた大きな変化の1つは、前章において分析した山東省と同様に、商品作物栽培と自家消費分の安価な雑穀購入から自家消費分を確保する食糧穀物生産への転換である。すなわち、1944年に刊行された調査報告書においても、河北省農村経済が「近年頓ニ自然経済ニ退避セントシツヽアル」[67]とみなしていた。これは、一見すると、近現代中国農村における商品経済発展の流れに逆行するものだった。だが、すでに前章で戦時期山東省についても見たように、日中全面戦争期の河北省農村における商品経済の流れは継続しており、すでに自給自足的な自然経済の段階へ押し戻すことはできない状況にあった。

　ただし、商品作物栽培から自家消費用の食糧穀物栽培への転換・逆流の動きは、都市近郊農村よりもさらにその周辺農村においてよりいっそう激しかった。都市近郊農村では、零細農化・脱農化が進行し、その経営面積も狭小となっていたために、自給自足的な状態へ回帰するにはかなり困難な状況にあったものと考えられる。

第Ⅱ部　戦時：民国後期（1937〜49年）

注

(1)　華北綜合調査研究所緊急食糧対策調査委員会『緊急食糧対策調査報告書　徳県地区』（1943年）1〜2頁。

(2)　華北綜合調査研究所緊急食糧対策調査委員会・谷垣捨二『河北省ニ於ケル農産物ノ生産蒐荷機構ノ組織運営ニ関スル調査』生産蒐荷機構調査(1)（1944年）40頁。

(3)　華北綜合調査研究所緊急食糧対策調査委員会『緊急食糧対策調査報告書　北京地区』（1943年）87〜88頁。

(4)　陳佩編『河北省大興県事情』地方事情調査資料第8号、新民会中央指導部出版部（1939年）39頁・102頁・110頁。

(5)　『河北省順義県事情』地方事情調査資料第14号、中華民国新民会中央総会（1940年）68頁・100頁・123頁。

(6)　『河北省懐柔県事情』地方事情調査資料第16号、中華民国新民会中央総会（1940年）37頁・81頁・100頁。

(7)　卞乾孫編『河北省良郷県事情』地方事情調査資料第4号、新民会中央指導部出版部（1939年）77頁。

(8)　卞乾孫編『河北省苑平県事情』地方事情調査資料第3号、新民会中央指導部（1939年）1頁・65頁・152頁。

(9)　前掲書『緊急食糧対策調査報告書　北京地区』10〜11頁・18頁・84〜85頁。

(10)　華北綜合調査研究所・房安四郎（北支開発株式会社）『北京特別市ニ於ケル食糧事情（特ニ統制機構外取引ノ問題）』（1943年）97〜98頁。

(11)　同上書、13頁。

(12)　同上書、62頁。

(13)　満鉄北支経済調査所『北支製粉業立地調査―天津』（1940年）11頁・14頁。

(14)　華北綜合調査研究所緊急食糧対策調査委員会『緊急食糧対策調査報告書　天津地区』（1943年）1頁。

(15)　華北綜合調査研究所緊急食糧対策調査委員会『華北各地区食糧収買事情（地区委員会幹事長会議報告要旨)』（1943年）20頁・23頁・26頁・28〜29頁。

(16)　陳佩『河北省武清県事情』地方事情調査資料第18号、中華民国新民会中央総会（1940年）。

(17)　華北交通株式会社中央鉄路農場『一模範農家ノ経営内容（通州近郊ニ於ケル)』（1942年）33頁。

(18)　華北綜合調査研究所緊急食糧対策調査委員会・上村鎮威『北京西郊掛甲屯家計調査―所員養成所学員訓練調査報告』（1944年）34〜36頁・39〜40頁。

(19)　華北食糧平衡倉庫『河北省昌平県水屯村調査報告』資料第22号(1945年6月）はしがき・1頁・53〜56頁。

(20)　「河北省大興県に於ける棉作と食糧作との関係」（大東亜省『調査月報』第1巻第7号、1943年7月）57〜58頁。なお、「本資料は北京大使館報告（昭和18年5月20日、北大資料簡報第69号―経済第34号)」であるという。

(21)　華北交通株式会社『河北省大興県前高米店村調査報告書』（1945年3月）8頁・11頁。

第 3 章　河北省における食糧事情

⑵　同上書、80～83 頁・99～100 頁。

⑵　華北綜合調査研究所『石門市近郊農村実態調査報告書』華北綜研叢書経済第 6 号（1944 年）1 ～ 2 頁。

⑵　満鉄北支経済調査所・相良典夫『食糧生産地帯農村に於ける農業生産関係並に農産物商品化―河北省石門地区農村実態調査報告』北支調査資料第 46 輯・満鉄調査研究資料第 87 輯（1944 年）5 頁。

⑵　大橋育英『京漢沿線主要都市を中心とする糧穀市場構造』研究資料第 13 号、国立北京大学附設農村経済研究所（1942 年）39～40 頁。

⑵　華北綜合調査研究所緊急食糧対策調査委員会『緊急食糧対策調査報告書　石門地区』（1943 年）47～48 頁。

⑵　陳佩編『河北省獲鹿県及石門市事情』地方事情調査資料第 12 号、新民会中央総会（1940 年）8 頁・51 頁。

⑵　前掲書『石門市近郊農村実態調査報告書』1 ～ 6 頁。

⑵　同上書、125 頁・129～133 頁。

⑳　同上書、134～136 頁。

㉛　拙稿「日中戦争期山東省における食糧事情と農村経済構造の変容」（東洋文庫『東洋学報』第 92 巻第 2 号、2010 年 9 月）。

㉜　満鉄調査部『獲鹿県第 2 区馬村・昭和 14 年度』満鉄調査研究資料第 32 編・北支調査資料第 18 輯（1940 年）91～92 頁・94 頁。

㉝　陳佩編『河北省正定県事情』地方事情調査資料第 6 号、新民会中央指導部出版部（1939 年）50 頁・94 頁。

㉞　満鉄北支経済調査所（相良典夫）『食糧生産地帯農村に於ける農業生産関係並に農産物商品化―河北省石門地区農村実態調査報告』北支調査資料第 46 輯・満鉄調査研究資料第 87 輯（1944 年）4 頁。

㉟　同上書、13～14 頁・16 頁・22 頁・66～67 頁・71 頁。

㊱　同上書、73～79 頁。

㊲　北支経済調査所編『河北省晋県農村実態調査報告書―晋県に於ける棉作事情調査を中心として―』満鉄調査研究資料第 53 編・北支調査資料第 26 輯（1942 年）1 頁・21～22 頁。

㊳　『河北省晋県視察報告』研究資料第 2 号、国立北京大学附設農村経済研究所（1939 年）2 頁・11 頁・14 頁。

㊴　華北綜合調査研究所緊急食糧対策調査委員会（谷垣捨二）『河北省ニ於ケル農産物ノ生産蒐荷機構ノ組織運営ニ関スル調査』生産蒐荷機構調査⑴（1944 年）13 頁・20～21 頁。

㊵　前掲書『河北省晋県農村実態調査報告書』23～24 頁・43 頁・47 頁・56 頁・63～64 頁・66～68 頁・71 頁。

㊶　同上書、20 頁・78～80 頁。

㊷　大橋育英『京漢沿線主要都市を中心とする糧穀市場構造』研究資料第 13 号、国立北京大学附設農村経済研究所（1942 年）23 頁。

㊸　華北綜合調査研究所緊急食糧対策調査委員会『緊急食糧対策調査報告書　保定地区』（1943 年）1 ～ 2 頁・4 ～ 6 頁・8 頁・10 頁。

第Ⅱ部　戦時：民国後期（1937～49年）

⑷　華北綜合調査研究所緊急食糧対策調査委員会『華北各地区食糧収買事情（地区委員会幹事長会議報告要旨）』（1943年）34頁・38頁。

⑷　谷垣捨二『農産物商品化調査第三次中間報告　農産物商品化ニ関スル調査―河北省完県王各荘村』華北綜合調査研究所（1944年）1頁・4～5頁。

⑷　同上書、7頁・15～17頁・23頁・48～49頁。

⑷　同上書、18頁・29頁・31頁・45頁。

⑷　同上書、47頁。

⑷　同上書、68頁。

⑸　同上書、76頁。

⑸　卞乾孫編『河北省清苑県事情』地方事情調査資料第2号、新民会中央指導部出版部（1938年）28頁・166頁。

⑸　神野尚起「北支農業事情の一端―河北省清苑県張登鎮に於て」（日本米穀協会事務所『食糧経済』第6巻第3号、1940年3月）94～97頁。

⑸　北支那開発株式会社調査局『労働力資源調査報告書（一）（河北省満城県）』経第1号（1942年）5～12頁・17～18頁。

⑸　陳佩編『河北省定県事情』地方事情調査資料第10号、新民会中央指導部出版部（1939年）59頁・107頁。

⑸　北支経済調査所編『事変下の北支農村―河北省定県内一農村実態調査報告―』満鉄調査研究資料第56編・北支調査資料第29輯、南満州鉄道株式会社（1942年）1頁・3頁・8頁・13頁。

⑸　卞乾孫編『河北省徐水県事情』地方事情調査資料第1号、新民会中央指導部（1938年）16頁・71頁。

⑸　陳佩編『河北省望都県事情』地方事情調査資料第11号、新民会中央指導部出版部（1939年）43頁・85頁。

⑸　卞乾孫編『河北省定興県事情』地方事情調査資料第5号、新民会中央指導部出版部（1939年）18頁・61頁。

⑸　「唐山地区」（華北合作事業総会『華北食糧需給状況調査報告書』1943年）1頁。

⑹　陳佩編『河北省楽亭県事情』地方事情調査資料第7号、新民会中央指導部（1939年）37頁・89頁。

⑹　陳佩編『河北省昌黎県事情』地方事情調査資料第9号、中華民国新民会中央総会（1940年）52頁・96頁。

⑹　陳佩編『河北省豊潤県事情』地方事情調査資料第9号、新民会中央総会（1940年）41頁・81頁。

⑹　陳佩編『河北省灤県事情及唐山市事情』地方事情調査資料第12号、新民会中央指導部出版部（1940年）54頁・192頁。

⑹　「概要」（華北合作事業総会『華北食糧需給状況調査報告書』1943年）2頁。

⑹　大橋育英「棉花と食糧―河北省邯鄲県河辺張庄調査報告」（国立北京大学農村経済研究所『報告長編』第2号、1944年2月）51頁・58～62頁・65頁。なお、この中間報告として大橋育英「棉花と食糧（中間報告）（河北省邯鄲県河辺張庄調査報告）」（国立北京大学農村経

202

済研究所『研究所ノート』第19輯、1943年2月10日）がある。

⑹　中村孝義「典、特に「不離槽」の典に就いて：河北省邯鄲県乾河溝村の一調査」（国立北
　京大学農学院中国農村経済研究所『報告長編』第3号、1944年10月）81頁・85〜86頁。

⑺　前掲書『河北省ニ於ケル農産物ノ生産蒐荷機構ノ組織運営ニ関スル調査』46頁。

第4章　河南省・山西省における食糧事情

はじめに

　華北の中でも、内陸部に位置する河南省と山西省は、沿海部に位置する山東省や河北省と比べれば、経済的には後進地域だったと言える。また、すでに本書の第Ⅰ部で見たように、民国前期の山東省と河北省についてはやや詳細に農村経済や食糧事情について論じることができたが、河南省のそれについては主に文献資料上の制約からまったく言及することができず、また山西省も紙幅の都合から割愛せざるをえなかった。

　そもそも、河南省は、1937年の日中全面戦争勃発以前すなわち民国前期においては中国で最大の小麦の生産地だった（第Ⅰ部第1章の表3-1と表3-2を参照）。ところが、1942年の調査によれば、河南省「帰徳地区以外ハ依然出回リ僅少ナルマ、推移」し、食糧の「自給可能ナル部落」は「殆ンド無ク事実草木ノ葉根ニ漸ク生命力ヲ保持シツツア」り、「流民化シタル民衆ハ遠ク山西或ハ河北ノ糧穀地帯ヲ求メテ移動シツツア」ったという[1]。

　このように、日中全面戦争時期の河南省における食糧事情や農村経済に関する文献資料はいくつか存在している。だが、これに関連した研究や言及した研究は管見の限りでは見当たらない。

　一方、日中全面戦争時期に日本側によって刊行された山西省農村社会経済に関する調査報告書はいくつかある。だが、これまで山西省の農村経済や食糧事情について本格的に論じた研究は見当たらない[2]。ただし、「食糧問題からすれば雑穀を主体とする充足の状態であつて、小麦のみに依ることは出来ない」と説明されているのみである[3]。また、中国でも『山西近代経済史』（1995年）が抗日戦争時期に山西省は食糧が不足するようになり、とりわけ1942年には山西省太原市付近一帯と河北省・河南省・山東省が大凶作に見舞われたために、食糧価格が急騰し、閻錫山が支配する山西省西部の民衆は食糧を搾取されて食糧が尽きたと説明しているにすぎない[4]。

第Ⅱ部　戦時：民国後期（1937～49年）

　ところで、山西省では小麦をはじめとする主要農産物の生産量が華北の中で最下位にあった点で、河南省とは対照的である。

　そこで、本章では、華北のうち沿海部に位置する山東省や河北省と比較するために、日中全面戦争時期における河南省と山西省の食糧事情について農村経済との関わりから分析してみたい。

1．河南省

⑴　新郷地区

　河南省新郷市は、京漢線と道清線の交差点にあり、また、山東省臨清を経て天津市に至る衛河航運の終点でもあり、さらに、河南省と山西省（潞安・太原）とを結ぶ交易路の起点でもあった。そして、隣接する湖北省「漢口方面より山西に入る商貨、山西より運出される土産物、及び焦作・柏山等より採掘される石炭等は新郷に於て積換へられる事が多」かった[5]。

　新郷・汲・濬・淇・湯陰・輝・獲嘉・修武・武陟・清化・沁陽・温・孟・済源・陽武・原武・延津・滑18県からなる「豫北道新郷地区」（「豫」は河南省の異名）は、華北の穀倉地帯で、その周辺に延津・封邱・陽武・原武・獲嘉・修武・輝県などの「比較的農産物ノ産出豊富ナル背後地ヲ擁シ、更ニ南方鄭州、洛陽方面ノ穀倉地帯ヲ控ヘテ小麦、雑穀、鶏卵、薬草等ノ集散中継市場トシテ重キヲナシ」、食糧は平年作で1～2割の余剰があり、移出が可能だった[6]。

　新郷地区では、1940年度は「頗ル豊作」で、「京漢地区其他へ小麦、雑穀共二千数百車ヲ移出」し、翌1941年度は平年作以下ながらも、他の地区へ「100車」（326トン）を移出した。だが、1942年度は「未曾有ノ旱害」によって「雑穀ノ極度ノ不作ガ予想サレ」、また、「小麦価格ノミ低位ニ統制セラレ」、「雑穀価格ガ統制サレズニ自由価格ニ放任サレタコトハ小麦ノ出回リヲ愈々極減セシメ、早クモ食糧不足ハ急ヲ告ゲ」、「未曾有ノ食糧飢饉ニ見舞ハレ」た。こうして、新郷地区では1942年「夏期以来ノ未曾有ノ旱魃ニ拠ル凶作ト他地ヨリノ補給困難ナル現状ニ於テ未曾有ノ食糧異変ヲ生ジ」、「人口ノ3割ハ辛ウジテ穀食ヲ維持シ、4割ガ雑食ニヨリテ露命ヲツナギ、3割ガ草根木皮ヲ食シテ餓死浮浪氏トシテ彷徨シ」、特に「旱害ノ最モ甚ダカリシ京漢線西部山地トノ中間地帯、東部滑県等ニ於テハ食糧ノ絶対的不足ノタメ8月下旬雑穀ノ出来秋以前ヨリ難民ヲ発生シ」、「食糧価格ノ低キ山西其他ノ地方へ続々ト移動ヲ開始シ」、その「移動難民総数計

206

27万人ニ上ツタ」という。

そもそも、新郷地区では、10畝以下の小規模な零細経営農家は「殆ド小麦ヲ食スルコトナク」、また、5〜60畝の「中農」は「正月或ハ其ノ他ノ節句、吉慶事ノ時ニ食スルノミニテ、其ノ収穫量ノ全部或ハ大部分ハ負債ノ返済日用必需品ノ購入等ノタメノ現金入用ノ必要ニ迫ラレテ少量ヅヽ売却スルノデアツテ、大農及ビ地主ニナルト、相当余剰販売量ヲ有スルト共ニ、其ノ自己消費部分モ増加シテ通常主食分ノ3分ノ1程度ト言ハレテイ」た[7]。

新郷地区では、隣接する江蘇省北部の海州地区で「糧食販子其他」が「雑穀ノ出回並安値ヲ狙ツテ、個々買出シニ出」て新郷に持ち帰って売却したが、このように江蘇省「海州ヨリ少量ヅヽ移入サレタモノガ農村ニ逆流」したのは、同「県城或ハ沿線都市相場ヨリ却ツテ農村価格ガ上回ル場合サヘアツタ」からである。また、「農家庭先相場ヨリ都市糧桟ニ至ル各段階ニ於ケル価格」について、「買方ノ側ノ買漁リ傾向ガ強クナレル結果ハ反ツテ或ル場合ニ於テハ都市糧桟価格ヲ上回ル傾向サヘ示シ」たのは「劣等品質ノモノ或ハ石粒、土屑、夾雑物ヲ混入シテ」価格差を「充分ニカバーシ、尚相当ノ利益ヲ見テキル」ためである[8]。

1943年の新郷地区における小麦収買「不良の原因」については、「3年来の飢饉に遭つて農民が売惜しみしたこと」、彰徳県内の「綿花地区」に「年額1億円の綿花資金が放出され」、「相当の牽制を食つて闇取引が多いと見られたこと」、「帰順兵」に対して「年3万トン位の雑穀消費量を予想しなければならぬ点」、蝗の害、不安定な治安状況などがあげられている[9]。

最後に、旱害に見舞われた1942年に調査が行われた新郷県の一農村を取り上げ、食糧事情の一端を明らかにしたい。

新郷県城から東北へ約4kmのところにあった暢崗村は、「灌漑用の井戸は非常に発達し全耕地面積の約3分の1が灌漑地で」、同「県城を近くに控へ有利な蔬菜の消費地を持つ関係から、蔬菜栽培も相当に発達し」ていた。また、暢崗村の冬作物は小麦と大麦で、夏作物は主に玉蜀黍と粟で、高粱は非常に少なく、作付率は小麦が51％、玉蜀黍が23％、粟が14％だった。そして、暢崗村では「事変前」に収穫の40％が販売され、とりわけ小麦の販売は「唯一の現金収入の道」だったが、「事変後」は「農産物、生活費の高騰、販売組織の複雑化農業外の現金収入の増加等に依つて、その販売量は微々たるものになり、ほとんど自家の食糧として消費されるに至」り、10〜20％を販売し、「残りはほとんど自家消費に

第Ⅱ部　戦時：民国後期（1937～49年）

宛て」られ、「農民のほとんど全部は白麺を食べゐ」た。こうして、日中全面戦争時期に暢崗村の「農民の食糧は自給自足的傾向が強く」なり、農民の主食は粟・玉蜀黍から小麦になった。そして、注目すべき点は、「中農以上」の農家は「農産物の高騰に伴つて、何時にても之等農産物を高価に販売する事が出来、又其の農産物の少量販売で多額の収入を得る為に、現金支出例へば税金等の支払をなしても余剰がある」ので、「昔に比べて農産物の販売が少くてすむ」うえに、「売菜等の副業的収入がある」のに対して、「貧農は土地より上る農産物は僅で、此の少量の物を全部売却しても、支出額には当然達せず」、「筋肉労働者として日を送る」しかなかった。ちなみに、暢崗村では「自家食糧すら当然購入せねばならないと思はれる 10 畝以下の耕地所有者は合計 66％にのぼ」っていた[10]。

　以上のことから、日中全面戦争時期には河南省でも小麦の市場への出回量が減少した事情の一端を知ることができる。すなわち、新郷地区では、小麦の低価強制買付によって農民の主食だった雑穀に対する需要が高まったために、雑穀の価格が高騰し、農民の多くが雑穀よりもむしろ相対的に安価となった小麦を主食とするようになり、小麦の市場への出回量が減少した。こうして、県城近郊の農村でも当初より販売目的で生産されていた小麦が日中全面戦争時期には食糧不足によって自家消費に充てられ、その代わりとして当初より販売を目的とする蔬菜の栽培が拡大し、同時に家計に占める農業外収入の比率も増加していった。

(2)　開封地区

　開封地区の「蒐荷」（集荷）圏すなわち後背地は、開封（開封市を含む）・杞・陳留・通許・蘭封・考城・中牟・長垣・東明・濮陽 10 県で、1942 年末～1943 年3 月頃には開封地区の食糧難は「極限ニ達シ、山西方面、徐州方面ニ避難スルモノ数十万人、餓死セルモノ幾千人」となり、「雑草、樹木ノ新芽等ニテ辛ジテ食ヲ継」いでいた。このため、1942 年度後半期には「食糧品ノ逆流」が発生し、「小麦ニ比シテ常ニ低位ニアルベキ雑穀ガ高位ニナル変調ヲ来シ」、「民食ハ愈々雑穀ノ買アサリニ向」かった。「管内小麦雑穀ノ生産高、予想以上ノ不成績ナリシ為、農村保有量殆ンド無ク、蒐荷不能ナルノミナラズ農村ニ於テハ農地、家畜、農具、木材等ノ乱売続出シ、離村者ノ流亡数十万ニ達スト称セラレ」た[11]。

　1943 年の開封地区における「小麦の収買不良の原因」については、小麦の作柄が平年より悪かったこと、小麦の作付面積が減少したこと、「公定価格によつ

て下落しようとした価格が再上昇したこと」「中国軍隊の食糧は県公署が手当する」ことになっていたが、食糧が手当てされなかった河南省に駐屯していた「中国軍隊」が「自軍の食糧調達のために県外搬出を禁止いたし、太康県、柘城では商社の買付をも禁止した」こと、蝗の害があったことなどがあげられている。また、「農民は検収される農産物に態と夾雑物を混入いたしましてハネられることを予期する様な傾向が出て」きており、「ハネられたものはどんどん横流れさせる、即ち磨坊へ流し込む様なこと」が「相当ある」とされ、小麦の「統制外の取引」が拡大していた[12]。

一方、開封の食糧状況は「出回薄ト操作材料不足ノ為」、1942年の食糧価格は8月から漸騰し、開封「市内糧桟ヲ調査セル時、各商社共、相当量ノ在貨アリテ、買溜メ、売惜ミノ傾向濃厚」となり、同年「12月ニ入ルヤ主要食糧価格ハ突如トシテ一斉ニ奔騰ヲ開始シ」た[13]。

1939年以来の「京津地区ノ雑穀昂騰ハ当然開封地区ニモ波及シ開封ヲ中心トスル隴海線一帯モ亦急騰シ」た。よって、河南省で「河北一帯ノ食料難ヲ緩和スルタメ雑穀ノ省外移出」を実施すれば、河南省内の雑穀価格は急騰することになった[14]。

(3) 帰徳地区

民権・睢・寧陵・太康・拓城・商邱・虞城・夏邑・永城・廉邑・淮陽11県からなる「河南省予東道」(「予」は「豫」すなわち河南省の異名) 帰徳地区では、小麦の作付率が49.7%だったが、華北「全体ノ平年作ニ於テ39.8%テアルニ対シ」て「圧倒的ニ高」く、「華北ノ穀倉地帯」となっていた。そして、帰徳地区の「農産物背後圏トシテハ更ニ安徽省亳県、山東省南部ノ曹県、単県等カ包含サレ」ていた。このため、「小麦協会帰徳支部ノ収買地域」は、「帰徳特務機関管区テアル予東道」の11県に加えて、山東省単・曹2県、安徽省亳県にも及び、1942年6月以降実施された「指定収買人制ニヨル収買方法」が「収買成績甚夕挙カラサルモノカアツタタメ9月13日ヨリ強制収買ヲ実施シタ」が、1942年6月〜1943年4月末の「収買実績」は目標の4分の1にすぎず、とりわけ1942年9月13日〜1943年1月は14%にすぎなかった。そもそも、1942年度の生産は「小麦ニ於テ略々平年作ニ近イ作況ヲ示シタカ雑穀ハ旱害ト蝗害ニ拠ツテ凶作テ5、6分作」にとどまった。このように、「小麦ノ作況カ比較的良好テアツタニ

第Ⅱ部　戦時：民国後期（1937〜49年）

モ不拘雑穀カ旱害ト蝗害トニヨッテ甚タシイ不作」で、寧陵・睢県・拓城・太康・廉邑の各県では「全滅ニ瀕セル地域モ見ラレ」、「自家食糧トシテ小麦カ消費サレ従ツテ小麦ノ出回ハ著シク阻害サレ」た[15]。

「収買踏出価格」は「100 斤」当たり「60 円カ市場価格ノ昂騰ニモ不拘何等柔軟性ヲ有タセス終始固守サレ収買価格ト市場価格トノ価格差ノ拡大カ収買不可能ニ陥ラシメ」、また、「指定収買人ノ収買セルモノカ小麦協会ニハ納入サレス横流シサレ」、あるいは、「強制収買価格カ自由価格ト著シク隔ツテヰルコトハ供出者側ノ非協力的行動ヲ誘発セシメタ」という[16]。

帰徳地区における食糧の消費状況を見てみると、「事変前中農以上ハ麺粉、小麦粉カ 80％以上ヲ占メテ之カ主食トナツテオリ就中麺粉ノ消費カ最モ多ク高粱麺ハ月ニ 4、5回而モ変化ヲ求メルタメニ食スルトイフ程度」だった。だが、1942 年には「中農以下ハ出回後幾何モナクシテ消費シ尽シ旧正後ニハ欠乏甚タシク食糧ヲ購入シ而モ草根木皮ヲ雑糧又ハ豆餅ト混合シ 1日 2食乃至ハ 1食ト」なっていた[17]。なお、帰徳地区では、小麦の収買をめぐって「農民の方では売り惜しみをする、捨てゝ置けば又耀り上げる、其の間相当敵地区にも流れた」としている[18]。

帰徳地区に属する商邱地区は、「一部アルカリ地帯ヲ含ムガ総ジテ地味肥沃デアル、農産物トシテハ小麦最モ多ク、高粱、大豆、粟、胡麻、落花生、大麦等ノ産額モ相当量ニ達シテ居」た。だが、商邱地区では「軍管理工場ヨリ配給サレル」「白麺ハ勿論非常ニ低価格デ為サレテ居ルノデアルガ、其ノ割当量ガ非常ニ制限サレテ居ル為、移入サレタ安イ白麺ハ殆ド官庁ヤ特別ナ方面ニ於テ消費サレルノミデ不足ヲ告ゲ、一般民需ニハ殆ド行亘ラザル状態」で、「而モ小麦ノ買付価格」が「甚シキ低価格デアル為」に「指定商人ノ手ニマデ出回ラズ、直接農家及糧桟ニ於テ磨坊粉トナリ、或ハ敵地区及津浦沿線ノ価格ノ高キ方面ニ流出スル状態」だった。こうして、1941 年には「白麺ト磨坊粉ノ市価ハ逆現象ヲ呈シ」、1942 年にも「白麺ノ配給価格 1袋 17.50 円ニ対シ、磨坊粉ハ 21.00 円（換算）ニ達シテ居」た[19]。

(4)　彰徳県

河南省北端に位置する彰徳県（現在、安陽市に属す）は、主要農産物の棉花・小麦・粟のうち、県外に移出されたのは棉花と一部の小麦で、粟はほとんどが県

第4章　河南省・山西省における食糧事情

内で消費された。また、県内の農家の大部分は自作農だったが、零細経営が多く、「農家の労働力の季節的余剰」を生み出していた[20]。

　彰徳県は河南省「北部棉作地帯の中心」地であり、「背後地よりの棉花及び小麦、天津・済南・上海及び漢口よりの雑貨其他農民必需物資の交流に依つて繁栄を続けて来た」ために、「棉作農家にして自家の食糧生産不充分のものは他より食糧を購入しなければならないから、背後地内部に於て糧穀の移動が行はれ」ていたが、その「糧穀の搬出地方」は彰徳・滑県・濬県・新豊・南楽・内黄・臨障・湯蔭・濮陽等の諸県となっており、さらに「事変前は鉄路南方から小麦其他糧穀が移入されて居た」が、日中全面戦争時期には京漢線による南方からの小麦の移入が杜絶したという。また、大和恒麺粉廠の推計によれば、彰徳県における1937年前後の集荷量は、小麦が5,500万斤（斤は「老斤」で、小麦1「老斤」は約200「老斤半」、1「老斤」は1.13市斤）から1,000万斤へ激減し、雑穀が600万斤から300万斤へ減少し、また、当該地の消費量も、小麦が5,000万斤から600万斤へ、雑穀が500万斤から200万斤へ減少したという。なお、当該地の消費量にはその周辺の棉作地農村への供給量を含んでいるとされている[21]。

　このように、棉作地区への食糧穀物の供給量が激減したことは、食糧穀物を購入していた棉花栽培農家の作付けにも大きな影響を及ぼしたか、あるいは、食糧穀物の流通経路にも大きな変化を生じさせたと考えられる。なお、河南省における「供出割当並ニ蒐荷率」は帰徳地区が小麦ニ於テモ雑穀ニ於テモ圧倒的ナ比重ヲ持ツテヰ」て、小麦においては帰徳地区への割当は河南省全体ノ約75％、雑穀においては約68％だった。「糧桟ノ見返リ物資操作ハ結局小麦公定価格ヲ実質的ニハ無視シ、低物価政策ト背馳シ、価格昂騰ノ1ツノ貢桿トナツテヰ」た[22]。

(5)　小　結

　小麦の栽培面積と生産量がともに民国前期の中国において第1位を占めていた河南省では、食糧穀物の中でも粟・高粱・玉蜀黍などの雑穀と比べて相対的に高価な小麦の多くは販売されていた。ところが、日中全面戦争時期になると、「小麦価格ノミ低位ニ統制」された結果、逆に雑穀よりも安価となった小麦を自家消費用の食糧に充てるようになり、小麦の市場への出回りは激減した。こうして、全体として戦時期に河南省農民の食糧穀物生産は自給自足的傾向を強めていった。だが、商品経済段階から自給自足的経済段階へ後戻りすることが不可能と

211

第Ⅱ部　戦時：民国後期（1937〜49年）

なっていた貧農層は新たに都市部へ賃金労働者として出稼ぎに出るなどしており、農村経済は部分的に自給自足的経済へ逆流するような現象もみられたものの、全体としては労働力をも商品として販売するなど、商品経済が発展する流れは継続していた。

2．山西省

⑴　食糧事情

　日中全面戦争中、山西省では「普遍的ニ小麦カ生産サレナカラ其ノ生産量ノ絶対多数カ農村ニ於テ自家消費サレテ居リ、商品化スル小麦ハ極メテ寥々タルモノテ而モ其ノ58%ハ都市及鎮ニ於ケル磨坊原料ニ供サレ」、機械製粉工場の原料となったのは全生産量のわずか3%にすぎなかった[23]。このように、小麦の商品化率が低かったのはいわゆる戦時期の経済環境によってもたらされた結果だったと言える。

　河北・山東・江蘇・山西4省10か所における1940年の調査によれば、小麦の生産費用は「山西省臨汾に於ける8.36円を最低とし、河北省石門に於ける34.88円を最高とし」、「臨汾に於ける小麦の1官畝当り収量は48市斤であるのに対し、石門に於けるそれは207市斤」だった[24]。このことから、山西省における小麦の生産コストはかなり低かったが、単位面積当たりの収穫量もかなり低かったことがわかる。

　1944年には山西省における「低物価政策ニヨリ農産物収買価格ハ極メテ低廉」になったのに対して、生産費はむしろ高騰して「収買価格ノ数倍以上ニ達シ」、また、市場価格ハ極メテ高価格ニシテ収買価格トノ開キ」が大きくなってしまった。その結果として、「山西省農家経済ハ窮迫ノ度ヲ刻々増シ今ヤ其ノ再生産ニ対スル打撃ハ表面化セントシ」としていた[25]。

　山西省のうち、南部の霍県以南では棉花・煙草・小麦・玉蜀黍などの「高温性ノ作物ニ適」し、中部の「忻県以南、霍県以北、楡次、太原ヲ中心トスル地区」では「小麦、粟、高粱、玉蜀黍、豆等ヲ主トシ」、北部の忻県以北では「粟、燕麦、馬鈴薯、豆類ノ作物ヲ主ト」していた[26]。

　山西省は華北の中でも「農家毎戸当耕地面積カ最モ多ク平年ニ於テハ自給自足シ得ルノミナラス且ツ亦一部分ハ石家荘ヲ経由シテ」「京漢沿線地帯ニ移出セラレ多キトキハ10万䩾ニ達シ」た。だが、1939年には「旱害ヲ蒙リ」、山西省の

第4章　河南省・山西省における食糧事情

「北部及山岳地帯ノ高燥地ニ於テハ収穫高半減又ハ皆無ノ処多」かった。また、各農産物の生産量を見てみると、北部の「雁門道」では粟が第1位を占めていたが、中部の「冀寧道」では小麦が最も多く、これに粟・高粱・玉蜀黍・黍・蕎麦・豆類等が次ぎ、南部の「河東道」でも小麦が最も多く、粟・玉蜀黍・高粱・大麦・豆類が次ぐなど、山西省では小麦の生産が「圧倒的大数ヲ占メテ」いた。一方、「最モ下級ナ穀物ナル」燕麦については、北部では繁崎・定襄・静楽・神池の最北部に多く、作付率が30％以上を占めたのに対して、中部では燕麦はきわめてわずかで、南部では燕麦の生産は全然なかった[27]。

　山西省北部の農民は粟・高粱・莜麦を主食とし、中部・南部の農民は小麦・粟・高粱を主食とし[28]、あるいは、山西省の主食は小麦・粟・高粱・燕麦・玉蜀黍・豆類だったが、「南部ハ小麦ヲ第一位トシ中部ハ高粱、東西ノ両部ハ粟北部ハ燕麦ヲ以テ主要食料品ト」していたという。ちなみに、1939年度の「山西省建設庁調査ニ拠ル」消費食糧の比率は小麦が24.87％・粟が19.79％・高粱が9.49％・糜子（うるち黍）が8.96％・燕麦が8.78％・蕎麦が8.59％・豌豆が4.21％・玉蜀黍が3.58％・大豆が2.27％・黍子が1.91％・黒豆が1.78％・大麦が1.17％・胡麻が0.54％・米が0.43％・蚕豆が0.25％・その他が3.38％となっていた。また、雑穀は家畜の飼料、「酒、酸、味噌、醤油及豆腐等ノ製造」、種子としても消費された[29]。

　山西省中部の襄垣・沁・武郷・遼・楡社・沁源6県は「平年ニ於テハ生産雑穀ノ約2割ヲ余剰トシテ出シ」、主に「太原、平遙方面へ又多少ハ安沢、浮山方面へ流出」していた。また、潞安を中心とする山西省南部の長治・長子・壺関・潞城・屯留・黎城・平順7県のうち、黎城・平順2県は「山嶽地帯デアツテ平年ニ於テ尚糧穀不足ノ状態ヲ示スガ、此ノ2県ヲ除ケバ当地域ハ大体3割5分ノ余剰雑穀ヲ持ツ豊饒地デアツテソレハ主トシテ河南、河北方面及安沢、浮山ノ山嶽地区ニ流レル」という。さらに、沢州地域（高平・晋城・陽城・陸川4県）は小麦の主要な生産地だが、その生産量は「殆ンド余剰ヲ持タザルノミカ」、晋城県以外は全て不足していたために、「大体地場生産ノ小麦ヲ主トシテ河南方面へ出シ、其ノ金ヲ以テ自家消費用ニヨリ安価ナ潞安地域ノ雑穀ヲ入レル」という[30]。

　山西省では、南部の潞安と運城およびその周辺一帯が主要な食糧作物生産地だった。だが、「運城地区（行政区域トシテハ略河東道ト一致ス）ニ於ケル小麦ノ生産ハ平年650―660万担」であり、そのうち500万担までが運城地区内で消

213

費され、残りの150万～160万担が移出された[31]。もとより、運城地区は「山西省随一ノ穀倉地帯ニシテ省内ニ小麦・雑穀ヲ供給スルト共ニ棉花ノ主産地テモアリ」、「事変前ニ於ケル生産ハ小麦約350万担、棉花約30万担、粟・玉蜀黍・高粱ノ雑穀60—70万担トサレテヰルカ、事変後ハ其ノ生産及移出ノ廸量カ減少シ」たが、「事変前後ヲ通シテ著シイ変化ヲ見タルモノハ、雑貨商・食料品商ノ激増」であり、とりわけ食料品商は4戸から87戸に増加したという。また、「収買雑穀ハ、粟・玉蜀黍・緑豆・莞豆・黒豆・芝麻（胡麻）等テアルカ、主トシテ民需用トシテ配給セラレ、粟ハ軍管理工場労働者ノ食糧トシテ確保サレ」た。なお、1937年7月～1941年3月の運城における主要物資の物価指数を見ると、「主要農産品タル麺粉（付近農民ハ麦粉ヲ常食トシ余剰ヲ販売シテヰル）・小麦・粟・玉蜀黍等ノ指数カ150内外ナルニ対シ、一般必需物資ノ指数ハ300内外ニ達シ」、鋏状価格差は拡大していた[32]。

これに対して、潞安盆地は「人口稠密で農産物の余剰を殆んど持たない県と人口希薄で耕地が広く、1人当耕地面積が豊かで余剰の穀物を豊富に持つ県に分れ」、「穀物の豊富な余剰を持つ県は盆地西部」の屯留・長子・襄垣3県で、1937年の「事変前は80%乃至それ以上が邯臼、豊楽、彰徳等京漢線沿線に流出し」た。そして、農民は「比較的高価で商品性に富むものは売却し、多く安価なものを食べ」、「一農家の作付は年々同一の割合で主食物を作付する訳でなく、相当の変動があり」、各々の土地で「作られる作物の多寡に応じて、それら主食物間の比価を異にする事情が伏在」していた。例えば、長治県第一区史家荘の主要な作物は粟・玉蜀黍・高粱・黒豆・黍・小麦などで、「小麦の後作を作らぬ関係から、小麦の作付歩合は少な」く、「従つて農家の主食物の多くは粟と玉蜀黍であるが、粟は玉蜀黍に比して高価であり、高価に売却し得るため、農家は余剰があれば主として粟を売り、玉蜀黍をより多く食べる」が、「富める家は粟を多く食べるし、貧しい家は玉蜀黍を食べる回数が多くなる」という。なお、「食品形態」は、粟の場合には「御飯に焚くか、お粥にするかで」、玉蜀黍の場合は「粉に挽く、そして餄餎（餄餎と称する道具で圧出して「ウドン」状のものにしたのを当地では、ホーラと発音する）或ひは誤奇（大きな饅頭形にしたもの）にして食べ」、高粱も玉蜀黍と同様に一度粉にして「楡皮粉を混じて餄餎若しくは誤奇にして食べ」ていた。これに対して、晋城県第四区峪南荘では「長治県方面とは作物作付の形態が異なり、純然たる二年三作の形になるので、生産物に依存する主食物は

第4章　河南省・山西省における食糧事情

小麦、粟、黄豆、高粱、玉蜀黍等の順序になる」が、「東溝鎮の集市を間近に控へて居るので、穀物の購入販売が容易な所から、貧しいものは奥地から来る高粱玉蜀黍等を相当に購入」していた。また、晋城県第一区崗頭荘では作付状況が峪南村と酷似し、主食は粟・小麦・豆類・高粱で、小麦の消費量が潞安地区に比べて多く、玉蜀黍の作付が非常に少なく、消費量も非常に少なかった。なお、峪南村と崗頭村の特徴は「潞安近傍に比して、二年三作で地力維持の関係から豆類の作付が非常に多」く、「従つて豆類が食糧となつて多く粉の形で混合され」た[33]。

　一方、山西省西北部の静楽・嵐・興・岢嵐・五寨5県は耕地面積が全体の約6％にすぎず、主要な農産物は莜麦・大麦・小麦・豆類・馬鈴薯・燕麦で、その多くが自家消費され、太原や忻県へ移出されるのはきわめてわずかで、「住民一般ハ生活程度低ク粗食ニ甘ンシ粟、麺、山藷ヲ常食ト」していた[34]。

　静楽県の主要な農産物は粟・小麦・莜麦・黒豆・麻・馬鈴薯で、その若干が忻県・太原・清源・交城に移出された[35]。また、嵐県は「地勢が極めて高く」、「農作物の生育はあまり良好とは言い難」く、「土地の豊度極めて低く、一家の最低生活を維持するためにも極めて多くの農耕地を必要とする」とされ、例えば、「一家5人が過不足なき生活を維持し得るためには少くとも」50～60畝の農地を必要とすると言われていた。また、主要な作物は小麦・大麦・高粱・粟・糜子（うるち黍）・玉蜀黍・大豆・緑豆・黒豆・甘藷・蕎麦・燕麦・煙草だったが、その単位面積当たりの収穫量はきわめて少量だったので、県外に移出される農作物もきわめて少なく、「自給自足的な孤立的な経済生活を営んで来た」とは言うものの、「単純再生産すら不可能であり、近年来は年々縮少再生産を繰返して来た」[36]。「概ネ土民ノ消費スルトコロトナリ一部ハ静楽ヲ通シ」、忻県・太原へ移出され、嵐県も「静楽ト同様ニ衣類、日用雑貨ヲ輸入シ莜麦、羊毛等ノ農畜産品ヲ輸出」した[37]。

　これに対して、興県の主要な農産物は高粱・粟・小麦・棉花で、畜産品の県外搬出は僅少だった。また、岢嵐の主要な農産物は燕麦・豆類・雑穀・亜麻で、畜産品は「静楽ニ集中サレ忻県、太原ヘト搬出」された。さらに、五寨は「耕地面積広キ為岢嵐県、興県等ニ比較シテ産額モ多ク嵐県ト略同額ヲ産」し、畜産品の一部を寧武・静楽2県へ移出していた[38]。

　以上、山西省西北部の静楽・嵐・興・岢嵐・五寨5県は穀物などを生産することによっておおむね食糧は自給することができ、農産物の一部や畜産品を移出し

215

第Ⅱ部　戦時：民国後期（1937〜49年）

て必要な日用雑貨などを購入していた。

　さて、雑穀の出回状況を見てみると、まず、南部では、運城の「雑穀出回リ背後地」は解・夏・万泉・臨晋・猗氏5県で、小麦・玉蜀黍・高粱・粟・豆類の「出回カ主ナルモノ」で、「市場出回雑穀ハ地場消費ニ充当セラル、外ニ大部分ハ太原市及北部各県ニ移出」され、臨汾の「雑穀出回背後地ハ従前甚タ広ク事変前ニ於テハ潞安、浮山、安沢、蒲県、襄陵、汾城及郷寧ノ東部地方ヨリ多量ノ雑穀カ出回リ」、臨汾を「経由シテ他地方ニ移出」された。また、中部では、「雑穀ノ集散地」の太谷の背後地は祁・霊石・介休・沁・交城・文水・汾陽7県で、1937年の「事変前」は「出回量相当ニ多ク」、平遥の背後地は「汾陽及沁源ノ北部方面ヨリ出回」り、楡次は「集散市場ニシテ事変前」には多量の雑穀が南部の運城・臨汾・洪洞・趙城・霍・汾城6県、北部の忻・崞2県、東部の昔陽・和順2県などから楡次に出回り、太原市は山西省内の「中央集散地市場」で、「事変前」の「出回背後地ハ甚タ広汎」で、北部は繁峙・五台・定襄・崞・忻5県、南部は太原・徐溝・祁・太谷・文水・交城・汾陽・孝義8県、東部は楡次・寿陽・孟3県、西部は静楽・岢嵐・偏関3県などから太原市場に出回り、「地場消費ニ充当セラルル外ニ正太線ニヨツテ石家荘ニ移出」され、寿陽県は「事変前ニ於テハ他地方ニ多量移出ノ余力ヲ有」し、陽泉県は「消費市場ニシテ平年ニ於テモ雑穀ハ太原市楡次、太谷等方面ヨリ補給」され、祁県における農産物の出回りは「小麦最モ多ク粟、高粱之ニ次キ粟ハ地場消費ニ供セラ」れ、後背地としては「隣県数県ナルモ従前治安良好ナル年ニ於テハ石家荘ヨリモ出回」っていた。さらに、北部の寧武県は「山岳地帯ニシテ平年ニ於テモ出回数量ハ極メテ少ク他地方ヘノ移出余力ヲ有セサルモ只タ筱麦及筱麦粉（即チ燕麦）ハ神池、及五塞ヨリ」寧武を「経由シテ他地方ニ移出ヲナシ」、あるいは、寧武県の「商人カ筱麦ヲ買入シテ製粉シタル後再ヒ他地方ニ移出スルモノ極ク少数」で、「忻県ノ背後地トシテ静楽、定襄及寧武ノ南部ヲ有スルモ従来出回少」なく、原平鎮は「崞県ノ管轄ニ属シ事変前ニ於テハ雑穀ノ出回盛」んだった[39]。

　1939年10月〜1940年9月、山西省における雑穀の出回状況は、「稀有ノ災害ヲ蒙リ」、「地場出回量ハ甚タシク減少」し、運城では「不作ニヨリ出回量ハ平年ニ比シ頗ル減少」し、臨汾では「出回数量ハ極メテ少数ニシテ地場消費ニ当テラレ移出不可能」となり、太谷では「治安ノ影響及統制ニヨリ出回量ハ事変前ニ比シ5分ノ1ニ過キサル状態」で、平遥の後背地は「僅カニ県城周囲約40支里以

216

第4章 河南省・山西省における食糧事情

内ノ郷村ノミ」となり、「汾陽及沁源ノ北部方面ヨリ」の「出回ハ殆ントナ」くなった。楡次県は「治安ノ不良又ハ搬出禁止セラレタル関係上出回数量甚タ減少シ」、主に同「県城付近約50支里以内ノ地方ヨリ県城市場ニ出回ルニ過キス」、太原市は「事変後ハ治安尚確立セサルニ因リ出回範囲ハ甚タ縮小」し、「僅カ太谷、楡次及付近約40支里以内ノ地方ニ過キサル状態」で、寿陽県は1939年の「生産減、治安不良並ニ統制ノ影響ニヨリ出回数量ハ非常ニ減少」し、忻県は1939年度の「生産数量減少ノ為出回量ハ減少シ地場消費用トシテモ足ラサルカ故ニ運城、太谷及太原市ヨリ」玉蜀黍・高粱・小麦を移入し、その一部は逆に背後地に吸収され、原平鎮は「治安不良又ハ雑穀統制ニヨリ出回数量ハ極メテ減少セラレ地場出回モノハスヘテ地方消費ニ充」てられた[40]。

なお、山西省における「馬鈴薯の主要産地は晋北にしてその中、嵐県、大同、天鎮、応県、朔県等が多」く、馬鈴薯の生産量は平年作で800万担であるという[41]。

(2) 農村経済状況と食糧事情

まず、臨汾市近郊農村の1つである高河店村の経済状況および食糧事情について見てみたい。

臨汾市とその西南に位置する臨晋・虞郷・栄河・万泉・猗氏・解・夏・新絳・聞喜・絳・稷山・河津・永済13県は、「陝西河南両省ニ隣接シ黄河ニ依テ形成サレル三角地帯ニアル集中的小麦生産地帯」で、また、臨汾小麦市場の「集貨可能圏」でもあった。とりわけ「聞喜県地方ハ省内第一ノ麦作地帯テ其ノ作付生産共ニ首位ニア」った。ただし、小麦に対する「臨汾市場ノ需要ノ薄弱ニ依テ」小麦の「大半ハ河津及晋城ヲ移出ノ拠点トシテ陝西省西安並河南省孟、鞏、陝及霊豊ノ各県へ流出シテ居タ」。だが、「背後地圏ヨリ臨汾市場ヘノ集貨量ハ大体製粉工場ノ小麦需要量ニ磨坊製粉原料所要量、更ニ若干ノ移出量ヲ加ヘタモノト見テ差支ナク」、「事変後」は小麦の「省外ヘノ流出ヲ制約シ臨汾並運城ヘノ出回ルートカ集中シツツア」った。「殊ニ近時臨汾ノ中継市場トシテ多大ノ機能ヲ発揮スル運城市場ヘハ遠距離背後地ヨリノ集貨カ陸続トシテナサレ」ていた[42]。

たしかに、臨汾県公署の調査によると、1939年における臨汾県の作付面積は、小麦が32万畝、玉蜀黍12万畝、高粱が6.5万畝、粟が5.8万畝、緑豆が5,200畝などとなっていたが、供給超過とされた高粱と粟以外は、供給不足だったとさ

217

第Ⅱ部　戦時：民国後期（1937～49年）

れている[43]。また、臨汾県で栽培される蔬菜は主に白菜で、その作付面積は1,250畝、生産量は220万斤だった。一方、工業原料の農産物としては棉花が最大で、日中全面戦争勃発以前における平年の作付面積は7.5万畝だったが、1939年には1,339畝に激減し、同様に煙草も4,000畝から797畝に減少した[44]。

　日中全面戦争時期に臨汾県高河店村では「殆んど全部落の成年男子は、農閑期には野菜売に出るを常とする。而して婦女子は一般に自家生産の棉操りに従事し、その他に土布を織つたり土布を以て靴を作つたりしてゐ」たという[45]。高河店村における「組合せ耕作は事変前は主として高粱と白豆との間に行はれてゐた」が、「事変以来鉄道警備の必要から高粱の作付が禁止され」、玉蜀黍が「代作」された。また、高河店村の商品作物には棉花・白菜・煙草・西瓜などがあり、「事変前」に棉花の作付面積は本村の総耕地面積の約40％に当たる300畝に達し、商品化率は約50％に及んだ。また、白菜は「事変前」からも作付けされていたが、「事変以来」「棉花に代つて、最重要なる商業作物となつ」たという[46]。

　すなわち、高河店村では、「事変後県城に日本軍が駐屯したため」に「需要の著増によつて各戸が殆んど例外なく」白菜をつくり、作付面積は小麦と玉蜀黍に次いで第3位を占めるようになった[47]。

　以上のように、県城近郊農村の高河店村では、都市向けに販売される蔬菜の栽培が盛んで、同時に棉花も栽培されていた。臨汾県が全体として主要な穀物生産地だったことから、むしろ県城近郊の高河店村では蔬菜や棉花などの商品作物の栽培に特化して必要な食糧としての穀物を購入するようになっていた。

　さて、高河店村と比較するために、平遙県城近郊農村の南政村と同県城からやや離れた遠隔地に位置する平遙県第1区岳壁郷南載村について概観したい。

　まず、1940年12月10日～20日の約10日間にわたる山西省平遙県南政村において行った「農産物（小麦、高粱、玉蜀黍、粟）生産費調査」報告書は、調査・分析に基づく見解も示されており、注目に値する。すなわち、南政村では「製粉、綿紡織、燐寸製造、醸造、木材加工等」の「家内工業モ相当盛ニ行ハレテ居」たが、日本軍の侵略後は、「農耕用大家畜ノ徴発ニ依リ畜力ノ不足ハ相当深刻ニシテ犂耕ノ不能等ニ依ル農耕管理ニ相当ノ支障ヲ来シ」、また、農民が「先ツ食糧の自給自足ノ安全」を確保しようとしたために「棉花、豆類其ノ他特用作物カ食糧作物ニ転換サレ事変前ニ比シ其ノ作付面積ハ減少シ」た[48]。このよう

218

第4章　河南省・山西省における食糧事情

に、南政村でも、日本軍の侵略が農業生産を破壊するとともに、農産物の作付体系にも変化をもたらしていた。

　もともと、南政村は「戸数300戸中農業経営戸数284戸」であることから「純農村」とみなされていた。だが、経営面積では10畝未満層が48.2％を占めて最も多く、次いで10〜20畝未満層が30.9％となっており、「非常ニ零細過小農経営」で、「飢餓的生活」を送らざるをえず、「大多数ノ農家カ農業経営ノミニ依存シ得サル状況ニ置カレ」、「農戸ノ約30％ハ農耕ノミヲ以テ生活ヲ立テルモノニ非ス、商業及労働ヲ兼業ト為スコトニ依テ生計ヲ維持」していた。また、主要農産物のうちで「作付カ圧倒的ニ大キイ」「小麦ハ普通ノ農家ニ於テハ主要ナル換金作物テアツテ商品化サレテキル」。しかも、「農産物ノ販売ハ県城内ヨリ仲買業者カ来テ売渡スモノモアルカ（約30％）」、販売される農産物の「多クハ平遙県城内ニ各個ノ農民カ搬出シテ販売（約70％）シテキ」た[49]。

　このような事情から、南政村は「出稼商業及労働ヲ為ス者カ非常ニ多イ特殊ナ性格ヲ持ツ」とされている[50]。南政村においても、他の県城近郊農村で一般的に見られた脱農化あるいは過小農化・零細農化が進行していたと言える。

　平遙県は主要な食糧作物の生産地で、県城近郊農村である南政村では、販売目的の小麦が生産されていたが、これは、棉花栽培よりも小麦栽培による収益が高かったためであろう。

　なお、租税公課の中の水利費については、「水利費ハ全部小作人ノ負担テアル、斯クノ如ク富裕ナル上層農戸ノ経済負担力薄ク、貧困ナル下層農戸カ更ニ重圧ヲ加ヘラレ封建的遺制トシテ村落自治ニ於ケル政治的、経済的性質ヲ見ルコトカ出来ル」と見ていたが[51]、水利費の徴収については、単に「封建的遺制」としてのみ捉えるだけではなく、よりいっそう踏み込んだ分析・考察が必要であろう。

　以上に見てきたことから、以下の2つの疑問が生じる。まず、主に販売するために小麦を栽培していた南政村の農民は、もし生産した小麦をすべて販売していたとすれば、自家消費用食糧として何を購入していたのだろうか。また、農村において「相当盛ニ行ハレテ居」た「製粉、綿紡織、燐寸製造、醸造、木材加工等」の「家内工業」の詳細はまったく不明である。この点は、自作農が94％を占めるが、「零細過小農経営」が多いことの意味を考える際には重要であろうと思われる。というのは、さまざまな「家内工業」による収益の確保が「零細過小農経営」の存続を可能にしたと考えられるからである。

219

第Ⅱ部　戦時：民国後期（1937〜49年）

　一方、南載村では、日中戦争中の調査で「兼織農家」として確認することができた12戸は、「1経営を除けば、他は殆んど20畝以下の中小規模の農家であり、その中3経営は1畝以下の零細規模であ」ったが、平均的な経営収入構成を見ると、「農業収入46％、製織収入54％となつて居り」、「土布製織は副業よりも寧ろ主業に近」かった[52]。ただし、残念ながら、以上の資料だけでは南載村においてどのような農業が展開されていたのかについてはまったく言及されていないので、農村経済の実状を知ることはできないが、南載村でも土布業が零細農家の存続を可能にしていたと同時に、食糧穀物を購入する農家が多数いたと推測することができる。

⑶　小　結

　山西省は北部・中部・南部の3地域における較差が大きかった。すなわち、農産物の生産量では北部は粟が最も多かったが、中部・南部は小麦が最も多かったことから、主食についても、北部・中部が雑穀だったのに対して、南部は小麦だった。河南省と同様に、山西省も戦時期には小麦の低価強制買付によって商品化率は非常に低くなっていた。

　民国前期山西省における主要な食糧農産物は小麦・粟・高粱・玉蜀黍だったが、南部ではそれらの食糧農産物にとって棉花が対抗作物となっていた。1930年代に栽培が拡大したアメリカ種棉花は紡績工場の原棉として在来棉花より高価で買い上げられたために、また、農民の手織り綿布である土布生産の原料としても消費されていたことから食糧農産物よりも収益の高い農産物となっていた。

　ところが、戦時期には食糧農産物に対する需要が高まったために、棉花から食糧農産物への転作が起こったが、県城近郊農村では、蔬菜や棉花の栽培に特化して自家消費用食糧穀物を購入するようになったり、あるいは、農業外就労機会が拡大して脱農化・零細農化が進行する中で販売目的の小麦の栽培が拡大したりした。

おわりに

　河南省農村は経済発展が遅れて貧困であると考えられがちであるが、日中全面戦争が勃発する以前は華北の中の穀倉地帯として知られており、特に小麦の生産が最も盛んで、多くの農民が小麦を主食としていた。このような農村経済事情が

第4章　河南省・山西省における食糧事情

一変してしまったのは、日本軍による侵略・占領以降のことだった。そして、食糧事情に関する分析によっても省境を超えて経済圏が形成されていたことを確認することができる。それは各省ごとの自給自足的経済が完結してはいないことを示している。

　また、日本軍が予期していた数量の食糧収奪を不可能にしていた最大の原因は、日本軍の軍事行動による食糧農産物の生産・流通に対する二重の破壊であり、収奪と呼ぶに相応しい強制買収・低価収買政策の実施であった。すなわち、低価固定収買によって収買価格と激しいインフレが進行していた市場価格との差が急速・急激に拡大し、矛盾を深めていったが、もし大量の資金投入して市場価格以上の高価収買を実施すれば、インフレをよりいっそう助長するという悪循環に陥ることになる。そもそも、中国における食糧収奪を前提としていた日本にとって食糧を市場価格以上の高価で買い上げることは本末転倒であり、不可能なことであった。

　このように、日本の食糧収奪（軍事行動・侵略戦争と経済に関わる強制・統制）は農村経済発展の基本的な流れに明らかに逆行していた。

　他方、山西省農村経済も決して一様ではなく、北部・中部・南部の各地域によってかなり差異がみられた。この点は、各地域の食糧事情においてよりいっそう明らかに反映していた。

　だが、一方で、南部の臨汾県城近郊農村の高河店村に着目して見ると、他地域の都市近郊農村との共通点も見えてくる。すなわち、山西省においても都市近郊農村は非穀物生産地へと移行しており、食糧作物生産（食糧の自給自足型）から商品作物生産（食糧の購入）、さらに兼業（兼農）化・脱農化・工業（手工業）化・都市化という変化のパターンを見出すことができる。とりわけ、臨汾県城近郊農村の高河店村などの都市近郊農村でみられる商品作物生産は蔬菜栽培である。また、兼業化・脱農化の進行は農業外の就業機会の拡大と並行していた動きであるとみなすことができる。そして、このように食糧としての穀物を自給せずに購入する農家が大量に発生していたことは、穀物を販売目的で生産する動きを促進したとも考えられる。近現代中国農村における商品経済の発展は、穀物の商品化をも伴っていた。

221

第Ⅱ部　戦時：民国後期（1937〜49年）

注

(1)　「概要」（華北合作事業総会『華北食糧需給状況調査報告書』1943年）2頁。

(2)　高橋孝助『飢饉と救済の社会史』青木書店（2006年）第4章では清朝末期の山西省の穀物事情について論じているが、それに続く中華民国期に関する記載は見られない。また、内田知行『黄土の大地　1937〜1945　山西占領地の社会経済史』創土社（2005年）も山西省の農村経済に関わる分析はほとんどなく、抗日戦争時期の「山西省における物資の生産消費構造」（89頁）として若干言及されているにすぎない。

(3)　矢野信彦『山西経済の史的変遷と現段階』山西産業（1943年）104頁。

(4)　劉建生・劉鵬生ほか『山西近代経済史』山西経済出版社（1995年）467〜468頁。

(5)　大橋育英『京漢沿線主要都市を中心とする糧穀市場構造』研究資料第13号、国立北京大学附設農村経済研究所（1942年）72頁。

(6)　華北綜合調査研究所緊急食糧対策調査委員会『緊急食糧対策調査報告書　新郷地区』（1943年）1〜3頁。

(7)　同上書、2頁・16〜18頁・83〜84頁・93〜95頁。

(8)　同上書、97〜100頁。

(9)　華北綜合調査研究所緊急食糧対策調査委員会『華北各地区食糧収買事情（地区委員会幹事長会議報告要旨）』（1943年）71〜72頁。

(10)　国立北京大学農学院農業経済学教室『河南省新郷県暢岡村農村実態調査報告』（1943年）1頁・11頁・23頁・73〜74頁。

(11)　華北綜合調査研究所緊急食糧対策調査委員会『緊急食糧対策調査報告書　開封地区』（1943年）3〜4頁・16〜17頁・23〜24頁・44頁。

(12)　華北綜合調査研究所緊急食糧対策調査委員会『華北各地区食糧収買事情（地区委員会幹事長会議報告要旨）』（1943年）77〜80頁。

(13)　「河南省」（華北合作事業総会『華北食糧需給状況調査報告書』1943年）2〜3頁。

(14)　興亜院華北連絡部『河南省豫東地区雑穀ニ関スル調査』調査資料第39号、政務局調査所（1940年）1〜2頁。

(15)　華北綜合調査研究所緊急食糧対策調査委員会『緊急食糧対策調査報告書　帰徳地区』（1943年）1〜4頁・6〜8頁・11〜13頁・18頁。

(16)　同上書、14〜16頁。

(17)　同上書、41頁。

(18)　華北綜合調査研究所緊急食糧対策調査委員会『華北各地区食糧収買事情（地区委員会幹事長会議報告要旨）』（1943年）83〜85頁。

(19)　満鉄北支経済調査所『商邱地区物資流通事情調査報告書—商邱県城及駅前糧桟概況調査』（1942年）2頁・73〜74頁。

(20)　南満州鉄道株式会社調査部編『北支農村概況調査報告—彰徳県第1区宋村及侯七里店』日本評論社（1940年）1〜2頁。

(21)　大橋育英『京漢沿線主要都市を中心とする糧穀市場構造』研究資料第13号、国立北京大学附設農村経済研究所（1942年）66〜69頁。

(22)　上野達也『河南省に於ける小麦・雑穀の蒐荷に就て』生産蒐荷機構調査(3)、華北綜合調査

第4章　河南省・山西省における食糧事情

研究所緊急食糧対策調査委員会（1944年）6頁・41〜42頁。

⑵　満鉄・北支経済調査所編『北支製粉業立地調査―山西―』（1940年7月）16頁。

⑵　華北交通株式会社『鉄路愛護村に於ける昭和15年度主要農産物生産費調査報告書』華北
　　交通調．1第3号（1941年5月）7頁。

⑵　華北綜合調査研究所経済局第1部（上野達也）『山西省低物価政策ト農家経営ニ関スル覚
　　書』（1944年）要旨。

⑵　『山西省農業事情調査報告書』調査資料第8、華北産業科学研究所（1939年）25頁。

⑵　興亜院華北連絡部『山西省ニ於ケル雑穀調査』調査所調査資料第186号（経済第57号）
　　（1941年11月1日）6頁・8〜9頁

⑵　前掲書『山西省農業事情調査報告書』40頁。

⑵　前掲書『山西省ニ於ケル雑穀調査』13頁・19頁・22〜24頁。

⑶　華北綜合調査研究所緊急食糧対策調査委員会『緊急食糧対策調査報告書　潞安地区』
　　（1943年）3〜4頁。

⑶　華北綜合調査研究所緊急食糧対策調査委員会『緊急食糧対策調査報告書　運城地区』
　　（1943年）1頁。

⑶　満鉄・北支経済調査所『山西省運城地区農村概況調査報告書：安邑県第三区寺北曲村部落
　　調査ヲ中心トシテ』（1941年）3頁・57〜58頁・64頁・79頁。

⑶　北京大学附設農村経済研究所編『山西省潞沢地区農業概況報告』北京（1943年）72頁・
　　79〜85頁。

⑶　『山西省静楽、嵐県、興県、岢嵐、五寨各県事情調査報告』太原鉄路局総務処資料科
　　（1940年）3〜4頁。

⑶　同上書、8頁。

⑶　北支経済調査所編『嵐県地方社会経済状況並に共産党工作概況調査報告』満鉄調査部
　　（1941年）1頁・3頁・35頁。

⑶　前掲書『山西省静楽、嵐県、興県、岢嵐、五寨各県事情調査報告』26頁・29頁。

⑶　同上書、32頁・34頁・37〜39頁・42頁・44頁。

⑶　前掲書『山西省ニ於ケル雑穀調査』26頁・28〜42頁。

⑷　同上書、26頁・28〜32頁・34〜35頁・40頁・42頁。

⑷　東亜研究所『満鉄北支農村実態調査臨汾班参加報告第一部―事変前後を通じて見たる山西
　　省特に臨汾に関する調査』資料丙第101号D（1940年5月）235頁。

⑷　満鉄・北支経済調査所編『北支製粉業立地調査―山西―』（1940年7月）16頁・18〜19
　　頁。

⑷　東亜研究所『満鉄北支農村実態調査臨汾班参加報告第一部―事変前後を通じて見たる山西
　　省特に臨汾に関する調査』資料丙第101号D（1940年5月）234〜236頁。

⑷　同上書『満鉄北支農村実態調査臨汾班参加報告第一部―事変前後を通じて見たる山西省特
　　に臨汾に関する調査』236〜238頁。

⑷　東亜研究所『満鉄北支農村実態調査臨汾班参加報告第二部（上）―山西省臨汾県一農村の
　　基本的諸関係』資料丙第188号D（1941年4月）98頁。

⑷　東亜研究所『満鉄北支農村実態調査臨汾班参加報告第二部（下）―山西省臨汾県一農村の

223

第Ⅱ部　戦時：民国後期（1937〜49年）

　　基本的諸関係』資料丙第 188 号ノ 2 D（1941 年 6 月）42 頁・50 頁。
⑷　上村鎮威「山西省臨汾県高河店生産構造分析」（『東亜人文学報』第 1 巻第 4 号、1942 年
　　2 月）360 頁。
⑷　北支派遣軍篠塚部隊経理部（岸本光男執筆）『山西省農村概況調査—平遙ニ於ケル生産分
　　析ヲ中心トシテ』（1941 年）6 頁。
⑷　同上書、8 〜 13 頁。
⑸　同上書、47 頁。
⑸　同上書、27 〜 28 頁。
⑸　山本達弘「平遙土布の生産形態（上）」（『満鉄調査月報』第 23 巻第 1 号、1943 年 1 月）
　　24 〜 39 頁。なお、山本達弘「平遙土布の生産形態（下）」（『満鉄調査月報』第 23 巻第 2 号、
　　1943 年 2 月）の内容と合わせて、すでに満鉄北支経済調査所『平遙土布ノ生産形態』（1942
　　年 2 月）として刊行されていた。また、これと関連するものとして、平野虎雄・山本達弘
　　「山西に於ける織布業に就て」（『満鉄調査月報』第 21 巻第 10 号、1941 年 10 月）もある。

結

　狭義の中華民国期は1912〜49年というわずか40年足らずの短期間にすぎなかったが、中国農村経済の展開という点から見てみると、きわめて多くの困難を伴う激動の時期だったと言える。というのも、1913〜28年は軍閥割拠状態に陥った北京政府時期、1927〜37年は第一次国共内戦時期、1931年の長江大氾濫、1931年の満州事変によって中国東北部が日本によって本土から切り離されて成立した満州国時期（1932〜45年）、1937〜45年は日中全面戦争時期、1946〜49年は第二次国共内戦時期と続き、中国国民党によって中国全国がまがりなりにも統一されて本格的な経済建設が進められたのは南京国民政府時期（1927〜37年）の約10年間にすぎなかったからである。

　民国期（1912〜49年）とりわけ南京国民政府時期（1927〜37年）に中国経済が相当程度の発展をみたことは、すでに従来の研究によって明らかにされているものの、農村経済が同様に発展していたことについては依然として共通認識ないしは通説的理解になっているとは言えない。よって、本書の研究史上の意義は、単にこれまで本格的には研究されてこなかった、民国期中国における食糧問題の枠組を超えた食糧事情を取り上げたということにとどまらず、その食糧事情の基礎をなす民国期中国農村経済に対する理解について抜本的に捉え直しをせまった点にある。

　本書では、民国期中国の食糧事情について分析・考察することによって、近現代中国農村社会経済の構造的特質を明らかにすることを執筆の主要な目的とした。そもそも、従来の研究では食糧の需給関係すなわち食糧農産物の生産量とその消費量の関係に問題関心の重点が置かれてきたために、民国期中国農村における食糧不足が中国農民の貧困や中国農業経済の遅れとして捉えられてきた。そこで、本書では、このような捉え方を見直すために、農業経済という分析の枠組を超える農業・手工業・商業・運輸業・雑業などを含む農村経済という分析の枠組を設定し、また、食糧農産物の生産だけでなく、その流通と消費をも含む総合的

225

な食糧事情という観点を提示し、以下のような結論を得ることができた。

　まず、第Ⅰ部では、民国前期には全体として農産物の生産量およびその生産性に明確な上昇がみられなかったことから、農業経済の量的発展を見出すことは難しかったが、一方で、華北の農村ばかりではなく、主要な食糧農産物の生産地だった江蘇省の農村などへも大量の穀物が流入していたことから、農産物の生産量の少なさやその生産性の低さが食糧の不足とその移入をもたらしていたわけではなかったことを明らかにした。

　そもそも、民国前期の中国農村においては、商品経済が米や小麦などの穀物までも商品作物となるほどまでに広範に展開し、農民が生産する食糧農産物と自家消費用の食糧農産物とは必ずしも一致せず、地域間分業に基づく商品経済の広範な展開が食糧農産物の生産・消費の連鎖的構造を形成していた。すなわち、ジャポニカ種米を栽培することが可能だった江蘇省南部や浙江省北部・西部の農村では、ジャポニカ種米を栽培してそのほとんどすべてを販売し、より安価なインディカ種米を自家消費用の食糧として購入した。一方、水稲作地でありながら地理的および気候的な条件・環境からジャポニカ種米を栽培することができなかった江蘇省中部（主に裏下河地区）・安徽省・華中（長江上・中流域）では、インディカ種米を栽培してそのほとんどすべてを販売し、より安価な小麦を自家消費用の食糧として購入した。また、畑作地であったために米を栽培することができなかった江蘇省最北部・華北では、小麦を栽培してその大部分を販売し、より安価な高粱・粟・玉蜀黍などの雑穀を自家消費用の食糧として購入した。さらに、華北の中でも畑作地でありながら地理的および気候的な条件・環境から小麦を栽培することができなかった地域の農村では、高粱・粟・玉蜀黍などの雑穀や甘藷を栽培して自家消費する以外にその一部を販売していたところもあった。だが、甘藷の主要な生産地として知られていた山東半島の農村は決して経済的に発展の最底辺ないし最後尾に位置していたわけではなく、むしろ農村経済は相対的に発展していたと言える。

　このような食糧農産物の生産・消費の連鎖的構造は、穀物や芋類までもが当初より販売するために栽培されるほど、農村における商品経済の展開が深化していたことを反映していた。

　しかも、商品としての食糧農産物は、常に一方向に流れていたのではなく、時には状況の変化に応じて逆流することもあったし、その流通経路は常に流動性に

満ちていた。

　そして、耕作体系の中に工業原料である棉花などの非食糧農産物が加わり、作付け上で激しい競合関係が生じたことによって、食糧農産物の連鎖的構造をよりいっそう複雑なものにしていた。さらに、さまざまな農産物を商品作物として販売するだけではなく、それを加工する手工業が発展した。その代表的なものとして、土布業（手織り綿布業）や蚕糸業があった[1]。

　一方、浙江省・江西省・福建省などの山間部のように、農耕には不向きな相対的に貧しい農村では、経済的後進地域なるがゆえに土布業も展開することがなかったが、山間部なるがゆえに豊富に自生していた竹や樹皮を原材料とする手工製紙業（土紙業）が展開し、しかも、土紙業はむしろ近代になってからよりいっそう発展した[2]。

　このように、民国前期中国の農民は、みずからの労働力と資金を自家消費用の食糧農産物の単位面積当たりの増収をはかるために投入するよりも、よりいっそう収益の上がる非食糧農産物である商品作物の栽培や手工業・食品加工業・商業・運輸業・雑業などの農業外就労へ投入していた。

　以上のことから、民国時期中国では食糧農産物の生産量および生産性を停滞させる要因として、①食糧農産物から非食糧農産物（棉花など）への転作、②「高級な穀物」（米・小麦）の販売と「低級な穀物」（高粱・粟・玉蜀黍などの雑穀）や芋類の購入、③手工業の新興（土布業や土紙業）、④農業外就労機会の拡大による労働力の非農業分野への投入などがあげられる。

　次に、第Ⅱ部では、1930年代後半および日中全面戦争時期に満鉄調査部をはじめとする日本側によって華北農村において相対的に数多くの農村実態調査が実施され、とりわけ華北綜合調査研究所による緊急食糧対策調査が北京・天津の他に河北・河南・山東・山西4省などで実施されてその報告書が刊行されたことから、民国後期中国華北農村の食糧事情に関して分析・考察することができた。

　日本軍の占領下に置かれて食用米が収奪された華中農村では、日本軍が都市周辺の農村部まで戦線を拡張することによって、農業生産過程とりわけ食糧農産物の生産過程を直接的に破壊して食糧農産物の生産量を減少させたうえに、食糧農産物の生産量が減少したことによって食糧価格が上昇したにもかかわらず、食用米の低価買付を強制したために、食糧農産物の出回量をも減少させ、食糧価格の高騰を招いた。

227

一方、日本側が実施した華北緊急食糧調査に基づいて小麦が収奪された華北農村では、日本軍が小麦の低価買付を強制したことによって小麦の出回量が減少したために、食糧として高粱・粟・玉蜀黍などの雑穀への需要が急増し、雑穀の価格も高騰した。

　すなわち、民国後期の戦時期には民国前期までに構築・形成されていた農村経済構造とりわけ食糧農産物の生産・消費の連鎖的構造が食糧農産物の生産と流通の両面から破壊されたが、農村における商品経済の展開の流れは基本的に継続していたことを明らかにした。そして、このような流通経路は、とりわけ戦時期には日本軍の軍事行動によって寸断されたり、あるいは、日本軍・中国国民政府・中国共産党による経済封鎖をかいくぐった密輸の横行などによって新たに闇ルートとして生起したりした。

　これまでの中国史研究においては、中国占領日本軍が占領下の中国において食糧を収奪し、あるいは、逆に、重慶国民政府や中国共産党（「辺区」）の中国側の抵抗によってその収奪が限定的なものにとどまらざるをえなかったという捉え方が強調されてきた。だが、本書では、中国占領日本軍・国民党政府・中国共産党（「辺区」や「遊撃地区」）のいずれの実行支配地域においてもみな食糧を完全には掌握することができず、むしろ政治が経済に優越・優先すると考えられがちな戦時期においてさえも、やはり基本的には経済発展の原理・原則が貫徹するのであり、そのような事情こそが中国占領日本軍側が予期した食糧収奪を不可能にしたという捉え方をするべきであると提起した。言わば、軍事力の行使（戦争、侵略、暴力）や威嚇は経済発展の原則に反しており、軍事力という政治の最高かつ究極的な手段を行使したことが社会経済をコントロールできなくなったことを示しているとみなすことができる。

　本書による分析と考察によって、民国期中国の食糧事情と農村経済について以下のような結論をえることができた。

　まず、第一に、中国農村における商品経済の展開の特徴について、これまでは近代工業の原料である棉花などの商品作物の栽培すなわち商業的農業の展開が農村経済の発展であるとみなされてきた。だが、中国農村では、非食糧農産物の棉花・桑・茶など以外の米や小麦などの食糧穀物までもが当初より販売目的で生産されるようになっていた。また、単一農村内では経済活動が完結せず、単一農村を超えたかなり広範な地域で商品としての農産物が大量に流動していた。すなわ

228

ち、近代中国農村経済の発展は、広範な商品経済の展開と地域間分業の展開に
よって支えられていた。

　近代中国農村における商品経済の展開の特徴は、①地域間分業に基づく広範な
展開、②自家消費用食糧穀物の生産を犠牲にした商品作物の栽培への特化、③商
品作物が米や小麦の穀物にも及んでいた。また、蔬菜栽培は都市近郊農村におい
てはきわめて重要な商品作物だった。さらに、近代華北農村において棉花は非常
に重要な商品作物だった。

　また、第二に、平時と戦時における中国の食糧事情に関わる連続性・非連続性
については、とりわけ華北農村では平時に自家栽培の小麦を販売して雑穀を自家
消費用として購入していた農民が戦時期には自家栽培の小麦を自家消費するよう
になるなど、一見すると部分的には商品経済から自然経済への逆流現象がみられ
た。だが、全体としては農村において商品経済は進展し続けた。そして、中華民
国期中国の食糧事情は、平時には農村経済の発展程度を反映し、一方、戦時には
統治（政治）に対して根本的かつ決定的な影響を与えた。さらに、平時から戦時
への変化・転換と連続性ないし一貫性について言えば、中国農村経済は、戦時期
には商品経済の発展が阻止されたようにも見えたが、農村においても出回量が減
少した米や小麦に代わって食糧としての需要が急速に高まった粟・高粱・玉蜀黍
などの雑穀が当初より販売目的で栽培されるなど、商品経済の進展は持続して
いった。

　ただし、今後、新たな近現代中国農村社会経済史像を本格的に構築していくた
めには、依然としていくつかの課題が残っていると言わざるをえない。そこで、
最後に、今後の課題として、以下の3点をあげておきたい。

　まず、第一に、筆者は、これまで10年余りにわたって華北と華東の農村にお
いてほぼ同時並行的に訪問聞き取り調査を個人的あるいは組織的に実施してきて
おり、すでに一定程度の蓄積があるが、今後は、それらの成果を文献資料に基づ
く実証史学研究に組み込んだ分析を行う必要がある。

　また、第二に、上記のような中国農村訪問聞き取り調査において、これまでの
10年余りのうちに都市近郊農村が消滅していくのを目の当たりにしてきた経験
をもつことから、近現代中国農村の経済発展の最終段階が農村の消滅であるとい
う見通しをもつに至ったが、これによって、今後、零細農化・脱農化が農村社会
経済の発展といかなる関係にあるのかという点こそが解明するべき新たな研究課

題として現れてきたと言える。

　さらに、第三に、分析対象地域については、本書では必ずしも中国全国を網羅的に取り上げることができなかった。すなわち、筆者の研究は、華中東部（華東）に始まり、その後、比較対象地としての華北にも広がっていったが、中国の東北部・西部（西北および華中の中西部）地域および華南に関する本格的な考察が欠けている。その中でも、華南は米の二期作地域を多く擁しているにもかかわらず、常に不足する食用米を東南アジアから輸入していたことから、食糧事情に関する分析が一国家の枠組を超えて行われるべき必要性をも強く示唆している。

　なお、広義の農村経済を構成していた畜産業・林業・漁業・製塩業などについては、まったく言及することができなかった。今後、農村経済を網羅的に把握するためには、このような産業分野についても分析する必要がある。

注

⑴　土布業の他に、さまざまな新興手工業について論じた、拙著『華中農村経済と近代化—近代中国農村経済史像の再構築への試み—』汲古書院（2004 年）第 2 編を参照されたい。

⑵　周如軍「近代中国における手工製紙業に関する研究と資料について」（東洋文庫近代中国研究班『近代中国研究彙報』第 29 号、2007 年 3 月）・同「近代中国における在来製紙業の展開」（鹿児島国際大学附置地域総合研究『地域総合研究』第 34 巻第 1 号、2007 年 9 月）・同「近代浙江省における手工製紙業の展開」（金沢大学環日本海域環境研究センター『日本海域研究』第 39 号、2008 年 2 月）・同「近代江西省における手工製紙業の展開」（『日本海域研究』第 40 号、2009 年 2 月）・同「近代福建省における手工製紙業の展開」（『日本海域研究』第 41 号、2010 年 2 月）・同「近代中国における紙傘の生産をめぐって」（『日本海域研究』第 43 号、2012 年 3 月）・同「近代中国における紙関連製品の生産について」（『日本海域研究』第 44 号、2013 年 3 月）などを参照した。

あとがき

　1991年9月17日に母が大腸がんで還暦を迎えることなく死去し（享年58）、2017年2月17日には父が死去した（享年86）。父は、一時期、筆者が1995年から居住していた金沢市の公務員宿舎（エレベーターのない最上階の4階の部屋）に身を寄せて宿舎の敷地内で家庭菜園のようなことをやっていたこともあったが、晩年は神奈川県川崎市に居住する義兄横山哲夫氏宅に住民票を移し、10年近くにわたってお世話になっていた。そして、父の死後も、義兄には死亡届・火葬許可申請などの事務手続きや実家の処分で本当にいろいろとお世話になった。いくら感謝しても感謝し尽くせない。

　愚鈍な筆者がどうにか本書を刊行することができたのは、姉夫妻の他にも数多くの方々からのご支援を受けた御蔭である。

　1995年2月1日に着任した金沢大学では、本書の刊行にあたってご理解とご尽力をいただいた経済学経営学系系長の武田公子先生をはじめ、経済学部時代からの同僚である野村真理・中島健二・小林信介の諸先生および国際学類の諸先生にもご支援・ご指導・ご鞭撻をいただいた。

　また、学外とりわけ兼任研究員を務めている東洋文庫近代中国研究班では、同研究員の本庄比佐子・内山雅生と同兼任研究員の久保亨の諸先生に多方面にわたってお世話になった。また、東洋文庫における煩雑な事務手続きや文献資料の利用などにあたっては東洋文庫職員の瀧下彩子氏にずいぶんとお手数をおかけした。

　さらに、中国農村訪問聞き取り調査に関する共同研究（科学研究費）では、基盤研究（A）の研究代表者（筆者は研究分担者）を務めていた内山雅生（宇都宮大学名誉教授）先生をはじめ、筆者が研究代表者を務めている基盤研究（B）で研究分担者の祁建民（長崎県立大学教授）・田中比呂志（東京学芸大学教授）・古泉達矢（金沢大学准教授）の各氏および研究協力者の佐藤淳平（岡山大学講師）・菅野智博（中山大学副教授）・前野清太朗（首都大学東京非常勤講師）の各

231

氏には多くの面でご支援とご協力をいただき、非常にお世話になった。

そもそも、東京都立大学修士課程の指導教員だった野沢豊先生と同博士課程の指導教員だった奥村哲先生から指導を受けたが、その研究の姿勢と視角は、現在でも筆者の研究における考え方の中核をなしている。また、中国農村聞き取り調査に対する姿勢においては三谷孝先生に非常に大きな影響を受けた。すなわち、聞き取り対象者が語りたくないことは敢えて質問せず、語りたいことを話してもらうことで、信頼関係を構築し、歴史的体験を語ってもらうという手法である。

以上の他にも、感謝を申し上げなければならない方々も多いが、紙幅の都合から省略せざるを得ない。

ところで、筆者は、2019年5月31日をもって満60歳の誕生日すなわち還暦を迎えたが、人間ドックによる健康診断の結果を受けた病院の判断によれば、外科における「五十肩」に加えて、内科においてもいくつかの要注意因子が見付かり、現在でも追加の精密検査や通院を余儀なくされている。これまでの長年の無理と不摂生がたたってまさに満身創痍の状態である。

だが、本書の刊行をもって筆者の近現代中国農村経済史研究の集大成であるとは全く考えていない。なぜなら、本書の刊行は、近現代中国農村社会経済史像を再構築するための1つの通過点にすぎないと考えているからである。今後も、初心を忘れず、近現代中国農村社会経済史像を再構築することを目指してその特質を解明するために研究を続けたいと考えている。

そして、最後に、筆者のこれまでの研究活動とりわけ中国農村訪問調査などでしばしば海外出張することに理解を示してくれたばかりでなく、家事万端を一手に引き受けてくれた上に、食事をはじめとして常に筆者の健康管理に気を配ってくれた妻の瑠美には改めて心から感謝したい。

2019年8月

弁 納 才 一

索　引

あ

囲剿・反囲剿戦…19
一期作…81
インディカ種米（籼米、籼稲、長粒米）
　…20,53,54,56,68,84,90,226

裏作…20,54,80
うるち米（粳米、粳稲）…34,47,54,88

汪精衛政権…7,145,150,158,161
晩稲…54,64

か

海関…44
外米…73,80
華北合作事業総会…16
華北緊急食糧調査…8,238
華北交通株式会社…14,193
華北食糧平衡倉庫…14
華北綜合調査研究所…12,227
華北麦粉製造協会…16

飢饉対策…1
北支那開発株式会社…16
義倉…1
強制収買…167,221

軍糧城精穀株式会社…15
軍用米（軍米）…145,151,155,160

県城近郊…135,230

興亜院…11,145
工業原料…3,20,218,237
甲集団参謀部…16
抗日戦争…151,205
後背地（背後地）…47,50,165,167,187
穀作地…130,135

穀倉…29,180,206,209,230
米騒動…4,5,44,53

さ

在上海日本帝国大使館…16
在北京大日本帝国大使館…16
作付体系…172,218
雑穀…1,5,51,95,113,139,165,180,188,199,
　216,226
三農問題…1

資本主義的農業経営…18
自家消費…1,4,7,54,84,97,113,121,129,
　131,139,177,180,188,192,199,208,211,
　220,226,229
自給食糧…114,190
自給自足…113,176,180,199,211,221
社会経済調査所…11
社倉…1
ジャポニカ種米（丸粒米）…4,6,20,53,54,
　56,68,73,80,84,90,226
上海事務所（南満州鉄道の）…9
上海商業儲蓄銀行…16
集荷（蒐荷、蒐貨、聚貨）…166,208
集散地…59,100,216
手工業（化）…1,3,17,21,221,225,227
主食…29,37,41,80,95,96,99,113,158,160,
　186,208,213,220
商業的農業…21,228
商品化率…29,44,48,170,176,178,212,220
商品経済（化）…3,21,51,100,105,124,135,
　139,174,176,178,189,199,211,221,226,
　228
商品作物…3,19,29,106,113,122,139,190,
　199,221,226,228

233

食糧危機…7
食糧穀物（食料穀物）…5,19,97,119,124,
　130,139,190,199,211,228
食糧作物…19,105,138,170,173,191,192,221
食糧自給（率）…3,4,7,173
食糧消費構造…97,100,113
食糧政策…1,7
食糧備蓄…1
食糧問題…1,4,18,19,152,225
食糧農産物…1,4,16,53,68,220,225,228
常食…6,68,79,80,96,137,165,198

水稲作…20,29,34,81,226

精米…65,152

た
台湾総督府…16
大豆粕（豆粕、豆餅）…50,82,86,90,112,
　178
第二次国共内戦…19,225
脱農化…1,3,21,124,127,135,139,179,189,
　199,221,229

地域間分業…226,228
中国革命…1
中国共産党…19,228
中国国民党…19,225,228
中国経済研究所…5

低価収買（低価買付）…221
低物価政策…212
出回量…147,177,180,227,229
転作…19,68,90,131,192,220,227
天津事務所（南満州鉄道の）…8
田賦…7,157

東亜経済懇談会…16
東亜研究所…15
都市化…21,221
都市近郊…179,186,199,221,229

な
南京国民政府…6,19,225

南京臨時政府…19

二期作…20,29,34
二期間作（間作）…20,54
二毛作…20,81,189
日中全面戦争…4,8,19,145,165,199,205,
　208,211,220,227
日本軍占領地…3,6,147

農家経営…193
農家経済…6,174,179
農業社会…1
農業外就労…3,134,199,220,227
農業経済…3,17,20,225
農業依存度…3,133
農業経営…17,20
農業生産力…17,139
農事試験場…9
農商務省…16
農商部…30
農村経済…1,17,20,51,90,99,113,176,179,
　221,225,228
農村調査（農村実態調査）…3,185
農民革命…1

は
端境期…54,62,150

ブルジョア的農民層分解…18
粉麦統制委員会…82,88

米市…5,44,53
米糧統制委員会…7,145,153,155,159
北京政府…19,30

防穀令…5,60
北支経済調査所（南満州鉄道の）…8
北支事務局（南満州鉄道の）…8
北支派遣軍…224

ま
磨坊…210,212,217
満州国国務院実業部臨時産業調査局…18
満州事変…19,119,125,135,225

南満州鉄道株式会社（満鉄）…8
民食…145,150,158

棉作地…129,135,190,211

もち米（糯米）

や
油房（油坊）…112,194

四大米市…44,53

ら
流通経路…226,228
緑肥…20,54
輪作…50,54

零細農化…124,199,219,220,229
連作…54,112

わ
早稲…54,64,80,82

〈金沢大学人間社会研究叢書〉
近代中国の食糧事情
——食糧の生産・流通・消費と農村経済

令和元年10月25日　発　行

著　者　弁　納　才　一

発行者　池　田　和　博

発行所　丸善出版株式会社

〒101-0051　東京都千代田区神田神保町二丁目17番
編集：電話(03)3512-3264／FAX(03)3512-3272
営業：電話(03)3512-3256／FAX(03)3512-3270
https://www.maruzen-publishing.co.jp

© Saiichi Benno, 2019

組版印刷・創栄図書印刷／製本・株式会社　松岳社

ISBN 978-4-621-30442-6　C 3033　　　Printed in Japan

JCOPY　〈(一社)出版者著作権管理機構　委託出版物〉
本書の無断複写は著作権法上での例外を除き禁じられています. 複写
される場合は，そのつど事前に，(一社)出版者著作権管理機構(電話
03-5244-5088, FAX 03-5244-5089, e-mail：info@jcopy.or.jp)の許諾
を得てください.